全国水利行业"十三五"规划教材

"十四五"时期水利类专业重点建设教材

# 工程测量（第2版）

主　编　卢修元　吴敬花
副主编　杨正丽　梁心蓝　李基栋　杨　敏

U0291457

中国水利水电出版社
www.waterpub.com.cn
·北京·

# 内 容 提 要

本书为高等学校建筑、土木、水利等工程类非测绘专业的专业基础课教材，全面介绍了工程测量的基本理论知识及其在工程建设方面的应用。全书共分 10 章。第 1 章绪论，介绍有关工程测量的基础理论知识；第 2～4 章分别介绍工程测量三大方面的基本工作内容，即水准测量、角度测量和距离测量；第 5 章介绍测量误差的基本知识；第 6 章介绍控制测量，主要讲述导线及平差易软件的使用方法；第 7 章介绍大比例尺地形图测绘，主要讲述地形图碎部测量、CASS 数字化成图软件、无人机测绘和 CASS_3D 软件；第 8 章介绍地形图的阅读与应用；第 9 章介绍施工测量，侧重介绍工程测量知识在各类工程建设中的应用；第 10 章介绍变形监测。

本书可作为土木工程、农业水利工程、水利水电工程、建筑工程、交通工程等非测绘专业的本科教材，也可作为工程技术人员的参考书。

## 图书在版编目（CIP）数据

工程测量 / 卢修元，吴敬花主编. -- 2版. -- 北京：
中国水利水电出版社，2023.12
全国水利行业"十三五"规划教材 "十四五"时期
水利类专业重点建设教材
ISBN 978-7-5226-2275-0

Ⅰ．①工… Ⅱ．①卢… ②吴… Ⅲ．①工程测量－高
等学校－教材 Ⅳ．①TB22

中国国家版本馆CIP数据核字(2024)第022506号

| | | |
|---|---|---|
| 书　名 | 全国水利行业"十三五"规划教材<br>"十四五"时期水利类专业重点建设教材<br>**工程测量（第 2 版）**<br>GONGCHENG CELIANG | |
| 作　者 | 主　编　卢修元　吴敬花<br>副主编　杨正丽　梁心蓝　李基栋　杨　敏 | |
| 出版发行 | 中国水利水电出版社<br>（北京市海淀区玉渊潭南路 1 号 D 座　100038）<br>网址：www.waterpub.com.cn<br>E-mail：sales@mwr.gov.cn<br>电话：(010) 68545888（营销中心） | |
| 经　售 | 北京科水图书销售有限公司<br>电话：(010) 68545874、63202643<br>全国各地新华书店和相关出版物销售网点 | |
| 排　版 | 中国水利水电出版社微机排版中心 | |
| 印　刷 | 天津嘉恒印务有限公司 | |
| 规　格 | 184mm×260mm　16 开本　16 印张　389 千字 | |
| 版　次 | 2014 年 6 月第 1 版第 1 次印刷<br>2023 年 12 月第 2 版　2023 年 12 月第 1 次印刷 | |
| 印　数 | 0001—2000 册 | |
| 定　价 | **48.00 元** | |

# 第 2 版前言

本书第 1 版于 2016 年 7 月入选全国水利行业"十三五"规划教材，第 2 版是在第 1 版的基础上修订、补充、完善的。

本书第 1 版自 2014 年出版以来，测绘技术、仪器设备、软件得到长足发展与普及，测量的有关规范、规程有所更新，因此有必要在工程测量教材中增加介绍相关内容，保证教材所介绍内容的先进性与实用性。本书在第 1 版的基础上，侧重增加介绍了最新版 CASS 软件（版本 10.1）的地形图成图方法及该软件在工程建设方面主要的应用功能、基于倾斜三维模型的裸眼 3D 绘图软件 CASS_3D 的成图方法、无人机地形图测绘方法、使用 RTK 进行碎部点测量及施工放样方法、三维激光扫描和 GNSS 技术在变形监测中的应用、平差易软件的粗差检查方法等。这些内容体现了测绘行业最新的测绘技术与成图方法，确保学生学习到的知识能"学以致用、与行业接轨"。本书介绍的 CASS 和 CASS_3D 软件，均可从南方生态数码生态圈网站免费获得、用于学习使用，学习者还可以在该网站下载有关学习资料、进行线上学习、向技术人员提问与交流，满足进一步深入与继续学习的需求。

本书由四川农业大学卢修元、吴敬花担任主编，四川大学杨正丽和四川农业大学梁心蓝、李基栋、杨敏担任副主编。各章节的编写分工为：四川农业大学漆力健编写第 1 章；四川农业大学吴敬花编写第 2 章；四川农业大学杨敏编写第 3 章；沈阳农业大学高振东编写第 4 章；贵州大学史文兵编写第 5 章；四川农业大学卢修元编写第 6 章；四川农业大学李基栋编写第 7 章（7.3.3、7.3.6 除外）；广州南方测绘科技股份有限公司陈德富、陈洪兵编写 7.3.3、9.3.2；广州南方测绘科技股份有限公司陈一舞和广东南方数码科技股份有限公司刘茜、杨祖明编写 7.3.6；四川农业大学梁心蓝编写第 8 章；四川大学杨正丽编写第 9 章（9.3.2 除外）；四川农业大学王勇编写第 10 章（10.4、10.5、10.6 除外）；北京浩宇天地测绘科技发展有限公司尹文广、张璠、张敏、刘晓美编写 10.4；国能大渡河瀑布沟水力发电总厂潘华松和国能大渡河流域库坝管理中心李龙飞编写 10.5；北京京利鼎盛测绘科技发展有限公司刘德利编写10.6。全书由卢修元统稿。

编者参阅并引用了大量的教材、论文、标准，在此对这些文献的作者们表示诚挚的感谢。

工程测量是一门实践性很强的课程，内容很广泛，应用领域也很多，由于编写水平有限，加之时间仓促，书中难免存在不妥之处，敬请广大读者批评指正。

编者

2023 年 1 月

# 第1版前言

本书为普通高等院校土木、水利、农业工程、建筑等非测绘类学科"工程测量"课程教材。本教材内容充实、图文并茂，充分反映了当前常用的测绘仪器和测量方法；对不再常用的钢尺量距、光学经纬仪不作详细介绍，而结合当前测绘工作使用的主流仪器、软件及测量方法，侧重介绍了全站仪测角、测距、放样等常用功能、平差易以及CASS地形图成图软件在控制网平差、地形图成图过程中的操作程序，满足数字化测图、成图的全过程要求，保证了本书介绍的内容能学以致用。

全书共分10章，第1～5章主要介绍有关测量的基础知识及基本工作，包括绪论、水准测量、角度测量、距离测量、误差的基本知识；第6～7章主要介绍地形图测量的过程，包括控制测量、大比例尺地形图测绘；第8～10章介绍测量知识和地形图在建筑物设计、施工、投产运行阶段的应用，包括地形图的阅读与应用、施工测量、变形监测。

本书由四川农业大学卢修元担任主编，四川农业大学倪福全、吴敬花、杨敏担任副主编。各章分工如下：四川大学魏新平编写第1章；四川农业大学吴敬花编写第2～3章；沈阳农业大学高振东编写第4章；贵州大学史文兵编写第5章；四川农业大学卢修元编写第6～7章；四川农业大学田奥编写第8章；四川农业大学杨敏编写第9章；四川农业大学倪福全编写第10章。全书由卢修元统稿。

编者参阅并引用了大量的教材、论文，在此对这些文献的作者们表示诚挚的感谢。

由于编写水平有限，加之时间仓促，书中难免存在不妥甚至错误之处，敬请广大读者批评指正。

编者

2014 年 3 月

# 目　录

# 第1章 绪　　论

工程测量学的主要任务是为各种工程建设提供测绘保障，满足工程所提出的要求，其理论、技术和方法涉及测绘学的许多知识。本章简要介绍测绘学的一些基本概念，包括测绘学的发展、分支学科、任务及其作用，重点讲述工程测量学中地面点的点位表示方法、测量的主要工作内容与测量工作应遵循的原则。

## 1.1　测绘学的任务及在工程建设中的作用

### 1.1.1　现代测绘科学技术发展概况

古埃及尼罗河每年洪水泛滥，冲毁了土地边界，人们在洪水退后重新对土地进行划界，开始了人类最早的测量工作。从我国出土的相关文物可看出，两三千年前商周时代的甲骨文上有与测绘有关的"弓、规、距"的记载，有的铜器上的铭文记述了军事地图和封疆测绘工作。公元 724 年，唐朝张遂（一行）、南宫说等主持进行了天文测量，在今河南省滑县、开封、扶沟、上蔡测量了同一时刻的日影长度，推算出了纬度 1° 的子午线长，这是人类历史上第一次用弧度测量的方法测定地球的形状及大小。

随着社会的进步、科学技术的发展，测绘科学也得到迅速的发展。从测量的仪器设备、测量方法，到记录、计算及成图方法，测量工作的效率、测绘成果的载体等方面均发生了根本性的变化。

20 世纪 60 年代电磁波测距技术的兴起，根本性地提升了测量效率。在工程中使用的中短程测距仪已达到很高的精度，精密导线测量技术日趋成熟，使得测量工作更加简便和精确。集成电子经纬仪、测距仪及相应计算功能模块于一体的全站仪的出现及日渐完善使得测量方法及手段发生了根本变化。采用全站仪野外采集数据，内业利用计算机基于成图软件对采集的数据进行分析、处理、自动成图，利用绘图仪出图，减少了制版、印刷等复杂的程序，提高了成图的速度和质量。

20 世纪 80 年代全球定位系统（Global Positioning System，GPS）的出现，不仅使定位导航技术得到根本性的发展，而且对于大地测量工作也产生了深远的影响。利用 GPS 定位测距技术，打破了传统大地测量要求测站间相互通视的惯例，可以在短时间内以较高的精度进行精密的大地定位测量，使得大地测量的作业范围、布网方案、作业手段、操作程序和作业效率都发生了根本性的改变。

随着电子计算机科学和信息科学的迅速发展，测量的数据采集、数据分析的方法和手段产生了革命性的变化。全球定位系统、地理信息系统、遥感（GPS、GIS、RS，简称"3S"）的发展，使得测绘科学产生了质的飞跃。目前，测量学、制图学、遥感、地图学、摄影测量学和地理信息系统已融合成为一门新的学科，即"地球空间信息学"（Geomatics），采取星载、机载、舰载和地面等方法，对空间数据和空间信息进行采集、量测、分析、存储、管理、显示和应用，是对地球空间信息的多学科、多方法的技术使用集成。

美国前副总统戈尔于1998年1月在加利福尼亚科学中心开幕典礼上发表的题为《数字地球：认识21世纪我们所居住的星球》演说时提出"数字地球"（Digital Earth）的概念，现已被越来越多的科学家、政府官员所接受，逐渐成为人们认识地球的新方式。数字地球就是把地球上任一点的所有信息组织起来，其中不仅包括自然方面，如地质、地貌、山川、河流、气候、动物、植物的分布，而且还包括人文方面，如风土人情、历史沿革、交通、文教、人口等方面的信息。将这些信息按照地球上的地理坐标建立完整的信息模型，对整个地球进行数字化描述，以便人们迅速、准确地了解全球各地各种宏观和微观情况。数字地球的实现需要诸多学科，特别是信息科学技术的支撑，这其中主要包括：信息高速公路和计算机宽带高速网络技术、高分辨率卫星影像、空间信息技术、大容量数据处理与存储技术、科学计算以及可视化和虚拟现实技术。

数字地球可用于人类应对自然灾害、基础设施规划建设、精细农业、智能交通等方面，值得注意的是"数字地球"概念的提出是后冷战时期"星球大战"计划的继续和发展。在现代化战争和国防建设中，数字地球具有十分重大的意义。建立服务于战略、战术和战役的各种军事地理信息系统，并运用虚拟现实技术建立数字化战场，是数字地球在国防建设中的应用。美国的全球定位系统、苏联的GLONASS卫星导航系统（Global Navigation Satellite System）、欧盟的"伽利略"系统都是为未来战争抢占战略先机的系统工程。为了保障我国的国防安全、维护地区和平、满足海洋渔业导航等的需要，我国研发建设了"北斗导航"系统。

### 1.1.2 测绘学的任务及学科分类

测绘学是研究地理信息的获取、处理、描述和应用的一门科学，其内容包括：研究测定、描述地球的形状、大小、重力场、地表形态以及它们的各种变化，确定自然和人工物体、人工设施的空间位置及属性，制成各种地图和建立有关信息系统。根据研究的对象、内容、区域大小和使用的仪器设备、测量方法的不同形成如下一些分支。

#### 1. 大地测量学

大地测量学是研究和测定地球的形状、大小及其重力场的理论和方法，并在此基础上建立一个统一的坐标系统，用以表示地表任一点在地球上准确的几何位置。地球的外形非常近似于椭球，在测绘学中即用一个同地球外形极为接近的旋转椭球来代表地球，称其为地球椭球。地面上任一点的几何位置即用这点在地球椭球面上的经纬度及其高程表示。大地测量学是以地球表面大区域或整个地球为研究对象，考虑到地球曲率，在全国范围内布设大地控制网和重力网，精密测定控制点的三维坐标和重力值，为各行业提供控制依据。

#### 2. 摄影测量学

摄影测量学是采用摄影方法或电磁波成像的方法，获取研究对象的各种图像，根据摄影测量的理论和方法，对图像进行处理、量测、判释和调绘，解决测绘地形图和了解自然地理环境信息的理论和技术。根据获取相片的方法不同，又可划分为地面摄影测量学和航空摄影测量学。摄影测量学研究区域较大，研究对象不局限于地表静态的对象，还可以对大气、降水等液态、气态进行动态监测，目前已被广泛应用于矿产资源勘察、环境污染监测、农业估产、灾害预报、降雨、洪水预报等众多领域。

3. 普通测量学

普通测量学是研究在面积不大的测区内，不考虑地球曲率，也不顾及地球重力场的微小变化，对地表形态、人类社会活动所产生的各种地物进行测绘的理论和技术。

4. 工程测量学

工程测量学是研究在工程建设的规划勘测设计、施工建设、部分建筑物建成后的运营管理各阶段，所需要的测绘资料或利用测绘手段来指导工程的施工、监测建筑物的变形等工作的理论和技术的学科，研究内容主要是地球空间（地面、地下、水下、空中）中具体几何实体的测量描绘和抽象几何实体的测设实现的理论方法和技术。

5. 地图制图学

地图制图学是研究如何利用测量资料，投影编汇成地图，以及地图制作的理论、工艺、技术和应用等方面的测绘科学的学科。地图制图学为国民经济各部门提供各种比例尺的普通地图、专用地图、三维地图模型等资料。

6. 海洋测绘

海洋测绘是研究测绘海岸、水面及海底自然与人工形态及其变化状况，制作各类海图和编制航行资料的理论、方法和技术。海洋测绘综合性很强，广泛涉及现代测绘技术、空间定位技术、海底探测、水下定位与测距等技术。

7. 测绘仪器学

测绘仪器学是以光学、精密机械、电子和计算机等技术和工具为手段，研究测绘仪器的设计、制造、使用和维护等各方面理论与技术的学科。

上述测绘学的各个分支，既相互联系，又独成系统。本教材主要讲授工程测量学的部分内容，着重讲述工程建设中测量工作的主要任务，即测量和放样两个方面。测量（也称为测定）就是使用测量仪器和工具，按照一定的测量方法和比例尺，将测区内地物和地貌绘成地形图，供规划设计、工程建设使用；放样（也称为测设）就是把图纸上设计好的建筑物或构筑物的位置在实地上标定出来，指导施工。

### 1.1.3　测绘学在工程建设中的作用

测绘科学技术应用范围很广，在国民经济建设的各行各业、各个建设阶段中，测绘仪器、测绘技术、测绘产品等发挥着重要的作用。

在工程建设的规划、设计阶段，测绘工作为建设规划和工程设计提供空间信息基础资料，其他的工程任务、工种都要以地形图作为基础资料才能展开工作，所以要求测绘工作走在其他任务的前面。由于测绘工作的超前服务性，测绘工作通常被人们称为建设的排头兵。例如，在水利工程中的水库设计阶段，需要坝址及其以上整个流域的地形资料，以便进行地质勘探、经济调查、汇水面积量算、水文计算等各项工作；坝址确定以后还需要坝址区域的大比例尺地形图，以便进行大坝、取水口、泄洪建筑物的布置以及土石方开挖量计算等。

在工程施工阶段，需要将图纸上设计的水工建筑物位置在地面上标定下来以便进行施工。如水利枢纽的施工过程中，需要事先基于地形图进行截流工程量的计算、施工月报中的工程量计算、施工场地布置、建筑材料上坝方案的确定等都需要测绘工作。

工程竣工后，要进行检查、验收和质量评定，并进行竣工测量，绘制竣工图，供日后扩建、维修和日常管理使用。大型重要建筑物在竣工后因自重和外力作用而发生下沉变形，如大坝可能位移、高层建筑物可能沉降、倾斜，为保证建设和使用安全，需要按照行业技术要求的规定开展建筑物的变形监测工作。

## 1.2 地面点位的确定

### 1.2.1 地球的形状与大小

工程测量工作是在地球表面进行的，而地球自然表面是凸凹不平、极不规则的曲面，有高山大川、江河湖海，其中位于我国西藏与尼泊尔边界的喜马拉雅山的主峰高达8848.86m（2020 年测量值），地球的最深点位于太平洋西部的马里亚纳海沟斐查兹海渊，位于海面以下 11034m，但这样大的高低变化相对于地球的平均半径 6371km 来说是微不足道的。要对地球表面的空间信息进行采集、处理和利用，必然涉及地球的一些基准线、基准面和有关参数。

水准面：地球表面的每个水分子都受到重力作用。水面处于静止状态时，位于水面的每个水分子的重力位相等，由这个处于静止状态的水面向陆地延伸所形成的封闭曲面称为水准面。同一水准面上的重力位处处相等。水准面上任一点的铅垂线垂直于该水准面。在风浪、潮汐、海流等外力的作用下，水面的高低呈动态变化状态，因此不同时刻的水准面处于不同的高度，水准面可有无穷多个，而且互不相交。

大地水准面：在测绘工作中，设想一个处于静止状态（即无波浪、潮汐、海流和大气压等作用引起水面扰动）的平均海水面向内陆地区延伸且包围整个地球形成的封闭曲面称为大地水准面。大地水准面也是等位面，过大地水准面任意一点的切面均与重力线正交。大地水准面具有唯一性，其所包围的形体称为大地体。大地水准面是测量外业工作的基准面。

铅垂线：地球上任意一个质点，都同时受到两个力的作用，即地球自转的离心力和地心引力，它们的合力称为重力（如图 1-1 所示），重力方向即为铅垂线方向，简称铅垂线。一根细线下端挂一重物（或垂球），当重物下垂并稳定时，细线向下的延伸方向即为该处的铅垂线方向。铅垂线是测量外业工作的基准线。

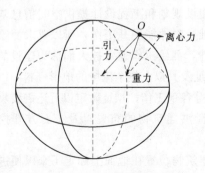

图 1-1 地球表面物体所受力

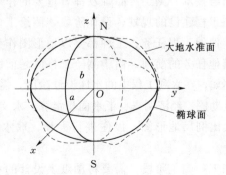

图 1-2 大地水准面与旋转椭球面

水平线：与铅垂线正交的直线称水平线。

水平面：与铅垂线正交的平面称水平面。

地球椭球体：由于地球表面凹凸不平、地球内部物质分布不均匀，大地水准面各处的重力线方向随之产生不规则的变化，致使大地水准面成为一个有微小起伏且不规则的曲面。将地球表面的地物、地貌投影到这个不规则曲面上非常困难。为了准确计算测绘成果，准确表示地面点的位置，必须采用非常接近于大地体而且可以用数学式表示的几何形体来近似表示地球的实际形体。在测量工作中，通常取一个与大地水准面相接近，并且可以用数学公式表达的规则椭球体来代替大地体，如图 1-2 所示，将其表面作为测量内业计算、绘图的基准面，该椭球面也称为参考椭球面，为一椭圆绕其短轴 NS 旋转而成的椭球面，该椭球面对应的球体为参考椭球体。通常所说地球的形状和大小，实际上就是以参考椭球体的长半轴 $a$、短半轴 $b$ 和扁率 $\alpha = \dfrac{a-b}{a}$ 来表示。目前我国 1980 大地坐标系采用的参考椭球数据是 1975 年国际大地测量与地球物理联合会的推荐值，见表 1-1。

表 1-1 　　　　　　　　　　　1980 大地坐标系采用的参考椭球数据

| 长半轴 $a$/m | 短半轴 $b$/m | 扁率 $\alpha$ | 年代和推荐者 |
|---|---|---|---|
| 6378140 | 6356755.2882 | 1/298.257 | 1975 年国际大地测量与地球物理联合会 |

由表 1-1 可知参考椭球的扁率很小。因此当测量区域比较小，或者对测量工作精度要求不太高的时候，可以把地球椭球体看作为圆球体，其平均半径为

$$R = \frac{a+a+b}{3} = 6371\text{km}$$

## 1.2.2 　地面点位的表示方法

要表示一个点的空间位置必须采用三维坐标，即用它的平面坐标和高程来表示，这三个量是该点沿投影方向投影到基准面（参考椭球）上的投影位置（平面位置，二维，通常用地理坐标表示）和从该点沿投影方向到基准面（大地水准面）的距离（高程，一维）。表示平面位置的坐标系统主要有地理坐标系统、WGS-84 坐标系统、平面直角坐标系统；我国目前采用表示高程的是 1985 国家高程系统。

### 1.2.2.1 　地理坐标系统

地面点在地球表面的位置用经纬度来表示时，称为地理坐标。地理坐标按确定该位置所依据的基准线、基准面不同，又可分为天文坐标和大地坐标。

#### 1. 天文坐标

以大地水准面为基准面，地面点沿铅垂线投影到该基准面上的位置称为该点的天文坐标。该坐标用天文经度 $\lambda$ 和天文纬度 $\phi$ 表示。如图 1-3 所示，用大地体代替地球，N 为北极，S 为南极，NS 即为地球的自转轴，$O$ 为地球体中心。包含过地面点 $P$ 的铅垂线和地球自转轴的平面称为 $P$ 点的天文子午面。天文子午面与地球表面的交线称为天文子午线，也称经线。通过英国格林尼治天文台的子午面称为起始子午面（也称首子午面），相应的子午线称为起始子午线或零子午线，并作为经度计量的起点。过点 $P$ 的天文子午面与起始子午面所夹的角度就称为 $P$ 点的天文经度，用 $\lambda$ 表示。从起始子午面向东 $0° \sim$

180°称为东经，向西 0°～180°称为西经。

通过地球体中心 $O$ 且垂直于地轴的平面称为赤道面，是纬度计量的起始面。赤道面与地球表面的交线称为赤道，其他垂直于地轴的平面与地球表面的交线称为纬线。过点 $P$ 的铅垂线与赤道面之间所夹的线面角就称为 $P$ 点的天文纬度，用 $\phi$ 表示，其值为 0°～90°，在赤道以北的称为北纬，以南的称为南纬。

天文坐标（$\lambda$，$\phi$）通过天文测量的方法施测。

2. 大地坐标

以参考椭球面为基准面，地面点沿椭球面的法线投影到该基准面上的位置称为该点的大地坐标。该坐标用大地经度 $L$ 和大地纬度 $B$ 表示。如图 1-4 所示，包含过地面点 $P$ 的法线且通过椭球旋转轴的平面称为 $P$ 点的大地子午面。过 $P$ 点的大地子午面与起始大地子午面所夹的角度就称为 $P$ 点的大地经度，用 $L$ 表示，从起始子午面向东 0°～180°称为东经，向西 0°～180°称为西经。过点 $P$ 的法线与椭球赤道面所夹的线面角就称为 $P$ 点的大地纬度，用 $B$ 表示，其值为北纬 0°～90°和南纬 0°～90°。

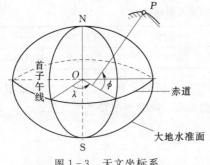

图 1-3 天文坐标系

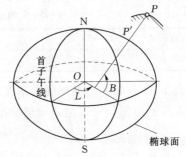

图 1-4 大地坐标系

#### 1.2.2.2 WGS-84 坐标系统

大地坐标系是以参考椭球体几何中心为原点的坐标系，属于参心坐标系。为适应卫星大地测量的发展，需建立以地球质心为原点的空间直角坐标系，称地心坐标系。较常用的是适用于全球定位系统（GPS）的 WGS-84 坐标系，它是以地球质心为原点，以指向某一时期北极平均地位置为 $Z$ 轴，以指向首子午线与赤道交点为 $X$ 轴，$Y$ 轴与 $Z$ 轴、$X$ 轴垂直构成右手直角坐标系。

#### 1.2.2.3 平面直角坐标系统

大多的建设工程在比较小的区域进行，为了确定点位的平面位置，通常采用平面直角坐标系统，该系统忽略地球曲率的影响，以水平面代替水准面。工程测量直角坐标系如图 1-5 所示，其纵轴为 $X$ 轴，与实地的南北方向一致；横轴为 $Y$ 轴，与实地的西东方向一致；地面上任意一点 $A$ 的平面位置，用 $x_A$、$y_A$ 来表示；图中 Ⅰ、Ⅱ、Ⅲ、Ⅳ表示工程测量直角坐标系的各象限。

平面直角测量坐标系与数学上常用的直角坐标系的纵横轴互换，这主要是在测量工作中，某方向的方位角是以坐标纵轴（北方）为基准、按顺时针增加的方向来取定，而数学中则是以坐标横轴为基准、按逆时针增加的方向来取定，两个坐标系的 $X$ 轴、$Y$ 轴互换后，有关坐标计算的三角函数公式可直接在工程测量中应用。实际工程建设中，为使用方便，工程项目小或者与国家控制网联测比较困难时，有时候测量上使用假定平面坐标系，其坐标系的原点和坐标纵轴的实际指向都是假定的，但在假定原点的位置及坐标纵轴的实际方位时应避免测区内各点的坐标出现负值。

**1.2.2.4 高斯-克吕格平面直角坐标系统**

当测区范围比较大时，则必须考虑地球曲率的影响，要采用适当的投影方法，将地球曲面展绘成平面。投影的方法很多，各自适用于不同的地区和行业。我国的国家基本地形图采用高斯分带投影方法将地球表面展绘成平面图形。

高斯-克吕格分带投影（简称"高斯投影"）是将地球看成一个椭球体，自首子午线开始，自西向东按经差每6°划分为一带，将整个地球表面划分为60带，如图1-6所示，分别用1～60来表示其带号，然后对每个带进行投影。

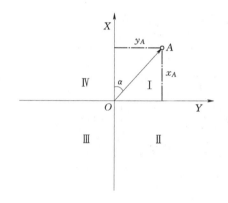

图1-5 平面直角坐标系统

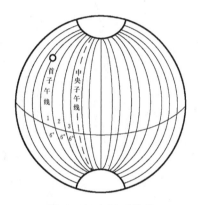

图1-6 高斯6°分带

如图1-7所示，设想用一个空心椭圆柱面横套在椭球体的外表面，使得椭圆柱体的轴心通过椭球体的中心、椭圆柱面的内表面与投影带的中央子午线相切，然后将6°带上的点、线按正形投影的方式，投影到椭圆柱面上，投影后将椭圆柱面沿通过南北两极点的母线切开、展平，就得到投影后的6°带平面图形，如图1-8所示。

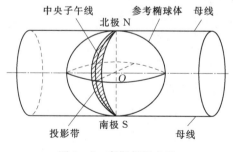

图1-7 高斯投影方法

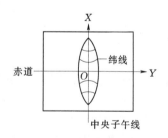

图1-8 高斯投影变形

高斯投影具有以下几个特性：

（1）中央子午线投影后是一条直线，长度不变，其余的经线投影后是凹向中央子午线的对称曲线，距中央子午线越远变形越大。

（2）赤道线投影后是一条直线，且与中央子午线垂直，其余的纬线是凸向赤道线的对称曲线。

（3）经线、纬线投影后，仍旧保持原来相互垂直的几何关系，即投影前后无角度变形。

高斯投影没有角度变形，但有长度和面积变形，距中央子午线越远变形越大。6°带投影的边缘子午线长度变形可以满足 1∶2.5 万或更小比例尺地形图的测图精度要求，当测图比例尺大于 1∶1 万时，其长度变形超过了允许值，相应采用 3°分带进行投影。3°带是以 6°带的中央子午线和边缘子午线作为 3°带的中央子午线，将整个地球划分为 120 带，分别用 1～120 来表示其带号，其中 3°带的第 1 带的中央子午线与 6°带的第 1 带的中央子午线为同一条经线。6°带、3°带各带间的关系见图 1-9，图中上半部分是 6°带的分带情况，下半部分是 3°带的分带情况。

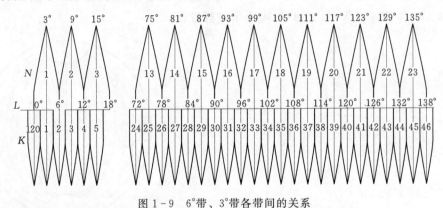

图 1-9　6°带、3°带各带间的关系

6°带、3°带各带的中央子午线的经度可按式（1-1）计算：

$$\left.\begin{array}{l} L_0^6 = 6N - 3 \\ L_0^3 = 3K \end{array}\right\} \tag{1-1}$$

式中　$L_0^6$、$L_0^3$——6°带、3°带中央子午线经度；

　　　　$N$、$K$——6°带、3°带的带号。

已知地表某点的经度 $L$，其所属 6°带、3°带相应的带号按式（1-2）计算：

$$\left.\begin{array}{l} N = \mathrm{Int}\left(\dfrac{L}{6}\right) + 1 \\[2mm] K = \mathrm{Int}\left(\dfrac{L - 1.5^\circ}{3}\right) + 1 \end{array}\right\} \tag{1-2}$$

式中　Int——取整函数，取整方法为舍去小数点后的数值。

各带投影到平面上以后，以赤道位置为 $Y$ 轴，规定向东为正；以中央子午线为 $X$ 轴，规定向北为正，赤道、中央子午线相交的位置为坐标系的原点 $O$，这样建立起来的坐标系统即为高斯平面直角坐标系［图 1-10（a）］。

我国位于北半球，在任意一带范围内，所有点的纵坐标全部为正，而横坐标则不同。在中央子午线以东的横坐标为正，以西为负，这种以中央子午线为纵轴确定的坐标值称为自然值［图 1-10（a）］。坐标值出现负值，给数据处理带来一定的不便，为避免横坐标出现负值，规定每带的坐标纵轴向西平移 500km，以保证 6°带内任一点的 $Y$ 坐标均为正值［图 1-10（b）］，经过这种坐标纵轴平移处理后得到的点坐标称为通用值。

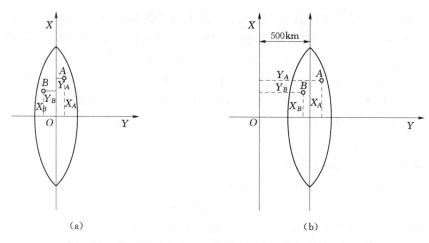

图 1-10 高斯平面直角坐标系 Y 坐标自然值与通用值的比较

如图 1-10 中点 B,假设其 Y 坐标自然值为 $Y_B = -258398.552m$,坐标纵轴向西平移 500km 后,Y 坐标通用值为 $Y_B = -258398.552 + 500000 = 241601.448m$。为了确定该点属于哪一带,在点的 Y 坐标通用值前加上代号。假如 B 点位于 6° 分带的第 22 带内,则含有带号的该点 Y 坐标为 22241601.448m。

**1.2.2.5 地面点的高程**

高程系是一维坐标系,其基准面是大地水准面。通常在海边设立验潮站,进行长期观测,求得海水面多年的平均高度位置作为高程零点,通过该点的水准面称为大地水准面,即高程基准面。地面点沿铅垂线方向至大地水准面的距离称为绝对高程,亦称为海拔。如图 1-11 中,地面点 A 和 B 的绝对高程分别为 $H_A$ 和 $H_B$。

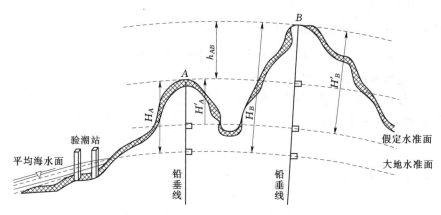

图 1-11 绝对高程与相对高程

我国境内测定点的高程值是以青岛验潮站多年观测的黄海平均海水面为基准面。由于平均海水面不便于随时联测使用,在青岛观象山建立了“中华人民共和国水准原点”,作为全国推算高程的依据,通过水准测量的方法以验潮站确定的高程零点为起算零点,测定水准原点的高程,然后再从水准原点通过水准测量的方法来测定其他高程点的高程。以 1950—1956 年测定的黄海平均海水面为基准建立的高程系,称为“1956 年黄海高程系”,

水准原点在该高程系里的高程值为 72.289m。随着观测数据的积累，20 世纪 80 年代，我国又根据青岛验潮站 1952—1979 年的观测资料计算出新的平均海水面作为高程零点，并测得水准原点的高程为 72.2604m，称为"1985 国家高程基准"。

在工程建设中，一般应采用绝对高程。如果工程项目在偏远地区而且规模小，引测高程困难或引测费用太大，也可以建立假定高程系统，即假定一个水准面作为高程起算面，地面点到假定水准面的垂直距离称为相对高程或假定高程。如图 1-11 中，$A$、$B$ 两点的相对高程分别为 $H_A'$ 和 $H_B'$。

### 1.2.3 水平面代替水准面的影响

建设工程通常是在小区域内进行，相应的测量工作可以忽略地球曲率的影响，用水平面来代替水准面，但是用水平面来代替水准面总有一定限度，而且这样的代替，对地球表面点间的水平距离、高差、水平角都有一定的影响，这就有必要分析用水平面来代替水准面对水平距离、高程、角度影响的大小。

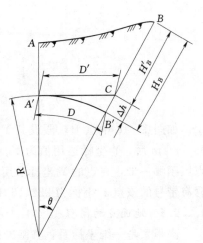

图 1-12 水平面代替水准面对
水平距离、高差的影响

#### 1.2.3.1 对水平距离的影响

如图 1-12 所示，设地面上两点 $A$、$B$，沿各点的铅垂线方向分别投影到大地水准面上得到 $A'$、$B'$，如果用过点 $A'$ 与大地水准面相切的水平面代替大地水准面，则 $A$、$B$ 两点在大地水准面上的投影点 $A'$、$B'$ 的弧长为 $D$，投影到代替水平面上的距离为 $D'$，两者之差即为 $A$、$B$ 两点用水平面代替大地水准面所引起的距离差，用 $\Delta D$ 表示。

从图 1-12 中，可得距离差 $\Delta D$ 的计算式为

$$\Delta D = D' - D = R\tan\theta - R\theta = R(\tan\theta - \theta) \qquad (1-3)$$

式中 $R$——地球曲率半径，取 6371km；

$\theta$——弧长 $D$ 对应的圆心角，弧度。

将 $\tan\theta$ 用级数展开，得

$$\tan\theta = \theta + \frac{1}{3}\theta^3 + \frac{2}{15}\theta^5 + \cdots$$

由于 $\theta$ 很小，取前两项：

$$\Delta D = D' - D = R\left(\theta + \frac{1}{3}\theta^3 - \theta\right) = \frac{1}{3}R\theta^3$$

又 $\theta = \dfrac{D}{R}$，得

$$\Delta D = \frac{D^3}{3R^2} \text{ 或 } \frac{\Delta D}{D} = \frac{D^2}{3R^2} \qquad (1-4)$$

将不同 $D$ 值代入式（1-4），计算结果见表 1-2。

表1-2 水平面代替水准面对水平距离的影响

| $D$/km | 2.0 | 5.0 | 10.0 | 15.0 |
|---|---|---|---|---|
| $\Delta D$/cm | 0.007 | 0.103 | 0.821 | 2.772 |
| $\Delta D/D$ | 1：3044万 | 1：487万 | 1：121万 | 1：54万 |

由表1-2可以看出，当距离为10km时，水平面代替水准面产生的距离相对误差为1/121万，高于一般工程建设对精密距离测量精度的允许误差1/100万的要求。因此可以认为在半径10km范围内，用水平面代替水准面，地球曲率对水平距离的影响可以忽略不计。

**1.2.3.2 对高程的影响**

如图1-12所示，地面点 $B$ 的绝对高程为 $H_B$，当用水平面代替水准面时，$B$ 点的高程为 $H_B'$，则其差值 $\Delta h$ 即为用水平面代替水准面所产生的高程差，可得

$$(R+\Delta h)^2 = R^2 + D'^2$$

展开可得

$$2R\Delta h + \Delta h^2 = D'^2$$

即

$$\Delta h = \frac{D'^2}{2R+\Delta h} \approx \frac{D^2}{2R} \tag{1-5}$$

由式（1-5）可得不同距离情况下，用水平面代替水准面对高程的影响，见表1-3。

表1-3 水平面代替水准面对高程的影响

| $D$/km | 0.2 | 0.5 | 1.0 | 2.0 |
|---|---|---|---|---|
| $\Delta h$/mm | 3.1 | 19.6 | 78.5 | 313.9 |

表1-3的计算结果表明，地球曲率对高程的影响很大。高程测量的精度要求很高，国家四等水准测量要求每千米水准路线的高差全中误差不得大于±10mm，因此在进行高程测量的时候，即使距离不大，也必须考虑地球曲率对高程的影响。

**1.2.3.3 对角度的影响**

由球面三角学知道，一个空间多边形在球面上投影的各内角之和，较其在平面上投影的各内角之和大一个球面角超 $\varepsilon$ 的数值。其计算公式为

$$\varepsilon = \frac{P}{R^2}\rho'' \tag{1-6}$$

式中 $\rho''$——以秒为单位计的1弧度值，取206265″；

$P$——球面多边形的面积，km²；

$R$——地球半径，km。

在测量工作中，在地球表面上实测的点如果构成多边形，反映在绘制成的地形图上则成了平面上的图形。用水平面代替水准面，在不同面积大小的球面多边形情况下，对角度的影响见表1-4。

| 表 1 – 4 | 水平面代替水准面对角度的影响 | | | |
|---|---|---|---|---|
| $P/\text{km}^2$ | 10 | 100 | 400 | 2000 |
| $\varepsilon/('')$ | 0.05 | 0.51 | 2.03 | 10.16 |

由表 1 – 4 的计算结果可知，面积在 $100\text{km}^2$ 以内范围内进行一般工程测量工作，可以不用考虑地球曲率对水平角的影响。

# 1.3 测量工作概述

### 1.3.1 测量工作的基本内容

工程测量的基本工作就是确定野外点位的三维坐标及把设计坐标点标定到野外实地位置。为了完成上述测量的基本工作，要进行相应要素的测量工作。

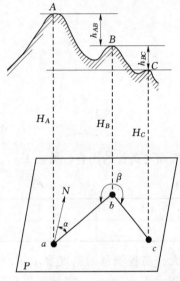

图 1 – 13 地面点位的确定

如图 1 – 13 上 $A$、$B$、$C$ 为地面上的三点，投影到水平面上的位置分别为 $a$、$b$、$c$。若 $A$ 点位置已知，要确定 $B$ 点的位置，除测量出 $A$、$B$ 间的水平距离 $D_{AB}$，还需知道 $B$ 点在 $A$ 点的哪一方向，图上 $a$、$b$ 的方向可用直线 $ab$ 与过 $a$ 点的指北方向间的水平夹角 $\alpha$ 表示，水平夹角 $\alpha$ 称为方位角，至此就可确定 $B$ 点在图上的位置 $b$。如果还需确定 $C$ 点在图上的位置，需测量 $BC$ 的水平距离 $D_{BC}$ 与 $B$ 点上相邻 $AB$、$BC$ 两边的水平角 $\beta$，水平角 $\beta$ 称为转折角。因此，为了确定地面点的平面位置，必须测定水平距离和水平角。从图中可以看出，要完全确定 $A$、$B$、$C$ 三点的位置，还需要测量其高程 $H_A$、$H_B$、$H_C$，若 $A$ 点的高程 $H_A$ 已知，只需测定高差 $h_{AB}$、$h_{BC}$，即可确定 $B$、$C$ 点高程 $H_B$、$H_C$。

综上所述，水平距离、角度和高差是确定地面点位置的三个基本几何要素。确定地表点位相应需要进行三项基本测量工作，即距离测量、角度测量和高差测量。在后面章节中，具体介绍各项测量工作的基本方法。

### 1.3.2 测量工作的基本原则

测绘地形图或施工放样时，要在一个测站上测绘出该测区的全部地形或者放样出建筑物的全部点位是不可能的。如图 1 – 14 中测站 1，在该测站只能测绘出附近的地形，对于山后面的部分以及较远的范围就观测不到，因此需要在若干控制点上分区观测，最后各测站点上所测地形图拼成该测区完整的地形图。测量工作不可避免会产生误差，为防止误差的累积，确保测量精度，在实际测量工作中应按照下列程序进行。

首先在整个测区内综合考虑地质地形条件、测量方法等因素，选择一些密度较小、分布合理且具有控制意义的控制点，组成一定的几何图形，如图 1 – 14 中的 1、2、3、…点；然后采用精密的仪器和方法，测量距离、角度、高差，通过必要的计算，把它们的空间三维坐标确定出来并保证必要的精度，这项工作称为控制测量。精确求出这些控制点的平面位置和高程后，再在这些控制点上架设仪器来测绘周围的碎部点，直至测完整个测区，这部分工作称为碎部测量。每个碎部点的位置都是从控制点来测定的，测量误差不会从一个碎部点传递到另外一个碎部点，因此在一定的观测条件下，各个碎部点都能保证相应的精度。在建立控制网过程中，依据精度要求，选择高等级的控制点，向下敷设控制网。在使用控制点的过程中，还可能由于原控制点相隔较远、不通视、不方便使用等问题而要进行控制网加密的情形。这就是为保证测量精度，避免误差累积和削减其对测量成果影响，测量工作所必须遵循的原则之一：在布局上"从整体，到局部"；在程序上"先控制，后碎部"；在精度上"由高级，到低级"。

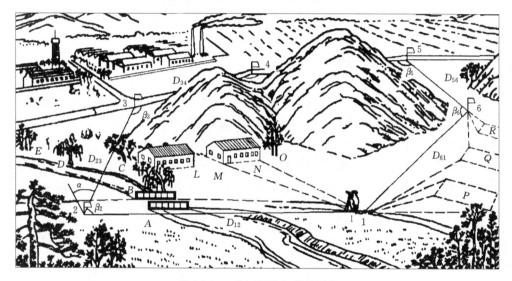

图 1-14　控制测量与碎部测量

测量工作应遵循的第二个原则是"步步有检核"。测量工作每项成果都必须经过严格的及时检核，在确保无误的情况下才能进行下一步工作。因为测量工作有多个环节，甚至一个环节中包含很多的重复性操作，这些环节、操作中只要有一步是错误的，则后续的各项工作都可能是徒劳无益的，只有坚持这个原则，才有可能避免测量成果出现错误。

测量工作有外业与内业之分。在野外利用测量仪器和工具在测区内进行实地勘查、选点、测定地面点间的距离、角度和高程的工作，称为外业。在室内对外业的测量数据进行检查、处理、计算和绘图、出图、撰写技术总结等工作，称为内业。

### 1.3.3　测量工作的程序

1. 技术设计

技术设计是对项目区内测绘工作进行总体规划，确定好所采用测量仪器、测量方法，安排好实施计划和实施步骤，确保技术上可行、实践上可能和经济上合理。

2. 控制测量

控制测量是以测区附近国家平面控制网和高程控制网的控制点数据为基础，根据测区的面积大小、建设工程的要求，确定首级控制网和图根控制网的等级和技术要求，进行平面控制点和高程控制点的选点、埋设和施测、平差计算。

3. 碎部测量

碎部测量是在利用控制测量成果的基础上，对控制点周围的地物和地貌的特征点进行观测、计算、绘图。

4. 成果提交

成果提交前对内业、外业工作进行全面的检查，以确保成果的可靠性和真实性，并撰写测量作业总结，经检查验收合格后的测绘成果才能交付使用。

# 1.4 测量常用的计量单位及数值处理原则

### 1.4.1 测量常用计量单位

（1）长度单位。国际通用的长度单位为米（m），我国规定采用米制。

$$1km=1000m \quad 1m=10dm=100cm=1000mm$$

（2）面积单位。一般面积单位为平方米（$m^2$），大面积采用平方千米（$km^2$）。

（3）角度单位。我国测量上采用的角度为 60 进制的度和弧度。

60 进制单位：1 圆周＝360° 1°＝60′ 1′＝60″

弧度单位：角度按弧度计量等于其对应的弧长与半径之比。与半径等长的一段弧所对的圆心角，称为 1 弧度，用 $\rho$ 表示。按度、分、秒计的 1 弧度大小为

$$\rho^{\circ}=\frac{360^{\circ}}{2\pi}=57.3^{\circ}$$

$$\rho'=\frac{360\times60'}{2\pi}=3438'$$

$$\rho''=\frac{360\times60\times60''}{2\pi}=206265''$$

### 1.4.2 测量数值处理原则

在测量的数值处理中，由于数字的取舍而引起的误差，称为"凑整误差"，以 $\varepsilon$ 表示。$\varepsilon$ 的数值等于精确值 $A$ 减去凑整值 $a$，即 $\varepsilon=A-a$。例如：某角度多个测回的观测值的平均值为 $57°12'17.3''$，若凑整为 $57°12'17''$，则这个平均值中含有的凑整误差为 $\varepsilon=0.3''$。为避免凑整误差的迅速积累而影响测量成果的精度，在测量计算中有如下的数值处理规则，其与习惯上采用的"四舍五入"相类似：

（1）若数值中被舍去部分数值的第一位大于 5，则末位加 1。

（2）若数值中被舍去部分数值的第一位小于 5，则末位不变。

（3）若数值中被舍去部分数值的第一位等于 5，则末位凑整为偶数。

这个处理规则也可理解为：被舍去的第一位大于 5 者进，小于 5 者舍；正好是 5 者，前面一位是奇数时进，前面一位是偶数时舍，可简记为"四舍六入，奇进偶舍"。

### 1.4.3 测量记录规定

测量的外业观测数据必须采用规定的表格，用硬性铅笔（2H 或 3H）记录，字体要端正、清楚，对测量过程中听错、记错、算错、测错的数据，将错误数据用铅笔划掉，然后在错误数据的上方重新记录，严禁在记录过程中用橡皮擦，严禁在观测过程中或数据处

理过程中篡改原始数据，要妥善保存外业观测手簿。

## 习 题

1. 测定与测设的区别是什么？

2. 何为大地水准面？它在测量上有何用途？

3. 测量工作中所采用的直角坐标系统与数学上的直角坐标系统有哪些不同之处？

4. 高斯平面直角坐标系是怎样建立的？

5. 高斯投影具有哪些特性？

6. 用水平面代替水准面，对距离和高差有何影响？对一般工程建设而言，在多大范围内允许用水平面代替水准面而对距离无明显影响？

7. 测量工作的基本原则是什么？如何理解？

8. 已知某地 $A$ 点在 6°带高斯投影平面直角坐标系里横坐标 $Y_A=19669250.178\text{m}$，则该点位于第几带内？位于该带的中央子午线的东侧还是西侧？距离中央子午线多远？

9. 已知某点的经纬度，如何计算其属于 3°带、6°带分带投影中的哪一带？其对应中央子午线经度如何计算？该带包括哪一区域？

# 第2章 水 准 测 量

高程是表述空间点三维坐标的其中一个维度值，确定地面或物体上任一点的高程或相对高度的测量称高程测量，其是工程测量的主要测量内容之一。测量一个点的高程，其实是测量一个已知高程的点到该点的高差，而两点之间的高差为两点正常高程（俗称海拔）的差值，实质上是各点沿铅垂方向到大地水准面的高度差。高程测量的主要方法有水准测量、三角高程测量、液体静力水准测量和 GNSS 高程测量等。水准测量是传统的高差测量方法，其使用历史最悠久、原理最简单、精度最高、用途广，是高差测量中普遍采用的方法。

## 2.1 水 准 测 量 原 理

高程是表述空间点三维坐标的其中一个数值，高差测量是测量的基本工作之一。依据高差测量所使用的仪器和施测方法不同，可分为水准测量、三角高程测量、GNSS 高程测量，其中水准测量是传统的高差测量方法，其精度高、用途广，是高差测量中普遍采用的方法。

水准测量是利用水准仪提供一条水平视线，借助水准尺上的刻划，读出水平视线在水准尺上刻划的位置，求出地面两点间的高差，然后根据高差由已知点推算出未知点的高程。

如图 2-1 所示，为测定 $A$、$B$ 两点间的高差 $h_{AB}$，在 $A$、$B$ 两点上分别竖直立上水准尺，并在离 $A$、$B$ 两点距离大致相当的位置安置水准仪。利用水准仪提供的水平视线，在 $A$ 点的尺上读出读数 $a$，在 $B$ 点的尺上读出读数 $b$。若 $A$ 点高程 $H_A$ 已知，则将 $A$ 点称为后视点，$a$ 为后视读数，$B$ 点高程未知，称为前视点，$b$ 为前视读数。施测过程中，将从已知点 $A$ 向未知点 $B$ 进行测量的方向称为前进方向。

由图 2-1 中的几何关系可知，$A$、$B$ 两点的高差为

$$h_{AB} = H_B - H_A = a - b \tag{2-1}$$

式（2-1）说明，一测站的水准测量，两点间的高差等于后视读数减去前视读数。当 $a > b$ 时，高差为正，说明前视点 $B$ 高于后视点 $A$；反之，则说明前视点 $B$ 低于后视点 $A$。若已知 $A$ 点高程为 $H_A$，则 $B$ 点的高程为

$$H_B = H_A + h_{ab} = H_A + (a - b) \tag{2-2}$$

$$H_B = (H_A + a) - b = H_{视线} - b \tag{2-3}$$

式中　$H_{视线}$——水准仪视线高。

式（2-2）是先计算出两点之间的高差，然后再求未知点的高程，此方法称为高差

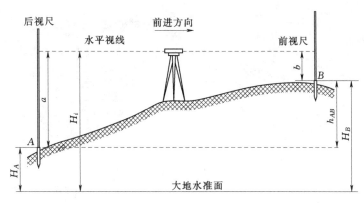

图 2-1 水准测量原理

法。由图 2-1 可见，式（2-3）中 $H_{视线}$ 为视线与大地水准面间的铅垂距离，称为视线高程。利用仪器的视线高程减去各前视尺的读数来计算各未知点高程的方法，称为视线高法。对于已知水准点附近不远的范围内有若干个需要确定高程的未知点的情形，采用视线高法比较快捷。

## 2.2 水准测量的仪器及工具

### 2.2.1 水准仪的构造

水准测量所使用的仪器为水准仪，其主要作用是提供一条水平视线，照准水准尺并读取尺上的读数。通过调整水准仪上的微倾螺旋使水准管气泡居中以获得水平视线的水准仪称为微倾式水准仪，通过补偿器获得水平视线的水准仪称为自动安平水准仪。目前常见的是自动安平水准仪。

我国的水准仪系列一般有 $DS_{05}$、$DS_1$、$DS_3$ 和 $DS_{10}$ 几个等级，其中"D""S"分别是"大地测量""水准仪"汉语拼音的首字母，字母后的下标数字表示使用该等级的水准仪进行施测，每千米水准路线的往返高差中数的中误差，以 mm 计。$DS_3$ 属于常用的一般水准仪，本书以 $DS_3$ 为对象，介绍水准仪的结构和使用方法。

$DS_3$ 微倾式水准仪如图 2-2 所示，它主要由三个部分组成：望远镜——用来提供水平视线，读取水准尺上的读数；水准器——用于指示视线是否处于水平状态；基座——用于将仪器与脚架相连并置平仪器，支承仪器的上部并保障其能在水平方向转动。基座上有三个脚螺旋，调节脚螺旋可使圆水准器的气泡居中，使仪器达到粗略水平状态。望远镜和水准管与仪器的竖轴连接成一体，竖轴插入基座的轴套内，望远镜和水准管在基座上可绕竖轴旋转。制动螺旋和微动螺旋用来控制望远镜在水平方向的转动。制动螺旋松开时，望远镜能绕竖轴自由旋转，使得目标位于视野内；制动螺旋拧紧时，望远镜只能通过微动螺旋来使其作缓慢、小幅度的转动，用以精确瞄准目标。微倾螺旋可使望远镜连同水准管作小幅度范围内的倾斜转动，从而使水准仪可以提供一条精确水平的视线。

#### 2.2.1.1 望远镜

望远镜由物镜、目镜、调焦透镜、十字丝分划板组成（图 2-3）。十字丝分划板安装

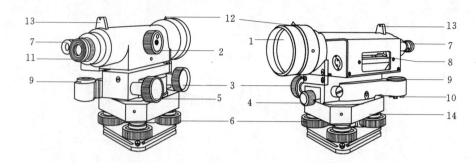

图 2-2 DS₃ 微倾式水准仪

1—物镜；2—物镜调焦螺旋；3—微动螺旋；4—制动螺旋；5—微倾螺旋；6—脚螺旋；

7—水准管气泡观察窗；8—水准管；9—圆水准器；10—圆水准器校正螺旋；

11—目镜；12—准星；13—照门；14—基座

在望远镜内部靠近目镜的一端，是刻在玻璃片上的十字丝，用于瞄准目标。十字丝的图像如图 2-4 所示，竖直的那一根丝，称为竖丝；水平中间最长的那根丝称为中丝，上下的两根短丝，分别对应称为上丝、下丝。水准测量中用中丝读取水准尺上的读数来计算高差。

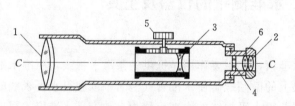
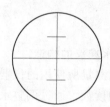

图 2-3 望远镜的结构

图 2-4 十字丝图像

1—物镜；2—目镜；3—调焦透镜；4—十字丝分划板；

5—目镜调焦螺旋；6—目镜调焦螺旋

十字丝交点和物镜光心的连线称为视准轴，也称视线，是水准仪的主要轴线之一，通常用 $CC$ 表示。测量过程中，望远镜内必须同时能看到清晰的物像和十字丝。目镜端设置了调焦螺旋，通过调节目镜调焦螺旋可以将十字丝调至清晰状态。观测不同距离的目标，可旋转物镜调焦螺旋，从而将目标的影像调至清晰状态。

### 2.2.1.2 水准器

水准器是用来显示仪器是否置平的一种装置，是测量仪器上的重要部件。水准器分为管水准器和圆水准器两种。

#### 1. 管水准器

管水准器又称水准管，是一个封闭的玻璃管，按照不同精度要求将管的内壁纵向磨成不同半径的圆弧形。管内加入酒精、乙醚或两者混合液体，加热液体并融封水准管两端，液体冷却后自然形成气泡。如图 2-5 所示，水准管表面两端有间隔为 2mm 的分划线，分划的中点称水准管的零点。过零点与管内壁在纵向相切的直线称水准管轴，通常用 $LL$ 表示。当气泡的中心点与零点重合时，称气泡居中，气泡居中时水准管轴处于水平状态。

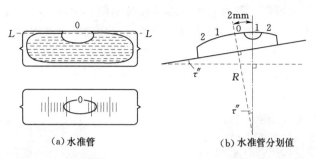

（a）水准管 　　　　　　　　（b）水准管分划值

图 2-5 　水准管与水准管分划值

水准管上相邻分划线间的一格所对应的圆心角称为水准管的分划值 $\tau''$，水准管的分划值越小，视线置平的精度越高。

$$\tau''=\frac{2}{R}\rho''$$

(2-4)

式中 　$\tau''$——水准管表面相邻分划线所对的圆心角；

$\rho''$——以秒为单位计的弧度，取 206265''；

$R$——水准管的内圆弧半径，mm。

为了提高气泡居中的精度，在水准管的上面安装一套棱镜组（图 2-6），使气泡两端的影像反射到一起。当气泡居中时，气泡两端的影像附合在一起，如图 2-6（a）所示。故这种水准器称为附合水准器，这种水准器在微倾式水准仪上普遍采用。

2. 圆水准器

圆水准器是一个封闭的圆形玻璃容器，顶盖的内表面为一凹球面，容器内盛乙醚类液体，留有一小圆气泡（图 2-7）。容器顶盖中央刻有一小圈，小圈的中心是圆水准器的零点。通过零点的球面法线是圆水准器的轴，当圆水准器的气泡居中时，圆水准器的轴线位于铅垂状态。圆水准器的内壁半径远小于水准管的内壁半径，其置平精度较低，因此圆水准器只能用于粗略整平。

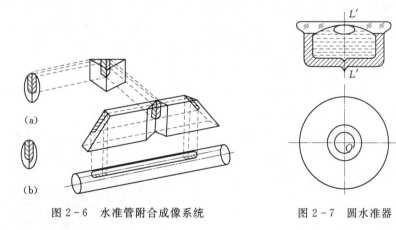

图 2-6 　水准管附合成像系统 　　　　　图 2-7 　圆水准器

自动安平水准仪的结构特点是采用补偿器取代了附合水准器和微倾螺旋，使用上通过圆水准器来保证水准仪粗略水平，再通过补偿器来保证视线处于精确水平状态。因此自动安平水准仪上只有圆水准器，没有管水准器及相应的附合棱镜系统，使用时只需要将圆水准器内的气泡调至中央小圈内，即可通过补偿器获得精确的水平视线。

自动安平水准仪的型号是在 DS 后面加上 Z，即 $DSZ_{05}$、$DSZ_1$、$DSZ_3$ 和 $DSZ_{10}$ 几个等级。图 2-8 所示是天津森氏公司产 DSC232 自动安平水准仪。

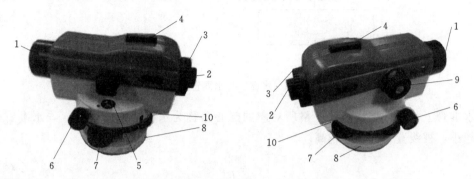

图 2-8 自动安平水准仪

1—物镜；2—目镜；3—目镜调焦螺旋；4—瞄准管；5—圆水准器；6—水平微动螺旋；
7—脚螺旋；8—基座；9—物镜调焦螺旋；10—自动安平补偿器检验钮

### 2.2.1.3 基座

水准仪的基座主要由轴承、脚螺旋、底板和三角压板组成。其作用是支承仪器的上部并与三脚架连接，通过脚螺旋并配合圆水准器，使仪器大致水平。

## 2.2.2 水准尺和尺垫

### 2.2.2.1 水准尺

常用的水准尺由铝合金或木材制成，有板尺和塔尺两种，长度规格主要有 3m 和 5m 两种。铝合金塔尺全长 5m，多数分为 4 段，可以伸缩，携带方便，但接头处误差大，而且使用过程中接头容易滑落，导致测量读数错误。木质水准尺采用收缩性小、不易弯曲变形且质地坚硬的木料，经专门干燥处理后制成。

常见的板尺是双面 E 型分划，通过双面读数来检核读数并能提高测量结果的精度。常用的木质板尺为 3m，表面从下往上每隔 1cm 涂有黑白或红白相间的分格，每 1dm 注记一数字，在尺的侧面安有圆水准器，用以保证水准测量过程中所立水准尺竖直。尺面分划一面为黑格、白格相间，称为黑面；另一面为红格、白格相间，称为红面。黑面底部注记均是从零开始，而红面底部注记的起始数一般为 4687mm 或 4787mm。双面水准尺必须成对使用，即一对水准尺中一根红面起始读数为 4687mm，另一根为 4787mm。水准仪瞄准一根水准尺，分别读取黑面和红面读数，理论上两读数相差一个常数，其即为红面的起始读数，称作为尺常数，常用 $K$ 来表示。

### 2.2.2.2 尺垫

尺垫的形状为三角形（图 2-9），一般用生铁铸造，中央顶部有一半球形凸起，下有三个足尖。其作

图 2-9 尺垫

用是保证任何人来立尺，水准尺的底部都是位于稳定且唯一的一个高度位置处，防止水准尺下沉或位置发生变化，使用时应在转点处先放置尺垫后立尺（注意水准点上一定不能放尺垫），其使用方法是将尺垫的三足轻踩入土中，然后将水准尺轻轻放在中央凸起处并使水准尺竖直。

### 2.2.3　水准仪的使用

微倾式水准仪的使用包括安置、粗略整平、瞄准目标、精确水平、读数这几个步骤，自动安平水准仪没有精确水平这一步。

#### 2.2.3.1　安置水准仪

首先打开三脚架，安置三脚架要求高度适当、架头大致水平并牢固稳定，对每根架腿稍微用力踩入地面。在斜坡上架设应使三脚架的两架腿在坡下，一架腿在坡上。取水准仪时必须握住仪器的坚固部位，然后将脚架头的中心连接螺杆对准水准仪基座底板上的连接孔并旋紧，确认水准仪牢固地连接在三脚架上后才可松手。

#### 2.2.3.2　粗略整平

仪器的粗略整平是用脚螺旋使圆水准器气泡居中。先用两个脚螺旋使气泡移到通过圆水准器零点并垂直于这两个脚螺旋连线的方向上。如图 2-10（a）中气泡自 a 点移到图中的线上，即图 2-10（b）中的 b 点位置，如此可使仪器在这两个脚螺旋连线的方向处于水平状态，然后用第三个脚螺旋使气泡居中，使仪器在原两个脚螺旋连线的垂线方向上也处于水平状态，从而使整个仪器置平。如气泡仍有偏离可重复进行。应当注意的是操作时先旋转其中两个脚螺旋，然后只旋转第三个脚螺旋。至于如何判定各个脚螺旋的旋转方向，有如下两个规律：

（1）基座的圆水准器气泡所在那一侧位置偏高。

（2）从上往下看，脚螺旋顺时针旋转，使基座的该脚螺旋所在一侧升高；脚螺旋逆时针旋转，使基座的该脚螺旋所在一侧降低。

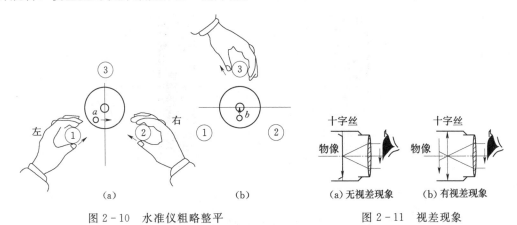

图 2-10　水准仪粗略整平　　　　　图 2-11　视差现象

#### 2.2.3.3　瞄准目标

利用望远镜的照门与准星从外部瞄准水准尺，旋紧水平制动螺旋，用水平微动螺旋旋转望远镜以精确照准水准尺，使十字丝的竖丝位于水准尺中央，调节目镜使十字丝清晰，最后旋转调焦螺旋，使水准尺的成像清晰。水准测量读数前必须要消除视差现象，其是水准尺的成像没有完全落在十字丝分划板上造成的（图 2-11）。检查成像是否存在视差现象的办法是眼睛在目镜处稍作上下移动，若发现水准尺的影像与十字丝两者存在相互错动的现象，使得眼睛在目镜上下不同位置处的读数有差异，即是存在视差。视差的存在会造成读数不准确。消除视差的方法是先调节目镜调焦螺旋使十字丝清晰，接着调节物镜调焦螺旋使尺像清晰，再检查是否存在视差现象，如此反复操作，直至眼睛在目镜处上下稍微移动，相应的读数没有变化为止。

**2.2.3.4　精确水平**

由于圆水准器的灵敏度较低，所以用圆水准器只能使水准仪粗略整平。微倾式水准仪在每次读数前还必须用微倾螺旋使水准管气泡影像附合，使视线精确水平。由于微倾螺旋旋转时，会改变望远镜和竖轴的关系，当望远镜由一个方向转变到另一个方向时，水准管气泡一般不再附合，所以望远镜每次变动方向重新瞄准目标，在读数前都需要用微倾螺旋重新使气泡附合。因此微倾式水准仪使用比较麻烦、效率低，现在已经不再常用，而更多使用自动安平水准仪。

自动安平水准仪在圆水准器水平保证了仪器处于粗略水平的状况下，通过补偿器来获得精确水平视线，因此自动安平水准仪的使用中没有精确水平这一操作步骤，但其前提是补偿器要能正常工作，这可以通过自动安平补偿器检验钮进行检查。按动检验钮，望远镜视野中的水准尺影像随之产生上下摆动，并很快静止，说明补偿器能正常工作，可以进行施测，或采用 2.3.3.1 中的改变仪器高法，对自动安平水准仪进行检查。

**2.2.3.5　读数**

当望远镜精确瞄准水准尺、实现精确整平后，即可读数。普通水准测量，通常使用的是板尺或塔尺，每个读数应有四位数、不带小数点、所读数的单位是毫米，从尺上直接读出米、分米和厘米数，然后估读出毫米数，零不可省略。如图 2-12 中左图中丝读数为0795、右图中丝读数为 6649 是比较合适的。

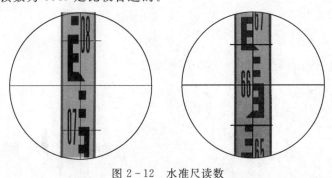

图 2-12　水准尺读数

# 2.3　水准测量的一般方法和要求

## 2.3.1　水准点与水准路线

**2.3.1.1　水准点**

为了统一全国的高程系统、满足各种工程建设的需要，我国已建立了统一的高程控制网，其是以青岛验潮站 1952—1979 年 28 年间的潮汐观测资料为计算依据确定的高程起算面，称为 1985 国家高程基准。水准原点设在青岛市观象山，高程为 72.2604m。全网分为二、三、四、五共 4 个等级，下一级控制网依据上一级控制网建立。

水准测量中，在实地选定点位、埋设水准标志，测定其顶部高程并用标志的顶部作为其高程数据在野外保存的位置，这样的野外点称为水准点，在地形图上用 "⊗" 符号表示，水准点的编号最前面用字母 BM 表示。水准点有永久性和临时性两种。国家等级永久性水准点如图 2-13 (a) 所示，一般用混凝土制成，埋到冻土线以下，顶部镶嵌不易锈蚀材料制成的半球形标志。等级较低的永久性水准点，制作和埋设可简单些，如图 2-13 (b) 所示。临时性水准点可利用地面上坚硬、稳定岩石的凸出部位等，用红色油漆标记；也可将木桩等打入地面，并在桩顶钉入铁钉来标记点位，如图 2-13 (c) 所示；为满足特殊情况下的使用，也可以设置墙脚水准标志，如图 2-13 (d) 所示。

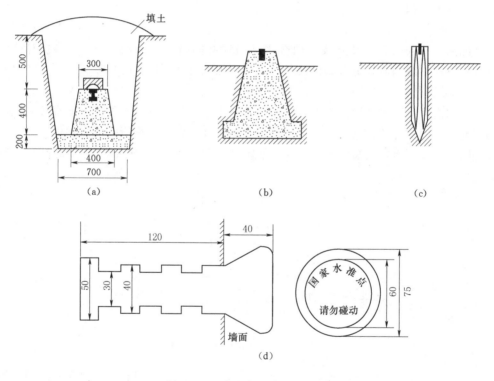

图 2-13　水准点 (单位：mm)

### 2.3.1.2　水准路线

水准测量前应根据要求选定未知水准点的位置，埋设好水准点标石，拟定水准路线形式。水准路线形式一般有以下几种。

1. 支水准路线

支水准路线是由一已知高程的水准点开始，向未知高程点进行施测，并不与其他已知高程的水准点进行联测的一种水准路线。这种水准路线不能对测量成果进行检核，因此必须进行往返观测，或每站高差进行两次观测，其布设形式如图 2-14 (a) 所示。

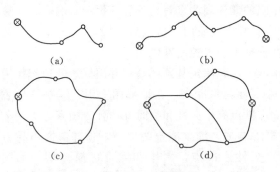

图 2-14 水准路线

⊗—已知高程点；○—未知高程点

**2. 附合水准路线**

附合水准路线是水准测量从一个已知高程的水准点开始，沿途经过若干未知高程点，最后结束于另一已知水准点的路线。这种路线可使测量成果得到可靠的检核，其布设形式如图 2-14（b）所示。

**3. 闭合水准路线**

闭合水准路线是水准测量从已知高程的水准点开始，沿途经过若干未知高程点，最后又闭合到这个水准点上的水准路线。这种路线也可以使测量成果得到检核，其布设形式如图 2-14（c）所示。

**4. 水准网**

水准网是几条附合水准路线或闭合水准路线共同组成网形，如图 2-14（d）所示。水准网可组成对观测成果更多的检核条件，从而加强对观测成果的检核。

### 2.3.2 水准测量方法

当未知高程点距离已知高程点较远或高差较大时，仅安置一次仪器不能直接测得两点间的高差。此时应连续设站测量，将各测站高差累计，即可求得所需的高差值。

如图 2-15 所示，已知水准点 BMA 点高程为 520.000m，现要测 $B$ 点的高程，其观测步骤如下。

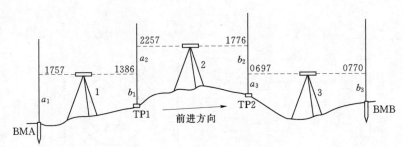

图 2-15 普通水准测量示意图

BMA、BMB 之间距离比较远，中间设立两个转点 TP1、TP2，在 BMA、TP1 两点上分别立水准尺，架设水准仪于距离 BMA、TP1 两点大致相当的位置处 1 处（称为测站）。分别读取后视读数 $a_1$ 和前视读数 $b_1$ 并记入水准测量手簿（表 2-1），计算出 BMA、TP1 间的高差。同样的顺序依次测出 TP1、TP2 和 TP2、BMB 间的高差，即

$$\left.\begin{array}{l} h_1 = a_1 - b_1 \\ h_2 = a_2 - b_2 \\ h_3 = a_3 - b_3 \end{array}\right\} \qquad (2-5)$$

BMA、BMB 之间的高差为三测站测得的高差之和，即

$$h_{AB} = \sum h_i = \sum a_i - \sum b_i \qquad (2-6)$$

则 $B$ 点的高程为

$$H_B = H_A + h_{AB} \qquad (2-7)$$

记录和计算见表 2-1，计算检核中算出的 $\sum h$ 应与 $\sum a_i - \sum b_i$ 相等，如不等，则表明表中的计算存在错误。该表的内容只能检核计算是否正确，不能检查测量过程中是否存在读数错误，也提高不了测量的精度。

表 2-1                普通水准测量记录表

| 测 站 | 测 点 | 后视读数 | 前视读数 | 高差/m | | 高程/m | 备注 |
|---|---|---|---|---|---|---|---|
| | | | | + | − | | |
| 1 | BMA | 1757 | 1386 | 0.371 | | 520.00 | |
| | TP1 | | | | | | |
| 2 | TP1 | 2257 | 1776 | 0.481 | | | |
| | TP2 | | | | | | |
| 3 | TP2 | 0697 | 0770 | | 0.073 | | |
| | BMB | | | | | 520.779 | |
| $\sum$ | | 4711 | 3932 | 0.852 | 0.073 | | |
| 检核 | | $\sum a - \sum b = 0779$    $\sum h = 0.779$ | | | | | |

在上述测量过程中，由于 BMA、BMB 之间距离比较远，不能一站测出两点之间的高差，因此在中间设立两个点，设立的这些点称为转点，起到在路线中间临时传递高程的作用，转点通常在其编号前面加上 T、P 两个字母。高程测量要求水准尺端部与支撑位置处的接触是唯一的高程位置，而在转点处没有固定的标志，因此要求在转点处放置尺垫，水准尺立在尺垫上凸出半球体的顶部。当一站测完、记录、检查完并且数据满足规范相应要求后，后视的水准尺、尺垫和水准仪才可以向前移到下一站各自位置，而这一站的前视尺不移位，变为下一站的后视尺。当尺垫拿走后，转点处水准尺所立的位置不存在，因此在计算过程中无需算出转点的高程。

由 BMA 往 BMB 测量的过程中，如果两点间相隔较远，也可以在路线上埋设若干个固定的水准点，则相邻的水准点间的测量路线，又称为一个测段。

### 2.3.3 水准测量的检核

在水准测量中，容易出现读错、听错、记错、算错等情形。为了尽可能减少测量过程中出现错误的可能性，及时发现错误、避免返工，并保证测量成果符合相应的精度要求，必须采用适当的措施对水准测量成果进行检核，即遵循测量的"步步有检核"原则。水准测量检核手段主要包括测站检核和路线检核，目的是及早发现错误，保证观测精度符合要求。

#### 2.3.3.1 测站检核

测站检核是为了检核某一测站的观测成果有无错误，可采用改变仪器高法或双面尺法。

1. 改变仪器高法

改变仪器高法是在同一测站位置处，用两次不同的仪器高度，施测两点间的高差，即在第一次测量完两点间高差之后，升高或降低仪器高度（大于 10cm），再次测量该高差。若两次高差之差不超过容许值（容许值的具体取值与施测水准网等级有关，例如四等水准的容许值为 ±5mm），则取其平均值作为该站的观测高差，否则检查原因，重新观测。

2. 双面尺法

双面尺法是在同一测站上，分别用双面水准尺的黑面和红面对两点间的高差施测一次。若一测站上水准尺黑面读数与尺常数之和与红面读数之差值、红黑面高差之差不超过容许值（容许值的具体取值与施测水准网等级有关，例如四等水准前述的容许值分别为 ±3mm、±5mm），则取两次高差的平均值作为该测站观测高差，否则，需检查原因重新观测。

**2.3.3.2 路线检核**

1. 附合水准路线

附合水准路线上各测站的高差之和理论值应等于路线上尾首两个已知水准点间的高差。由于测量存在误差，实测的高差通常不等于理论值，两者差值称为高差闭合差，用 $f_h$ 表示：

$$f_h = \sum h_i - (H_终 - H_始) \tag{2-8}$$

式中　$H_终$——附合水准路线终点水准点高程，m；

　　　$H_始$——附合水准路线起点水准点高程，m。

高差闭合差的大小反映了测量成果的质量。为了保证精度，必须限定容许值，超过容许值，则说明已经不属于误差的范畴，而可能是操作中出现了错误，必须检查原因，甚至返工重测。国家四等水准测量高差闭合差的容许值为

$$\left.\begin{array}{ll}\text{平地} & f_{h容} = \pm 20\sqrt{L} \quad \text{mm} \\ \text{山地} & f_{h容} = \pm 6\sqrt{n} \quad \text{mm}\end{array}\right\} \tag{2-9}$$

式中　$L$——水准路线长度，km；

　　　$n$——测站数。

2. 闭合水准路线

闭合水准路线各测站高差之和理论上应等于零，如不等于零，其值即为高差闭合差，即

$$f_h = \sum h_i \tag{2-10}$$

其大小不应超过相应等级水准的高差闭合差的容许值。

3. 支水准路线

单条支水准测量没有检核条件，为了避免支水准测量成果出现错误，实际测量工作中采取进行往返观测的办法，对支水准路线进行检核。从已知水准点测到待定点称为往测，再从待定点测回到已知点称为返测。往返测高差之和理论上应等于零，如不为零，其值为高差闭合差，即

$$f_h = \sum h_往 + \sum h_返 \tag{2-11}$$

其大小不应超过容许值。

4. 水准网

水准网是几条附合水准路线或闭合水准路线连接在一起而构成的网形，相应的附合水

准路线、闭合水准路线就形成检核条件。水准网可组成对观测成果更多的检核条件。但值得注意的是在组成相应的检核条件时，不得漏掉任何一个测段。

# 2.4 视 距 测 量

水准外业测量用水平面代替水准面，会对读数产生较大的系统误差。外业中通过控制水准仪到后视和前视的距离差的方法，来控制其对高差的影响。因此在水准测量中需要测量水准仪到水准尺间的距离，其采用的测距方法就是视距测量。视距测量是用望远镜内的视距丝装置（水准仪望远镜视场内的上、下丝即是视距丝），根据几何学原理测定距离的一种测量方法。此方法具有操作简便、速度快等优点，精度一般能达到 $1/200 \sim 1/300$。

## 2.4.1 视距测量的原理

如图 2-16 所示，水准测量中，欲测定水准仪位置 $A$、水准尺 $B$ 两点间视距，$B$ 点上立水准尺，在 $A$ 点安置水准仪、瞄准 $B$ 点的水准尺，此时水平视线与视距尺相垂直。上、下丝与竖丝交点 $m$、$g$ 对应水准尺上位置 $M$、$G$，尺上 $MG$ 的长度即为上下丝的读数差，称为视距间隔。在图 2-16 中，$l$ 为视距间隔，$p$ 为十字丝分划板上上丝、下丝间距，$f$ 为物镜焦距，$\delta$ 为仪器中心到物镜的距离，$d$ 为物镜焦点到视距尺的距离。

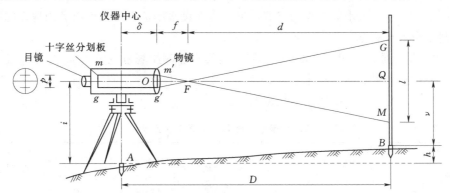

图 2-16 视线水平时的视距测量

两三角形 $\triangle m'Fg'$ 和 $\triangle MFG$ 相似，可得：$\dfrac{d}{f} = \dfrac{l}{p} \Rightarrow d = \dfrac{f}{p}l$

由图上可得 $A$、$B$ 两点间视距：$D = d + f + \delta = \dfrac{f}{p}l + f + \delta$

令 $\dfrac{f}{p} = K$，$f + \delta = C$，则

$$D = Kl + C \qquad (2-12)$$

在设计仪器时，取定 $K = 100$，$C$ 取定一个较小值，式（2-12）可改写为

$$D = Kl \qquad (2-13)$$

由此可见，水准仪与水准尺间的视距，即等于水准仪在水准尺上、下丝的读数差与一个常数（取 100）的乘积，视距的单位一般用米，实际外业测量中，视距的计算为水准尺

上、下丝的读数差乘以 0.1。

在全站仪普及前，常采用水准尺配合经纬仪进行大比例尺地形图的测绘工作，这种情况下视线通常不水平，但通过公式可以计算经纬仪和水准尺之间的水平距离和高差。现在这种测图方法已经不使用，本教材不再赘述这方面内容。

### 2.4.2 视距测量的误差来源及注意事项

导致视距测量误差的因素有：常数 $K$ 的误差，虽然仪器制造上要求 $K=100$，但完全满足这个条件是比较困难的；水准尺上的分划、上下丝的读数等都难以避免存在误差；大气垂直折光的影响，视线越靠近地面，受折光的影响就越大；水准尺倾斜所带来的误差，虽然水准尺上一般安设有圆水准器，但要达到水准尺完全竖直，是难以办到的。

为了减少误差的影响，进行等级水准测量观测时视线距离地表的高度应满足规范要求，而且要在成像稳定的时间段测量；要尽可能保证水准尺竖直；时常对常数 $K$ 进行检查；水准测量中如果采用塔尺，立尺人员要保证塔尺的各节接头准确。

## 2.5 三、四等水准测量

三、四等水准是工程建设对高程控制点提出的常见精度要求，常作为小区域工程测量的首级高程控制，也常作为工程建设项目的勘察设计及施工期间的高程控制要求。三、四等水准测量以国家高级水准点作为起算依据，应埋设水准标石，也可以利用埋设的同等级平面控制点作为水准点。

《工程测量标准》（GB 50026—2020）和各类专业测绘规范（技术规程）均对国家三、四等水准测量提出了具体的技术要求。表 2-2 是《工程测量标准》（GB 50026—2020）对国家三、四等水准测量提出的主要技术要求。

表 2-2　　　　　　　　三、四等水准测量的主要技术要求

| 等级 | 水准仪型号 | 水准尺 | 观测次数 | | 视距/m | 路线长度/km | 前后视距较差/m | 前后视距累计差/m | 视线离地面最低高度/m | 黑面、红面读数较差/mm | 黑面、红面高差较差/mm | 往返较差、附合或环线闭合差/mm | |
| | | | 与已知点联测 | 附合或环线 | | | | | | | | 平地 | 山地 |
| --- | --- | --- | --- | --- | --- | --- | --- | --- | --- | --- | --- | --- | --- |
| 三等 | DS₁ | 因瓦 | 往返各一次 | 往一次 | 100 | ≤50 | 3 | 6 | 0.3 | 1.0 | 1.5 | 12$\sqrt{L}$ | 4$\sqrt{n}$ |
| | DS₃ | 双面 | | 往返各一次 | 75 | | | | | 2.0 | 3.0 | | |
| 四等 | DS₃ | 双面 | 往返各一次 | 往一次 | 100 | ≤16 | 10 | 10 | 0.2 | 3.0 | 5.0 | 20$\sqrt{L}$ | 6$\sqrt{n}$ |

注　$L$ 为水准路线的长度，km；$n$ 为测站数。

### 2.5.1 一测站观测方法与记录

下面以从已知水准点 BMA 出发，测量未知点 BMB 的高程为例，讲述进行一站四等水准测量的程序。四等水准测量常采用双面水准尺进行观测。

后视立尺人员先到 BMA 点立水准尺，测量员在到 $B$ 点的路线上，依据实际地形，在距离 BMA 点不超过 100m 的地方架设水准仪；前视立尺人员估计水准仪到点 BMA 的后视距离，在与后视距相差不超过 5m 的地方，依据实际地形选择位置放置尺垫，立上水准

尺。测量员整平水准仪后，先粗略分别读取后、前视距，看该站视距差是否超限（若不是测量路线上的第一站测量，还要检查视距差的累计值是否超限）；若超限，则移动前视尺尺垫的位置，以满足标准规定的一站视距差及视距差累计值的要求。然后读数，读数记录在表格 2-3 中。

（　）内的数字表示测量、记录、计算的先后顺序。

读数的顺序如下：

（1）读取后视尺黑面：上丝读数（1）、下丝读数（2）、中丝读数（3）。

（2）读取前视尺黑面：上丝读数（4）、下丝读数（5）、中丝读数（6）。

（3）读取前视尺红面：中丝读数（7）。

（4）读取后视尺红面：中丝读数（8）。

表 2-3　　　　　　　　　　　　　四等水准测量记录表

测段：BMA～BMB　　　日期：2020.10.06　　　仪器：DS$_3$　　　天气：晴　　　成像：清晰、稳定
记录者：卢修元　　　观测者：赵江涛　　　开始：9：15　　结束：10：50

| 测站编号 | 点号 | 后尺 上丝 / 下丝 / 后视距 / 视距差/m | 前尺 上丝 / 下丝 / 前视距 / 累计差/m | 方向及尺号 | 水准尺读数 黑面 | 水准尺读数 红面 | 黑+K -红 | 平均高差 /m |
|---|---|---|---|---|---|---|---|---|
| | | （1） | （4） | 后 | （3） | （8） | （14） | |
| | | （2） | （5） | 前 | （6） | （7） | （13） | （18） |
| | | （9） | （10） | 后-前 | （15） | （16） | （17） | |
| | | （11） | （12） | | | | | |
| 1 | BMA | 1374 | 1758 | 后 | 1026 | 5712 | +1 | |
| | | 0678 | 1050 | 前 | 1404 | 6192 | -1 | -0.379 |
| | TP1 | 69.6 | 70.8 | 后-前 | -0.378 | -0.480 | 2 | |
| | | -1.2 | -1.2 | | | | | |
| 2 | TP1 | 1858 | 2010 | 后 | 1491 | 6280 | -2 | |
| | | 1125 | 1240 | 前 | 1624 | 6312 | -1 | -0.132 |
| | TP2 | 73.3 | 77.0 | 后-前 | -0.133 | -0.032 | -1 | |
| | | -3.7 | -4.9 | | | | | |
| 3 | TP2 | 0992 | 1452 | 后 | 0710 | 5396 | +1 | |
| | | 0430 | 0850 | 前 | 1151 | 5940 | -2 | -0.442 |
| | TP3 | 56.2 | 60.2 | 后-前 | -0.441 | -0.544 | +3 | |
| | | -4.0 | -8.9 | | | | | |
| 4 | TP3 | 1741 | 1885 | 后 | 1382 | 6170 | -1 | |
| | | 1020 | 1205 | 前 | 1544 | 6231 | 0 | -0.162 |
| | TP4 | 72.1 | 68.0 | 后-前 | -0.162 | -0.061 | -1 | |
| | | +4.1 | -4.8 | | | | | |

续表

| 测站编号 | 点号 | 后尺 上丝 | 后尺 下丝 | 前尺 上丝 | 前尺 下丝 | 方向及尺号 | 水准尺读数 黑面 | 水准尺读数 红面 | 黑+K -红 | 平均高差/m |
|---|---|---|---|---|---|---|---|---|---|---|
| | | 后视距 | | 前视距 | | | | | | |
| | | 视距差/m | | 累计差/m | | | | | | |
| 5 | TP4 | 2105 | 1387 | 1992 | 1302 | 后 | 1746 | 6432 | +1 | 0.098 |
| | | | | | | 前 | 1648 | 6434 | +1 | |
| | TP5 | 71.8 | | 69.0 | | 后-前 | 0.098 | −0.002 | 0 | |
| | | +2.8 | | −2.0 | | | | | | |
| 6 | TP5 | 1752 | 1044 | 1524 | 0834 | 后 | 1398 | 6185 | 0 | 0.218 |
| | | | | | | 前 | 1180 | 5866 | 1 | |
| | BMB | 70.8 | | 69.0 | | 后-前 | 0.218 | 0.319 | −1 | |
| | | +1.8 | | −0.2 | | | | | | |
| 检核计算 | $\sum(9)=413.8,\sum(10)=414.0,\sum(9)-\sum(10)=-0.2,\sum(9)+\sum(10)=827.8$ $\sum(3)=7753,\sum(6)=8551,\sum(7)=36175,\sum(8)=36975$ $\sum(3)-\sum(6)=-798,\sum(8)-\sum(7)=-800,\sum(15)=-0.798$ $\sum(16)=-0.800,[\sum(15)+\sum(16)]\div2=-0.799,\sum(18)=-0.799$ | | | | | | | | | |

每站读取上述 8 个读数，这 8 个读数是一测站的测量数据，其他数据是以测量数据为基础得到的计算数据。测量员要"边测量、边读数"；记录员要"边复诵、边记录、边计算、边检核"，及时完成该测站的计算、检核工作，若发现数据超限，则立即告诉测量员立即重测，以保证测量数据合格；只有经过记录员检查合格，立后视尺人员及测量员才能往前搬站。由于水准测量是多人配合的工作，而且一站要读取 8 个数据，并要进行相应的计算、检核工作，因此水准测量很容易出现错误。如果没有在外业逐站的测量、记录、检核过程中及早发现存在的错误，而在内业进行最终数据处理过程中再发现测量数据存在问题，即使判定出具体哪一测站存在错误，也往往导致该测段上所有测站全部进行重测。因此一定要高度重视测量过程中测站上的检核工作。

上述测量顺序简称为"后（黑）前（黑）前（红）后（红）"，三等水准测量必须按照这个顺序进行，其主要目的是有效减弱观测过程中仪器、水准尺下沉对测量误差的影响。四等水准测量建议按照这个顺序进行一站水准测量工作，也可以按照"后（黑）后（红）前（黑）前（红）"的顺序进行。一个测段的测站数一般要求设置为偶数站。

### 2.5.2 计算与校核

#### 2.5.2.1 视距的计算与检核

后视距：$(9)=0.1\times[(1)-(2)]$。三、四等水准分别不超过 75m、100m。

前视距：$(10)=0.1\times[(4)-(5)]$。三、四等水准分别不超过 75m、100m。

前、后视距差：$(11)=(9)-(10)$。三、四等水准分别不超过 ±3m、±5m。

前、后视距累计差：$(12)=$本站$(11)+$前站$(12)$。三、四等水准分别不超过 ±6m、±10m。

#### 2.5.2.2 读数的计算与检核

前视尺黑红面读数差：$(13)=(6)+K-(7)$。三、四等水准分别不超过 $\pm 2mm$、$\pm 3mm$。

后视尺黑红面读数差：$(14)=(3)+K-(8)$。三、四等水准分别不超过 $\pm 2mm$、$\pm 3mm$。

式中的 $K$ 为后视尺、前视尺红面对应的起始刻划数，即尺常数，取值不同，分别为 4687 或 4787。

#### 2.5.2.3 高差的计算与检核

黑面高差：$(15)=[(3)-(6)]\div 1000$，以 m 为单位。

红面高差：$(16)=[(8)-(7)]\div 1000$，以 m 为单位。

黑红面高差之差：$(17)=(15)-[(16)\pm 0.100]$。三、四等水准分别不超过 $\pm 3mm$、$\pm 5mm$。

黑红面高差之差：$(17)=(14)-(13)$，三、四等水准分别不超过 $\pm 3mm$、$\pm 5mm$。

一站平均高差：$(18)=\{(15)+[(16)\pm 0.100]\}\div 2$。

由于水准测量所用的一对水准尺，红面起始注记数，一根为 4687，另一根为 4787。因此由红面算得的高差与由黑面算得的高差相差 0.100m 的常数，至于记录表中计算空格（17）、（18）处应该填写的数值到底是应该"加"0.100m，还是应该"减"0.100m，在计算过程中可以以黑面算得的高差为参考，在红面算得的高差基础上选择"加"或"减"0.100m 来进行计算。由于相邻两站的水准尺严格前后交替使用，因此前一站"加"0.100m，则后一站应"减"0.100m。

#### 2.5.3 每页记录的计算检核

当水准测量的路线较长，测量记录较多时，为减少一测段的一次检核工作量，最好进行每页的计算检核工作。检核的方法如下：

先计算：$\sum(9)$、$\sum(10)$、$\sum(3)$、$\sum(6)$、$\sum(7)$、$\sum(8)$、$\sum(15)$、$\sum(16)$、$\sum(18)$。

检核条件：
$$\sum(9)-\sum(10)=末站(12)$$
$$[\sum(3)-\sum(6)]\div 1000=\sum(15)$$
$$[\sum(8)-\sum(7)]\div 1000=\sum(16)$$

总站数为偶数站时：$[\sum(15)+\sum(16)]\div 2=\sum(18)$

总站数为奇数站时：$[\sum(15)+\sum(16)\pm 0.100]\div 2=\sum(18)$

这些检核条件如果不满足，则说明计算存在错误。经过这样每页的计算，就可以算出每测段的两点高差及水准路线长度。

测段两点间高差 $=\sum(18)$，水准路线长度 $=\sum(9)+\sum(10)$。

# 2.6 水准测量的内业计算

当水准路线的高差闭合差 $f_h$ 在容许范围内，即满足 $|f_h|\leqslant|f_{h容}|$ 条件时，可把闭合差 $f_h$ 分配到各测段的高差上。对于普通水准测量，高差闭合差 $f_h$ 的分配原则是按照各测段水准路线的长度或者测站数按比例反符号分配到各测段的高差上，求得的分配数称为

该测段的高差改正数 $v_i$，根据改正后的测段高差 $\hat{h}_i$，从已知水准点开始，依次求解各未知点的高程。各测段的高差改正数 $v_i$ 及改正后的测段高差 $\hat{h}_i$ 按式（2-14）、式（2-15）进行计算：

$$v_i = -\frac{f_h}{\sum L_i} L_i \tag{2-14a}$$

或

$$v_i = -\frac{f_h}{\sum n_i} n_i \tag{2-14b}$$

$$\hat{h}_i = h_i + v_i \tag{2-15}$$

式中　$L_i$——各测段路线长，km；

$\quad\quad$ $n_i$——各测段的测站数；

$\quad\quad$ $v_i$——各测段高差的改正数；

$\quad\quad$ $h_i$——各测段高差的观测值；

$\quad\quad$ $\hat{h}_i$——改正后的各测段高差观测值。

**【例 2-1】**　一条四等附合水准路线，起始点、结束点分别为 BMA、BMB，高程分别为 $H_A = 584.562$m、$H_B = 585.400$m，路线中间布设了 4 个未知点，经过数据初步处理，各测段的高差、测站分别为 $h_{A1} = 3.789$m，$n_{A1} = 12$ 站；$h_{12} = -5.687$m，$n_{12} = 18$ 站；$h_{23} = 1.336$m，$n_{23} = 10$ 站；$h_{34} = 2.641$m，$n_{34} = 24$ 站；$h_{4B} = -1.205$m，$n_{4B} = 20$ 站。试求各未知点的高程。

**解：**先绘制计算略图，并把相应数据填写到对应位置，如图 2-17 所示。

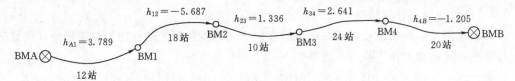

图 2-17　四等附合水准路线计算示例图

高差闭合差计算：

$$\begin{aligned}
f_h &= \sum h_测 - (H_B - H_A)\\
&= 0.874 - (585.400 - 584.562)\\
&= +0.036\text{m} = +36\text{mm}
\end{aligned}$$

水准路线总站数：$\quad\quad\quad\quad \sum n = 84$ 站

闭合差容许值：$\quad\quad f_{h容} = \pm 6\sqrt{\sum n} = \pm 6\sqrt{84} = \pm 55$mm

满足 $|f_h| \leqslant |f_{h容}|$ 的条件，符合精度要求，可以进行后续计算工作。

按式（2-14b）计算各测段的高差改正数 $v_i$，再按式（2-15）计算各测段改正后的高差，最后计算各未知点的高程。计算过程中要进行如下检核：

（1）各测段的高差改正数之和应等于高差闭合差的相反数。

（2）改正后的各段高差之和应等于附合水准路线终点与起点的高程差。

（3）最后计算得到 $B$ 点的高程值应与已知值相等。

计算过程见表 2-4。

表 2-4 附合水准路线高程计算表

| 点　号 | 测站数 $n$ /站 | 高差 $h_{i,i+1}$ /m | 高差改正数 $v_i$ /mm | 改正后高差 $\hat{h}_i$ /m | 高程 $H_i$ /m | 备　注 |
|---|---|---|---|---|---|---|
| BMA | | | | | 584.562 | 已知点 |
| | 12 | 3.789 | $-5$ | 3.784 | | |
| BM1 | | | | | 588.346 | |
| | 18 | $-5.687$ | $-8$ | $-5.695$ | | |
| BM2 | | | | | 582.651 | |
| | 10 | 1.336 | $-4$ | 1.332 | | |
| BM3 | | | | | 583.983 | |
| | 24 | 2.641 | $-10$ | 2.631 | | |
| BM4 | | | | | 586.614 | |
| | 20 | $-1.205$ | $-9$ | $-1.214$ | | |
| BMB | | | | | 585.400 | 已知点 |
| $\sum$ | 84 | 0.874 | $-36$mm | 0.838 | | |
| 辅助计算 | $\sum n = 84$, $\sum h_{测} = 0.874$, $H_{BMB} - H_{BMA} = 0.838$, $f_h = +36$mm, $f_{h容} = \pm 6\sqrt{\sum n} = \pm 6\sqrt{84} = \pm 55$mm, $\|f_h\| \leqslant \|f_{h容}\|$ | | | | | |

闭合水准路线的计算方法与附合水准路线的计算方法一致，不同之处在于其各站高差之和理论值为 0，因此其高差闭合差 $f_h = \sum h_{i测}$。对于支水准路线，一般要采取往返观测进行检核，在高差闭合差符合要求后，对返测高差取反符号，与往测值取平均值作为改正后的高差来计算各点高程。

上述计算过程是一种近似的平差计算方法，对于精度要求高的高程控制网的平差计算，要按照严密平差的方法，借助于专业的测量平差软件进行数据处理。

# 2.7　水准仪的检验与校正

水准仪在经过长时间的使用或长途运输后，其各轴线间的关系会发生变化，导致其提供的视线不水平。为了保证测量成果的准确性，要定期对仪器进行检验和校正。在对水准仪进行检验校正之前，首先要对水准仪进行一般性检查，主要内容包括：望远镜的成像是否清晰、制动及微动螺旋是否有效、脚螺旋转动是否灵活、水准气泡是否正常等。

## 2.7.1　水准仪应满足的条件

水准仪的作用是提供一条水平视线，而视线水平是依靠水准管的气泡居中来判定的。因此水准仪必须满足水准管轴平行于视准轴这一基本条件。为了利用微倾螺旋迅速整平，要求仪器竖轴应处于铅垂位置，这一要求通过圆水准器气泡居中来实现，因此要求水准仪必须满足圆水准器轴平行于竖轴这一条件。水准测量中要求用竖丝与中丝的交点在水准尺成像上的位置进行读数，但这样读数的效率比较低，因此还要求十字丝中丝与竖轴垂直，就可以在中丝与竖丝的交点处于水准尺影像附近时利用交点附近的一段中丝直接读数，提高观测效率。

综上所述，水准仪应满足的条件如下：

（1）圆水准器轴平行于仪器的竖轴。

（2）十字丝中丝垂直于仪器的竖轴。

（3）水准管轴平行于视准轴。

水准仪具体的轴系关系见图 2-18。

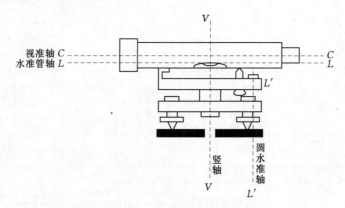

图 2-18  水准仪的轴线关系

### 2.7.2  水准仪的检验与校正

#### 2.7.2.1  圆水准器的检验与校正

1. 检校目的

满足条件 $L'L'/\!/VV$。当圆水准器气泡居中，仪器的竖轴 $VV$ 处于铅垂状态。

2. 检校原理

如图 2-19（a）所示，若竖轴 $VV$ 与圆水准器轴 $L'L'$ 不平行，两者间存在夹角 $\theta$，此时调脚螺旋使气泡居中，则圆水准器轴处于竖直状态，而竖轴倾斜 $\theta$ 角。如图 2-19（b）所示，望远镜绕倾斜的竖轴 $VV$ 旋转 180°，期间圆水准器也同步绕竖轴 $VV$ 转到了另一侧，圆水准器轴已偏离竖直状态，圆水准器气泡立即偏离，$L'L'$ 轴相对于铅垂线偏离的角度最大，其值为 $2\theta$ 角，气泡也偏离中心 $2\theta$ 相应的距离。如图 2-19（c）所示，仪器竖轴相对铅垂线偏离了 $\theta$ 角，旋转脚螺旋，使气泡向中心返回偏距的一半，即圆水准器轴与铅垂线间夹角 $\theta$ 在圆水准器上对应的距离。拨动圆水准器的校正螺丝使气泡居中，则圆水准器轴即处于铅垂状态，如图 2-19（d）所示，这样就消除了圆水准器轴与竖轴之间的交角，使两者平行。

3. 检验方法

水准仪连接到脚架头上后，转动脚螺旋使圆水准器气泡居中，然后将望远镜旋转 180°，检查气泡是否仍然居中。若居中，表明 $L'L'/\!/VV$ 的条件满足；若不居中，则应进行校正。

4. 校正方法

在检验的基础上，先旋转脚螺旋，使气泡向中心退回偏移距离的一半，然后用校正针先松动圆水准器底部的中心固定螺丝（图 2-20），然后再拨动校正螺丝，使气泡完全居中。这个检校过程需要反复数次，直到全圆周旋转水准仪，当望远镜对准任何一个方向，

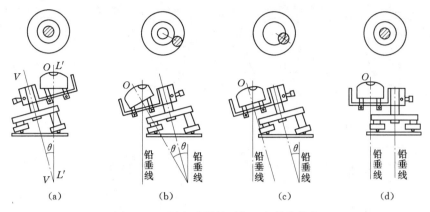

图 2-19 圆水准器轴平行于竖轴的检校

圆水准器的气泡都位于居中位置，则表明圆水准器已检校完毕，最后将中心固定螺丝拧紧。

### 2.7.2.2 十字丝中丝的检验与校正

1. 检校目的

满足十字丝中丝垂直于仪器竖轴 $VV$ 的条件，使得 $VV$ 铅垂时，十字丝的中丝处于水平状态。

2. 检校原理

假设十字丝中丝与仪器竖轴垂直，则必有一个通过十字丝中丝并与竖轴相垂直的平面。在水准仪照准部绕竖轴旋转过程

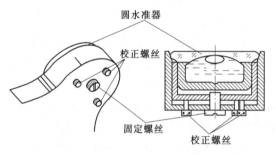

图 2-20 圆水准器的校正螺钉

中，这个平面始终处于水平状态。因此，如果有一点，位于垂直于仪器旋转轴且通过十字丝中丝的平面上，则当水准仪绕竖轴旋转，则该点始终在该平面上。

3. 检验方法

在离墙壁一定距离位置处架设仪器、整平，望远镜瞄准墙壁，指挥人在墙壁上作一标记，使其位于中丝上。记所作标记为点 $P$，制动水准仪，一边用微动螺旋左右小幅度转动望远镜，一边观察视野里点 $P$ 与中丝的相对位置状况。如图 2-21（a）、（b）所示，若点 $P$ 一直位于中丝上，则表示十字丝中丝垂直于 $VV$；如图 2-21（c）、（d）所示，若发现点 $P$ 偏离了中丝，则表示十字丝中丝与 $VV$ 不相垂直，需要进行校正。

4. 校正方法

旋下目镜处的十字丝分划板防护罩，松开十字丝环的四个压环螺丝，如图 2-21（e）、（f）所示，按中丝倾斜的反方向转动十字丝环，直到满足要求，最后旋紧十字丝的压环螺丝，并上好十字丝分划板防护罩。

### 2.7.2.3 水准管轴平行视准轴的检验与校正

1. 检校目的

满足 $LL/\!/CC$ 的条件，当水准管气泡居中时，视准轴 $CC$ 处于水平状态。

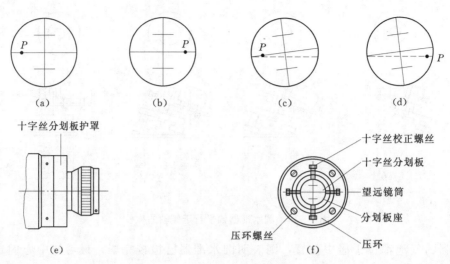

图 2 - 21　十字丝中丝的检验与校正

**2. 检验方法**

如图 2 - 22 所示，设水准管轴与视准轴不平行，两者间存在一夹角 $i$。当水准管气泡居中，望远镜绕竖轴旋转，视线始终是处于向上（或向下）倾斜状态，其扫过的面是以水准仪中心为顶点的圆锥面，而不是一个水平面，导致视线在水准尺上的读数比视线水平状态下的读数始终偏大（或偏小），偏大（或偏小）的数值与水准仪到水准尺的距离成正比。如果将水准仪安置在与前、后视两水准尺距离相同的位置，视线在两水准尺上的读数偏大（或偏小）的数值相同，在计算两点高差时，两水准尺上读数偏大（或偏小）的值可以相互抵消；但当水准仪到前、后视两水准尺距离不相同，计算所得的高差就会受 $i$ 角的影响。

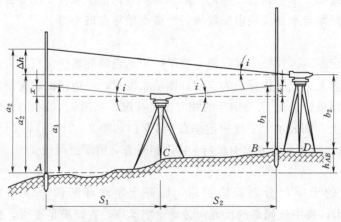

图 2 - 22　水准管轴平行于视准轴的检校

如图 2 - 22 所示，检验时，首先确定出两水准尺 $A$、$B$ 的中间位置 $C$，在 $C$ 处立水准仪，分别读取读数 $a_1$、$b_1$，由于水准仪到两尺子的距离相等，假设两读数比实际值都偏大一个 $x$ 值，则 $A$、$B$ 两点间的实际高差为

$$h_{AB} = (a_1 - x) - (b_1 - x) = a_1 - b_1$$

再将水准仪搬到距离 $B$ 点很近的位置 $D$ 处，分别读取两水准尺上的读数 $a_2$、$b_2$，则两点间高差为

$$h'_{AB} = a_2 - b_2$$

由于水准仪到 $A$、$B$ 两点的距离 $S_A$、$S_B$ 相差较大，因测得的 $h'_{AB}$ 受 $i$ 角的影响就较大，有

$$i = \frac{h'_{AB} - h_{AB}}{S_A - S_B} \rho'' \approx \frac{h'_{AB} - h_{AB}}{S_A} \rho''$$

《工程测量标准》（GB 50026—2020）规定，$DS_1$、$DS_3$ 型号水准仪的 $i$ 角不应超过 $15''$、$20''$。如 $i$ 角超限，则应进行校正。

3. 校正方法

水准仪在 $D$ 点不动，由于距离 $B$ 点很近，可以认为读数 $b_2$ 受 $i$ 的影响很小。因此可以得出视线如果是水平的，则在 $A$ 点水准尺上的读数应为

$$a'_2 = h_{AB} + b_2$$

对于微倾式水准仪，其校正方法为转动微倾螺旋，使十字丝的交点对准读数 $a'_2$，此时视准轴已经处于水平状态，但水准管的气泡已经偏离。用校正针略松开水准管一端左（或右）边的螺丝，然后拨动上、下两校正螺丝，使气泡居中，此时水准管轴位于水平状态。然后旋紧上、下螺丝及松开的左（或右）螺丝。此项检验校正应反复进行，直到符合要求为止。

自动安平水准仪是在补偿器的允许范围内，即使视准轴倾斜，仍可以提供一条水平视线，但前提是补偿器的性能正常。因此实际测量工作中，要加强对补偿器性能的检验，避免测量工作返工。

上述每项检验校正内容要反复进行，各项检验在满足要求后才能进行下一个检校项目。所有检校项目的顺序要严格执行，否则后续的校正工作，会破坏前面已经校正好的项目。

### 2.7.3 自动安平水准仪补偿器性能的检验

1. 检验目的

检验自动安平水准仪在视准轴不水平情况下，能否正常发挥安平性能，为水准测量提供一条水平视线。

2. 检验原理

补偿器检验的一般方法是有意将水准仪的视准轴安设得不水平，这种情况下测量两点的高差，并与其正确的高差相比较。如果水准仪的自动安平功能失常，则水准仪绕竖轴旋转，视准轴扫过的面是一个倾斜的平面；反之，水准仪提供的视线是水平的，视准轴扫过的面是一个水平面。具体而言就是将水准仪安置在 $A$、$B$ 两点连线的中点位置处，假设瞄准后视点的水准尺时视准轴向下倾斜，则旋转望远镜、瞄准前视点 $B$ 的水准尺，其视准轴将向上倾斜。如果补偿器的性能正常，则前述瞄准后视尺、前视尺时的读数，都是在视线水平情况下的读数，测得的高差也是 $A$、$B$ 两点的正确高差；如果补偿器性能不正常，由于瞄准后视尺、前视尺时的视准轴是分别向下、上倾斜的，视线倾斜导致读数存在

较大误差并且在高差计算中不能相互抵消，这种情况下测得的高差与正确的高差相差较大。

3. 检验方法

在比较平坦的地方选择相距约 60m 的 $A$、$B$ 两点上分别放置尺垫、立上水准尺，将水准仪安置于 $A$、$B$ 两点连线的中点位置，使两个脚螺旋（假设其编号为 1、2，另外一个脚螺旋编号为 3）的连线与 $A$、$B$ 两点连线方向相垂直。

首先调整脚螺旋，使水准仪精确水平，测出 $A$、$B$ 两点的高差 $h_0$，此值为两点间正确高差；升高编号为 3 的脚螺旋（注意自动安平水准仪的补偿器的性能是有一定限度的，在检验过程中，脚螺旋不可升高得太多，不能让视准轴倾斜程度超过补偿器的能力范围；否则即使水准仪的自动安平功能正常，也不能提供出水平视线），使得检验过程中瞄准两尺的时候视准轴向上（或向下）倾斜，测出两点间的高差 $h_1$；降低编号为 3 的脚螺旋，使得瞄准两尺的时候视准轴向上（或向下）倾斜，测出两点间的高差 $h_2$；升高编号为 3 的脚螺旋，整平水准仪；升高编号为 1 的脚螺旋，使得瞄准两尺的时候水准仪向左（或向右）倾斜，测出两点间的高差 $h_3$；降低编号为 1 的脚螺旋，使得瞄准两尺的时候水准仪向右（或向左）倾斜，测出两点间的高差 $h_4$。

检验过程中视准轴向上、下、左、右倾斜，每次倾斜的角度应相同，一般取补偿器所能补偿的最大角度。将倾斜状态下的四个高差值 $h_1$、$h_2$、$h_3$、$h_4$ 与正确值 $h_0$ 相比较。对于普通工程测量，如果此差值在 $\pm 5$mm 范围以内，可以判定补偿器能正常发挥性能。如果经过反复检验，发现补偿器性能失常，则应送专门机构检修。

## 2.8  水准测量误差来源及消减方法

水准测量的误差来源可以分为三方面：仪器误差、观测误差、外界环境影响产生的误差。

### 2.8.1  仪器误差

1. 视准轴不平行于水准管轴

水准仪经过检验和校正后，仍存在视准轴不平行于水准管轴的残余误差。即使是自动安平水准仪，其提供的视线也不是绝对的水平。为了消减这项误差对高程测量的累计影响，在外业施测过程中要保证一测站的前后视距差，以及一测段的前后视距差累计值不得超过标准规定的相应等级水准的限值。

2. 水准尺误差

水准尺刻划不准、尺长变化、弯曲等都会影响水准测量的精度，因此水准尺必须经过检验后才能使用，并且水准尺尽可能在桌面上水平放置、上面不得放置重物。水准尺使用时间较长后，会出现尺端部磨损，即出现水准尺的零点差。为有效消减水准尺端部磨损对水准测量的影响，要求一个测段的测站数设置为偶数站，并在施测过程中严格按序换尺。

### 2.8.2  观测误差

1. 气泡未严格居中

对微倾式水准仪，气泡是否居中、附合气泡的两侧影像是否重合都是靠肉眼来判定，受制于观测者的鉴别力，读数时水准气泡难以达到严格居中，从而导致读数误差，其对读数误差影响的大小与水准器的灵敏度和视距有关。

2. 视差现象的影响

视差现象是由于水准尺影像未落在十字丝分划板的平面上，此种情况下眼睛在目镜处上下稍微移动，读数会不同，从而带来较大的读数误差。在读数之前，必须仔细调整目镜、物镜的调焦螺旋，消除视差。

3. 读数误差的影响

普通水准测量读数中，毫米数是估读的，估读的误差与望远镜里水准尺成像的清晰程度、视距、望远镜的放大倍数、测量人员的读数习惯等有关。视线距离较短时，标尺分划的成像清晰，读数误差较小；距离过长时，视野内的水准尺分划必然很小甚至模糊不清，因而带来较大的读数误差。所以要选用标准规定的相应等级的水准仪（即要求相应望远镜的放大倍数），并且在观测中应注意控制视线长度。

4. 水准尺倾斜的影响

水准尺无论向哪一方向倾斜，总会使水平视线的读数增大，并且视线高度越高，误差就越大（图2-23）。因此，在观测中必须保证水准尺严格竖直。水准尺一般装有水准器，测量过程中立尺要保证水准器气泡居中，并时常检查水准器是否满足使用要求。

### 2.8.3 外界环境影响产生的误差

1. 地球曲率与大气折光的影响

两点间高差应为通过两点的水准面间的垂直距离，如图2-24所示。水准测量时，水准尺应铅垂地竖立，各点所立水准尺垂直于过该点的水准面，由于水准仪提供的是一条水平视线，用其来代替水准面在水准尺上读数，这个过程中地球曲率对高差有影响。另外，视线由水准尺到达望远镜，将穿越不同密度的大气层，出现折射现象，其通过的路线为曲线，水准仪瞄准的是光线在进入水准仪处的该曲线的切线方向，因而产生大气折光的影响。两者对读数的影响均与距离有关，若前后视距离相等，则它们在前后视读数中的影响就相等，在计算高差时便相互抵消。因此，在水准测量中必须严格控制每测站的前后视距差及各测段的前后视距累计差。

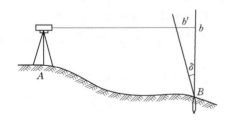

图2-23 水准尺倾斜对读数的影响

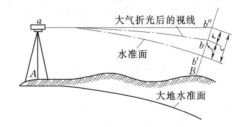

图2-24 地球曲率与大气折光对读数的影响

2. 仪器和水准尺下沉的影响

在测站后视读数完毕，读取前视读数过程中，若土质松软，仪器下沉 $\Delta$ 值，前视读数将减少 $\Delta$，使得高差增加 $\Delta$，仪器下沉的影响随测站数的增加而积累。为了减小这类误差，可采用以下措施：选择土质坚硬的地点安置仪器，采用"后前前后"的观测程序，取红黑面高差的平均值来消除部分影响。在一站测完，迁站到下一测站过程中，转点的水准尺及尺垫也会受自重而下沉,从而导致后视读数增大,也导致高差增大。可以采取往返观测,取往返的平均高差,减弱水准尺下沉的影响。

3. 温度的影响

环境温度的变化会使水准尺产生伸缩,气泡长度发生变化,从而导致水准尺长度不准确,气泡灵敏度降低,因此观测前应使仪器温度和外界温度趋于一致,并避免在气温突变时进行观测。阳光直射会导致脚架的架腿热胀而伸长,导致气泡偏移。风力会使不同密度的空气发生流动而导致视线发生跳动,地面水分的蒸发会导致影像模糊、抖动、折光加剧。因此水准测量应选择良好的观测时段,并保证视线距离地表的高度。

# 2.9  电子水准仪简介

图 2-25 为天宝 Trimble DiNi 电子水准仪及与之配套使用的铟钢条码尺。天宝 Trimble DiNi 电子水准仪与铟钢条码尺配套使用,其最小显示 0.01mm,每千米往返水准观测精度可达±0.3mm,因此电子水准仪的精度较高。

电子水准仪在进行测量过程中,整平后用键盘上的按键进行操作,依据图像识别原理,将电子水准仪捕获到的条码尺的图像信息与仪器内已存储的参考信号相比较、计算,将测量结果在显示屏上显示出来,并存储到仪器里,实现了水准测量数据采集、处理和记录的自动化,内业工作时可以将数据传到电脑。

电子水准仪显著的特点如下:

(1)读数客观,不存在人工读数误差、读错、记错的问题。

(2)精度高,读数是对条码分划图像处理后得到的,削弱了标尺分划误差的影响。

图 2-25  Trimble DiNi 电子水准仪
及铟钢条码尺

(3)观测效率高,省去了报数、听记、计算等一系列工作以及人为出错导致的重测等工作。

(4)可自动进行地球曲率及气象改正。

(5)可自动求解未知点的高程,也可将观测数据传到计算机进行处理。

电子水准仪的不足之处在于只能对与其配套的标尺进行读数,而且要求要有一定的视场范围、标尺的亮度均匀并适中。

## 习 题

1. 水准测量的基本原理是什么?

2. 水准仪应满足哪些几何条件?

3. 进行水准测量时,为何要求前、后视距离大致相等?

4. 简述进行一站四等水准测量的步骤。

5. 何为水准路线？何为高差闭合差？如何计算高差闭合差？

6. 何为视差？视差产生的原因是什么？如何消除视差？

7. 什么叫水准管分划值？分划值的大小和整平仪器的精度有什么关系？

8. 尺垫的作用是什么？在哪些点上需要尺垫？在哪些点上不需要尺垫？

9. 水准测量的误差来源有哪些？可以采取什么办法消减误差？

10. 进行水准测量时，设 $A$ 为后视点，$B$ 为前视点，后视水准尺读数为 $a=1375$，前视水准尺读数为 $b=1602$，则 $A$、$B$ 两点间高差 $h_{AB}$ 为多少？若 $A$ 点高程 $H_A=510.368$，则 $B$ 点高程为多少？

11. 有一条支水准路线测量，如图 2-26 所示，将图中的观测数据填入到表 2-5 中，计算出 $B$ 点的高程，并进行相应检核计算。

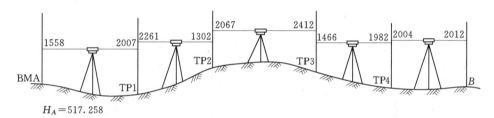

图 2-26　题 11 图

表 2-5　　　　　　　　　　　普通水准测量记录表

| 测　站 | 测　　点 | 后视读数 | 前视读数 | 高差/m | | 高程/m | 备注 |
|---|---|---|---|---|---|---|---|
| | | | | + | − | | |
| | | | | | | | |
| | | | | | | | |
| | | | | | | | |
| | | | | | | | |
| | | | | | | | |
| | | | | | | | |
| | | | | | | | |
| | | | | | | | |
| | | | | | | | |
| | 检核 | | | | | | |

12. 根据表格数据进行一条四等附合水准路线计算，在表下空白处完成相应计算过程并将计算结果填入表中，容许闭合差按 $\pm 6\sqrt{n}$（mm）计算。

| 点　　号 | 测站数 $n$ | 观测高差 /m | 改正数 /mm | 改正后高差 /m | 高程 /m |
|---|---|---|---|---|---|
| BMA | 12 | +1.991 | | | 135.00 |
| BM1 | 22 | −2.880 | | | |
| BM2 | 20 | +2.111 | | | |
| BM3 | | | | | |
| BMB | 26 | −3.806 | | | 132.460 |
| Σ | | | | | |

# 第 3 章 角 度 测 量

确定点的空间三维坐标，通常要进行角度测量，其是工程测量的主要测量内容之一。角度测量包括水平角测量和竖直角测量，水平角用于确定点在平面上的方位，竖直角用于计算两点之间的高差及将测得的斜距转算成平距。

## 3.1 水 平 角 概 念

地面上一点到两目标的两条方向线分别铅垂投影到同一水平面上所形成的夹角称为水平角，工程测量中通常用 $\beta$ 来表示，其取值范围为 $0°\sim360°$。如图 3-1 所示，$A$、$B$、$C$ 是野外地面上的任意三个点，为观测 $BA$ 和 $BC$ 方向线之间的水平角，将 $BA$、$BC$ 方向线铅垂投影到水平面上，得 $ba$、$bc$，则水平面上 $ba$ 和 $bc$ 的夹角 $\beta$ 就是 $BA$ 和 $BC$ 方向线之间的水平角。

为测出水平角 $\beta$ 的大小，设想在过 $B$ 点的铅垂线上某高度位置，有一水平放置的全圆周带有顺时针均匀刻度的圆盘，圆盘中心 $o$ 和地面点 $B$ 位于同一铅垂线上，方向线 $BA$、$BC$ 分别所在的铅垂面与水平度盘的交线为 $oa$、$oc$，在水平度盘上两交线读数分别为 $a$ 和 $c$，则水平角 $\beta$ 应为

$$\beta = c - a \qquad (3-1)$$

根据以上分析，能满足观测水平角的测量仪器，必须具

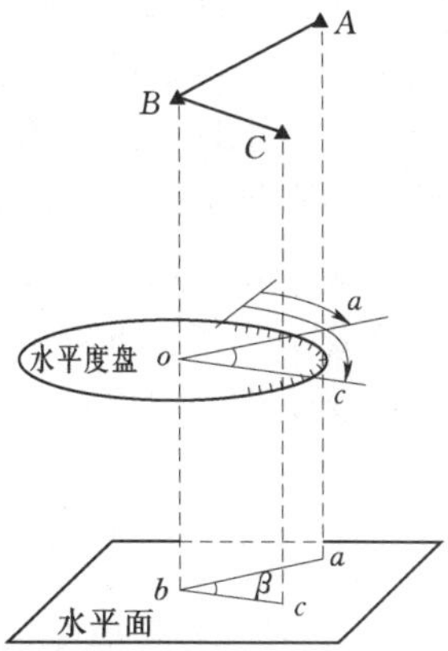

图 3-1 水平角测量原理

备下列几个条件：

（1）具有圆周上带有均匀刻度的圆盘，并能够精确读取圆盘读数的读数装置。

（2）具有保证圆盘水平的整平装置。

（3）仪器具有能够在水平方向和竖直方向转动的瞄准设备。

（4）具有保证圆盘中心和所测角度的顶点位于同一条铅垂线的装置。

## 3.2 全 站 仪 简 介

可进行角度测量的仪器有光学经纬仪、电子经纬仪和全站仪。以前普遍使用的是光学经纬仪，随着电子测角技术的突破，电子经纬仪得到了发展，电子测距技术的出现大大提高了测量的野外工作效率，目前全站仪已经相当普及。本书结合 NIKON DTM-452C 全站仪，讲述测角的操作方法。

全站仪（Total station）是全站型电子速测仪的简称，其集水平角、垂直角、距离（斜距、平距）、高差测量功能于一体，并具有数据存储及传输功能的自动化、数字化的三维坐标测量定位设备，由光电测距单元、电子测角及微处理器单元以及电子记录单元组成，在一个测站能快速进行三维坐标测量、定位和自动数据采集、处理、存储等工作，较完善地实现了测量和数据处理过程的电子化和一体化，是目前广泛应用于控制测量、地形测量、地籍与房产测量、工业测量、施工放样等用途的电子测量仪器。

全站仪测角精度用 $m_\beta$ 表示，如 NIKON DTM-452 C 全站仪的标称测角精度为 $m_\beta=\pm 2''$。国家计量检定规程《全站型电子速测仪检定规程》（JJG 100—2003）将全站仪的准确度等级划分为四个等级，见表 3-1。

表 3-1　　　　　　　　　　　　全站仪的准确度等级

| 准确度等级 | Ⅰ | Ⅱ | Ⅲ | Ⅳ |
|---|---|---|---|---|
| 测角标准差 $m_\beta/('')$ | $\mid m_\beta \mid \leqslant 1$ | $1< \mid m_\beta \mid \leqslant 2$ | $2< \mid m_\beta \mid \leqslant 6$ | $6< \mid m_\beta \mid \leqslant 10$ |

### 3.2.1　全站仪的结构

全站仪按其结构可分为积木式与整体式两大类。积木式结构是整台仪器由各自独立的光电测距头、电子经纬仪与电子计算单元组成；整体式结构是将电子测距、电子测角、电子补偿与电子计算功能单元和仪器的光学与机械系统设计成整体。测距、测角都用同一望远镜，瞄准目标后，可同时测距、测角。因此整体式结构全站仪，集测距、测角、电子计算等功能单元和仪器的光学与机械系统于一体，可减少仪器配件、减小仪器尺寸；各功能单元集合于一体，可减小各单元的连接误差，从而提高观测精度。图 3-2 所示是 NIKON DTM-452 C 全站仪，其是整体式结构。

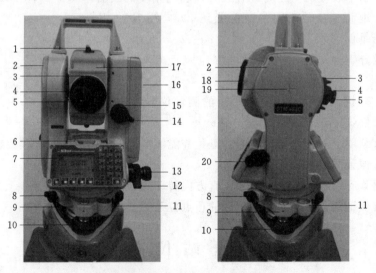

图 3-2　NIKON DTM-452 C 全站仪结构

1—光学瞄准器；2—竖盘；3—物镜调焦螺旋；4—目镜调焦螺旋；5—目镜；6—管水准器；7—显示屏；
8—RS232C 串口；9—基座；10—脚螺旋；11—圆水准器；12—水平制动扳手；13—水平微动螺旋；
14—竖直制动扳手；15—竖直微动螺旋；16—电池；17—望远镜；18—物镜；
19—水平轴指示标记；20—光学对点器及调焦螺旋

### 3.2.2 全站仪的测角原理

全站仪测角的原理与光学经纬仪测角原理不同,其采用光电扫描、电子元件进行自动读数和液晶显示。电子测角虽然仍采用度盘,但其不是光学经纬仪上的按照度盘上的分划线用光学读数法读取角度值,而是从度盘上获取电信号,再将电信号转换为数字并显示出来。电子测角的度盘主要有编码度盘、光栅度盘、动态度盘、静态绝对度盘四种形式,因此,电子测角的原理就有编码测角度盘原理、光栅测角度盘原理和动态测角度盘原理、静态绝对度盘原理等四种。这里只简要介绍度盘编码法测角原理。

度盘编码法测角采用的是编码度盘,是在玻璃度盘上设置 $n$ 个等间隔的同心圆环,每个圆环称为一个码道。同时沿直径方向将度盘圆周等分为 $2^n$ 个同心角扇形,此扇形区域称为码区,这样构成了编码度盘。如图 3-3 所示为一个 $n=4$ 的编码度盘,共有 4 个码道和 16 个码区,每个码区的角值为 $360°/16=22.5°$,按一定规则将扇形圆环涂成透光和不透光的区域,分别对应用"1"和"0"表示。这样沿径向从里到外所经过区域可表示成 1 个二进制数,内圈为高位数、外圈为低位数。在编码度盘的上方沿径向对每个码道安置一个发光二极管,下方每个码道安置一个接收二极管。当这一组发光二极管和接收二极管组成的光电探测器位于某码区时,接收二极管可收到通过透光区的光、而不透光区无光透过,各接收二极管依据是否接收到光而分别输出电信号"1"或

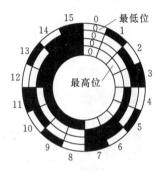

图 3-3 编码度盘示意图

"0",从而用一组二进制数据的形式表示出了编码度盘上码区的位置。

编码度盘的分辨率取决于码道数 $n$ 的多少,即确定度盘的位置只能精确到 $360°/2^n$。码道数 $n$ 越大,分辨率越高,但受制于制造工艺及仪器度盘尺寸的限制,$n$ 不可能太大。因此全站仪测角还采用了其他的角度电子测微技术来提高测角分辨率。

### 3.2.3 全站仪按键功能简介

本教材主要结合 NIKON DTM-452 C 全站仪介绍其各按键的功能(可以在网站下载 NIKON 系列全站仪的使用说明书及其模拟器进行功能练习)。全站仪操作键盘及显示屏幕如图 3-4 所示,各键的主要功能见表 3-2。

图 3-4 全站仪操作键盘及显示屏幕

表 3 - 2                  **NIKON DTM - 452 C 全站仪按键主要功能**

| 按　键 | 主　要　功　能 |
|---|---|
| PWR | 全站仪开机或关机 |
| | 显示屏背景照明开关。按 1s，可以打开或关闭显示屏背景光 |
| MENU | 显示菜单屏幕 |
| MODE | 改变输入的模式，即在数字和字母输入状态间快速切换 |
| STN ABC 7 | 显示建站设立菜单、在数字模式下输入数字 7、在字符模式下输入字母 A、B、C 或 7 |
| S-O DEF 8 | 显示放样菜单、在数字模式下输入数字 8、在字符模式下输入字母 D、E、F 或 8 |
| O/S GHI 9 | 显示偏移点测量菜单、在数字模式下输入数字 9、在字符模式下输入字母 G、H、I 或 9 |
| PRG JKL 4 | 显示程序菜单、在数字模式下输入数字 4、在字符模式下输入字母 J、K、L 和 4 |
| LG MNO 5 | 在数字模式下输入数字 5、在字符模式下输入字母 M、N、O 和 5 |
| DAT PQR 6 | 在数字模式下输入数字 6、在字符模式下输入字母 P、Q、R 和 6 |
| USR STU 1 | 执行 USR 键的功能、在数字模式下输入数字 1、在字符模式下输入字母 S、T、U 和 1 |
| USR VWX 2 | 执行 USR 键的功能、在数字模式下输入数字 2、在字符模式下输入字母 V、W、X 和 2 |
| COD YZ 3 | 调用代码输入窗口、在数字模式下输入数字 3、在字符模式下输入字母 Y、Z 和 3 |
| */= 0 | 显示电子气泡水平状态、在数字模式下输入数字 0、在字符模式下输入 ＊、/、= |
| HOT .-+ — | 调用热键菜单，输入符号 .、—、+ |

| 按　键 | 主　要　功　能 |
|---|---|
|  ESC | 返回到先前的屏幕，在数字或字符模式下删除输入的数据 |
|  MSR1 | 用 MSR1 键的测量模式测量距离、坐标，按键 1s 以上，可对此键进行设置 |
|  MSR2 | 用 MSR2 键的测量模式测量距离、坐标，按键 1s 以上，可对此键进行设置 |
|  DSP | 更换到下一显示屏幕按键一次，可以依次换屏显示 DSP1/4、DSP2/4、DSP3/4、DSP4/4 的内容 |
|  ANG | 显示测角菜单键，可以对角度进行设置 |
| 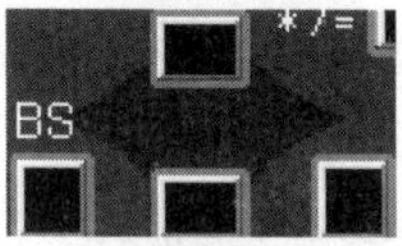 BS | 四个键都是菜单功能选择键，其中 BS 键还具有逐一删除输入的数字或字母功能 |
|  REC/ENT | 记录已测量数据、进入下一个屏幕或在输入模式下确认并接收输入的数据 |

### 3.2.4　全站仪使用的注意事项

为确保安全生产，避免造成人员伤害及财产损失，在全站仪操作过程中应注意如下几方面：

（1）禁止在高粉尘、潮湿环境中使用仪器，严禁自行拆卸和重装仪器，严禁用望远镜观测经棱镜或其他反光物体反射的阳光，严禁用望远镜直接瞄准太阳。

（2）禁止使用电压不符的电源，严禁给电池加热，确保使用指定的充电器为电池充电。

（3）确保脚架的固定螺旋可靠、基座与脚架的螺杆连接可靠。

（4）确保正确上好电池，套好数据输出接口和外接电源插口的保护套，禁止仪器受潮，保证仪器箱干燥。

（5）防止仪器遭受剧烈冲击或震动；观测者不得远离仪器；迁站时必须把仪器关机再从脚架上取下，装入箱子里拿走；仪器长期不用情况下，应至少三个月通电检查，防止电路板受潮。

# 3.3　全站仪的架设

利用全站仪进行测量的基本操作有对中、整平、瞄准、读数四大步骤，其中对中、整平是架设全站仪的基本操作，其又细分为粗略对中、粗略整平、精确整平、精确对中四个步骤。对中的目的是使仪器的竖轴位于过地面标志点的铅垂线上，整平的目的是使仪器的竖轴处于铅垂状态，从而确保仪器的水平度盘处于水平状态。对中的方法有垂球对中法、光学对点器法、激光对中法和强制对中法。垂球对中法效率低、精度低。现在很多全站仪已经不再配置垂球，这里对其不再介绍。在精密工程测量（如大坝的变形监测）中，对全站仪的对中精度提出了很高的要求，通常采用强制对中法，其做法是建立观测墩，在观测墩平台上埋设中心连接螺旋，使用时通过螺杆直接将仪器连接在观测墩上，从而达到提高对中精度的目的。目前使用的全站仪普遍带有光学对点器，采用其进行对中的精度能满足一般的地形测量、控制测量的要求，因此这里的对中只介绍采用光学对点器进行对中的方法。

在粗略对中之前，先架好脚架。方法是松开脚架架腿上的螺旋，竖直提起脚架，使得脚架大致与观测者颈部同高，拧紧架腿上螺旋，然后将三根架腿张开，将脚架架设在测站点上，确保脚架头大致水平，同时把脚架头上的连接螺杆放在脚架头中央位置，从连接螺杆中空处往下正看，检查地面的测站点是否位于中空处中央。如果偏移较大，则挪动脚架，最后把三根架腿轻踩入土中。

### 3.3.1 粗略对中

将仪器从箱子里拿出，人站立在脚架的任意两根架腿之间，把仪器放置在三脚架头上，将连接螺杆对准仪器基座底孔并拧紧，在连接螺杆拧紧之前，手不得松开仪器。操作者旋转照准部，使光学对点器位于操作者一侧，通过光学对点器先查看起始对中情况，然后双手轻轻提起身边一侧的两根架腿并小幅度地前后左右缓慢移动，尽可能将光学对点器的中心标志向地面对中点的标志中心靠拢、重合，然后竖直放下架腿并轻踩架腿，使腿尖入土中。

### 3.3.2 粗略整平

参考圆水准器，伸缩架腿，将圆水准器的气泡居中。可以利用三根架腿，将仪器周围划分为三个方向。首先伸缩一根架腿，使得圆水准器气泡移动到圆水准器中央；若不能将气泡移动到圆水准器中央，则使气泡移动到另外一根架腿所在的方向上，然后伸缩气泡所在方向上的那根架腿，使圆水准器气泡居中。这个过程可能要反复进行多次，直到圆水准器气泡居中。

### 3.3.3 精确整平

（1）转动照准部，使水准管轴平行于任意两个脚螺旋的连线，如图 3-5（a）所示，两手同时转动该两个脚螺旋使气泡居中。判定脚螺旋旋转方向的方法，同前面水准仪部分判定脚螺旋旋转方向的方法一致。

（2）将照准部旋转 90°，如图 3-5（b）所示，使水准管垂直于前述步骤（1）的两脚螺旋，并旋转另一个脚螺旋使气泡居中。

（3）将照准部旋转回步骤（1）所述位置，检查气泡是否偏移。若偏移，重复前述步骤，直至将照准部转到任意位置，水准管气泡总是居中（偏差小于 1 格）。

### 3.3.4 精确对中

检查仪器的对中情况。若光学对点器中心与地面测点标志中心没有精确重合，则一只手将基座固定在脚架头上，另一只手拧松脚架与仪器基座的连接螺杆（注意不得拧掉连接

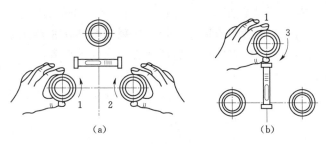

图 3-5　精确整平示意图

螺杆，要保证基座通过连接螺杆和脚架处于连接状态），然后沿直线方向推移仪器基座，使得光学对点器中心与地面测点标志中心精确重合，然后拧紧脚架头的连接螺杆。在此过程中，要注意确保基座不得发生旋转。然后检查水准管的气泡居中情况，若发生气泡偏移，则重复精确整平和精确对中过程，直至满足要求为止。

### 3.3.5　照准

观测标志一般是竖立在地面的标杆、测钎或反射觇牌，测角时要精确照准观测标志。如果观测标志是反射觇牌，如图 3-6 所示，则望远镜视野里的竖丝、横丝要精确位于觇牌顶部、两侧的黑色三角形顶部位置。

望远镜照准目标的步骤如下：

（1）镜对光。将望远镜对向明亮的背景区域，转动目镜调焦螺旋，使十字丝达到清晰状态。

（2）粗瞄准目标。松开望远镜的水平制动扳手或制动螺旋，用望远镜的瞄准管瞄准目标，然后制动仪器的照准部。

（3）精确瞄准目标。在望远镜视场内看到目标后，转动物镜调焦螺旋，使目标的成像清晰，再旋转望远镜的水平微动螺旋和竖直微动螺旋，使望远镜精确瞄准目标。

（4）消除视差。眼睛在目镜处左右、上下稍微移动，观察目标成像与十字丝是否存在相对移动现象。如果存在，说明有视差现象，应重新依次调目镜调焦螺旋、使十字丝达到清晰；调物镜调焦螺旋、使目标的成像清晰，然后再检查，直到视差现象消除。

图 3-6　测水平角时
照准目标图

### 3.3.6　读数

全站仪的角度数值实时显示在显示屏幕，可以直接读数，相比光学经纬仪，不存在读数误差。

## 3.4　水 平 角 测 量 方 法

依据观测方向的多少，水平角观测的方法分为测回法和全圆观测法两种。在讨论观测方法之前，必须首先掌握盘左、盘右的概念。盘左（亦称为正镜），就是竖盘在望远镜的左边，即在进行观测时，竖盘位于观测者的左手边；盘右（亦称为倒镜），就是竖盘在望远镜的右边，即在进行观测时，竖盘位于观测者的右手边。

### 3.4.1　测回法

当一个测站上观测的方向数只有两个时，一般采用测回法观测水平角。如图 3-7 所示，在点 $B$ 架设仪器，观测 $B$ 到 $A$ 和 $B$ 到 $C$ 两方向间的水平角 $\beta$。在 $B$ 点安置好全站仪后，观测顺序如下：

图 3-7　测回法示意图

（1）仪器位于盘左状态。瞄准 $A$ 目标，配置稍大于 $0°$ 的角度，然后精确瞄准，读取读数 $A_{左}=0°05'07''$，填入表格 3-3 中对应位置，分、秒均占两位，不足两位用 0 补齐，填写读数的各单元格内不再写 "°、'、″" 符号。

表 3-3　　　　　　　　测　回　法　记　录　表

| 测站 | 测回 | 竖盘 | 目标 | 读数<br>/（° ′ ″） | 半测回角值<br>/（° ′ ″） | 一测回角值<br>/（° ′ ″） | 各测回均值<br>/（° ′ ″） | 备注 |
|---|---|---|---|---|---|---|---|---|
| $B$ | 1 | 左 | A | 0　05　07 | 95　07　10 | 95　07　12 | | |
| | | | C | 95　12　17 | | | | |
| | | 右 | A | 180　05　10 | 95　07　13 | | | |
| | | | C | 275　12　23 | | | | |

（2）顺时针旋转照准部，精确照准 $C$ 目标，读取读数 $C_{左}=95°12'17''$，填入表格中对应位置。

（3）以上两步骤为上半测回，计算出上半测回的角值，填入表格中对应位置。

$$\beta_{左}=C_{左}-A_{左} \tag{3-2}$$

（4）将仪器变为盘右状态，精确瞄准 $C$ 目标，读取读数 $C_{右}=275°12'23''$，填入表格中对应位置。

（5）逆时针旋转照准部，精确瞄准 $A$ 目标，读取读数 $A_{右}=180°05'10''$，填入表格中对应位置。

（6）以上两步骤为下半测回，计算出下半测回的角值，填入表格中对应位置。

$$\beta_{右}=C_{右}-A_{右} \tag{3-3}$$

上半测回和下半测回合起来称为一测回。若上半测回和下半测回角值的差值不超过规范的限值，取平均值作为一个测回的角值，即

$$\beta=(\beta_{左}+\beta_{右})/2 \tag{3-4}$$

利用盘左、盘右进行水平角观测，可以消减某些仪器误差对测角的影响，并可以检查观测中是否存在目标瞄错、读数读错、计算错误等。上述计算过程中，是用观测者面向所

测角度时的右边方向的角值减去左边方向的角值，若遇到角值不够减的情况，则右边方向的角值加上360°再减去左边方向的角值。若需要测角精度较高，则增加测回数进行观测，满足于各测回测得的角值差值不超过规范规定的限值，取各测回角值的平均值作为最终观测结果。由于全站仪的水平度盘存在误差，规定采用编码式、增量式测角的全站仪进行多测回观测水平角时，应在起始方向配置规定的角度值；采用动态式测角的全站仪，则不需要进行度盘配置。多测回测水平角起始方向配置角度值的取定，要考虑测回数、测回序号、度盘最小间隔分划值和测微盘分格数。对于普通工程测量项目，可以只要求度数均匀配置度盘，即第一测回对起始方向配置稍大于0°的角度值，其他测回数的起始方向的配置角度按相差 $180°/n$（$n$ 为取定的测回数）取定。

### 3.4.2　全圆观测法

全圆观测法也称为方向观测法，在一个测站上，当观测方向有3个或3个以上时，通常采用全圆观测法。

如图3-8所示，在测站 $O$ 上设站，$A$、$B$、$C$、$D$ 为观测目标，用全圆观测法观测各方向间的水平角。此处介绍利用全站仪进行观测一测回的具体步骤：

（1）在测站 $O$ 点架设好全站仪，在各观测点 $A$、$B$、$C$、$D$ 上分别竖立照准目标。

（2）选择一个距离适中、背景明亮、成像清

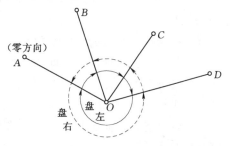

图3-8　全圆观测法示意图

晰的目标作为起始方向，假设为 $A$，仪器盘左状态瞄准起始目标，配置稍大于0°的角度值，再精确瞄准目标 $A$，读数，记录到表格中对应位置（表3-4）。

表3-4　　　　　　　　　　全圆观测法记录表

| 测站 | 测回数 | 目标 | 读数 盘左 /(° ′ ″) | 读数 盘右 /(° ′ ″) | 2C /(″) | 平均读数 /(° ′ ″) | 归零后方向值 /(° ′ ″) | 各测回归零后方向平均值 /(° ′ ″) | 备注 |
|---|---|---|---|---|---|---|---|---|---|
| O | 1 | A | 0　02　20 | 180　02　26 | −6 | (0　02　24) 0　02　23 | 0　00　00 | 0　00　00 | |
| | | B | 35　45　07 | 215　45　04 | +3 | 35　45　06 | 35　42　42 | 35　42　42 | |
| | | C | 95　00　25 | 275　00　28 | −3 | 95　00　26 | 94　58　02 | 94　58　02 | |
| | | D | 128　25　47 | 308　25　50 | −3 | 128　25　48 | 128　23　24 | 128　23　23 | |
| | | A | 0　02　24 | 180　02　26 | −2 | 0　02　25 | | | |
| | 2 | A | 90　02　24 | 270　02　28 | −4 | (90　02　28) 90　02　26 | 0　00　00 | | |
| | | B | 125　45　10 | 305　45　10 | +0 | 125　45　10 | 35　42　42 | | |
| | | C | 185　00　30 | 575　00　28 | +2 | 185　00　29 | 94　58　01 | | |
| | | D | 218　25　49 | 38　25　51 | −2 | 218　25　50 | 128　23　22 | | |
| | | A | 90　02　28 | 270　02　32 | −4 | 90　02　30 | | | |

（3）顺时针转动仪器照准部，依次瞄准 B、C、D 目标，读数，记录到表格中对应位置；

（4）顺时针转动仪器照准部，再次瞄准 A 目标，读数，记录到表格中对应位置。这个操作称为上半测回归零，照准 A 的两次读数差称为归零差，归零差不得超过规范限值。以上步骤称为上半测回；

（5）调整全站仪至盘右状态，首先瞄准起始方向 A，读数，记录；然后逆时针旋转照准部，依次瞄准 D、C、B、A 目标，读数，记录到表格中对应位置，这称为下半测回。

上述上半测回、下半测回的操作合称为一测回。在上、下半测回两个过程中，起始方向均观测了两次，因此照准部旋转了一个全圆，所以此测角方法称为全圆观测法。为了提高测角精度、满足等级控制对角度的要求，可以增加测角的测回数，对各方向的各测回测角值，若满足测回差不超过标准限值，则对各测回的各方向值取平均值作为最终结果。

在进行全圆观测法测量水平角时，记录表格中有如下几项计算：

（1）计算 2 倍照准误差，即 2C 值，计算式为：$2C = 左 - (右 \pm 180°)$。

（2）计算盘左、盘右读数的平均值，盘左、盘右读数的理论差值为 $180°$，因此其计算式为：平均值 = [左 + (右 $\pm 180°$)]/2。

（3）计算起始方向半测回两读数的平均值，记在起始方向平均读数空格的上方，并用小括号括起来。

（4）计算归零后各方向角值，起始方向为 $0°00'00''$，其他方向的归零后角值为平均值减去起始方向处用小括号括起来的角值。

（5）计算各测回归零后各方向的平均值。

### 3.4.3　全站仪水平角度测量的操作

全站仪进行角度测量，角度值是显示在显示屏，无读数误差、效率高，下面以 NIKON DTM - 452 C 全站仪为例，简要介绍如何进行角度测量。

（1）按 PWR 键，开机，盘左状态下旋转望远镜以初始化全站仪。

（2）精确瞄准起始目标。

（3）按 DSP 键，选择测量角度屏幕 DSP1/4。

（4）按 ANG 键，选择 [2] 键，输入需要配置的起始角度，用键盘右边的数字输入，

注意度和分之间用小数点隔开，分和秒均占两位，按 REC/ENT 键确认。

（5）再精确瞄准目标，即可读数，读数是读取显示窗上第一行 HA 后面的数据。

（6）按照前面所介绍的测回法或全圆观测法依次瞄准各个目标，读数。

# 3.5 竖直角测量方法

野外用全站仪直接测得的距离是测量仪器到反射棱镜之间的斜距，而求解点位坐标需要的是空间上两点在投影水平面上的水平距离，因此要对斜距通过竖直角换算为水平距离。在竖直面内，测量空间上倾斜的视线与水平面的夹角，称为竖直角，用 $\delta$ 表示。如图 3-9 所示，倾斜视线位于水平面上方时，该竖直角称为仰角，$\delta$ 为"＋"；倾斜视线位于水平面下方时，该竖直角称为俯角，$\delta$ 为"－"，因此竖直角的取值范围为 $-90°\sim+90°$。

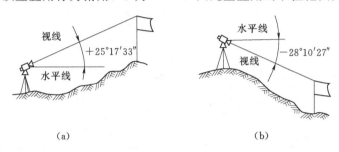

(a)　　　　　　　　　　　(b)

图 3-9　竖直角测量示意图

### 3.5.1 竖直度盘

竖直角与水平角一样，其角值是度盘上两个方向读数的差值。不同的是竖直角的两个方向中的一个为固定的水平方向。全站仪显示的竖盘读数通常为天顶距模式，即将天顶方向确定为 $0°$（图 3-10）。在天顶距模式下，盘左视线水平时竖盘读数为 $90°$、盘右视线水平时竖盘读数为 $270°$。由于其所显示的角度不是所需要的竖直角，因此要对测得的竖直度盘读数进行计算以得到竖直角。

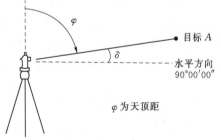

图 3-10　竖直角的天顶距模式示意图

如图 3-11 所示，在天顶距模式下，盘左状况下视线水平时指标线读数为 $L_{读}=90°$，把望远镜往上望，此时指标线所示读数减少；把望远镜往下望，指标线所示读数增加。因此天顶距模式下，盘左的竖直角计算式为

$$\delta_L=90°-L_{读} \tag{3-5}$$

盘右状况下视线水平时指标线读数为 $L_{读}=270°$，把望远镜往上望，此时指标线所示读数增加；把望远镜往下望，指标线所示读数减少。因此天顶距模式下，盘右的竖直角计算式为

$$\delta_R=L_{读}-270° \tag{3-6}$$

对任意一台全站仪，依据视线向上的竖直角为"＋"、向下为"－"的规定，确定竖直角计算公式有如下原则：

（1）望远镜往上望，如竖盘读数减少，则

$$\delta=视线水平读数-读数 \tag{3-7}$$

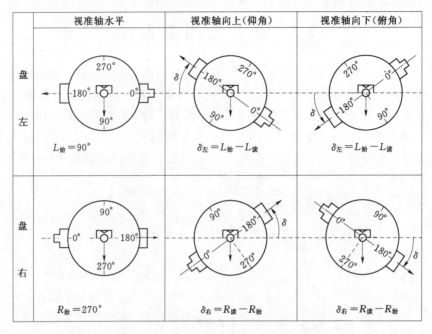

图 3-11　确定竖直角计算式示意图

（2）望远镜往上望，如竖盘读数增加，则

$$\delta = 读数 - 视线水平读数 \tag{3-8}$$

前述式（3-5）、式（3-6）的前提条件是视线水平情况下盘左、盘右的读数是 90°、270°，但实际上受全站仪的制造、运输、检校的影响，该条件往往难以满足，竖盘指标常偏离理论位置，这个偏离值称为竖盘指标差，用 $x$ 表示。一般规定竖盘指标偏移方向与竖盘注记方向一致时，$x$ 取正值，否则取负值。见图 3-12，假设竖盘指标偏移一个正值 $x$，则盘左、盘右正确的竖直角计算公式为

$$\delta = 90° - L + x = \delta_L + x \tag{3-9}$$

$$\delta = R - 270° - x = \delta_R - x \tag{3-10}$$

对竖直角，可以采用盘左、盘右分别观测，取平均值以消除指标差的影响：

$$\delta = (\delta_L + \delta_R)/2 \tag{3-11}$$

相应指标差 $x$ 为

$$x = (\delta_R - \delta_L)/2 = (L + R - 360°)/2 \tag{3-12}$$

### 3.5.2　竖直角观测

测定视线的竖直角，按下列步骤进行：

（1）架设好仪器并确定盘左、盘右竖直角计算公式。

（2）盘左精确瞄准目标，读取竖盘读数，计算盘左竖直角 $\delta_L$。

（3）盘右精确瞄准目标，读取竖盘读数，计算盘右竖直角 $\delta_R$。

（4）计算该视线的竖直角 $\delta = (\delta_L + \delta_R)/2$。

（5）计算指标差。

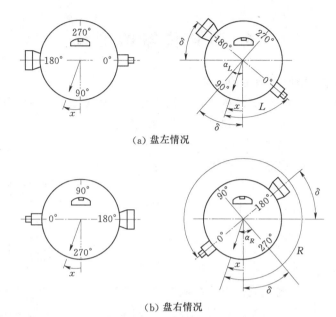

（a）盘左情况

（b）盘右情况

图 3-12 竖盘指标差

以在测站 $O$ 点架设全站仪，在目标点 $A$ 竖立目标，观测仪器到目标 $A$ 的竖直角，记录及计算见表 3-5。

表 3-5  竖 直 角 记 录 表

| 测站 | 目标 | 竖盘位置 | 竖盘读数 /(° ′ ″) | 半测回垂直角 /(° ′ ″) | 指标差 /(″) | 一测回竖直角 /(° ′ ″) | 备注 |
|---|---|---|---|---|---|---|---|
| $O$ | $A$ | 左 | 89 01 25 | 0 58 35 | −8 | 0 58 28 | |
| | | 右 | 270 58 20 | 0 58 20 | | | |

### 3.5.3 全站仪竖直角测量的操作

下面以 NIKON DTM-452 C 全站仪为例，简要介绍如何进行竖直角测量：

（1）按  键，开机，盘左状态下旋转望远镜以初始化全站仪。

（2）第一次使用的新仪器，要对竖盘显示读数进行设置： →3 设置→1 角度→

VA 零，选择天顶角→按 键进行确定→按 键返回测量显示屏，按 键，选择 DSP1/4 显示屏，对已经使用过的仪器，可不进行这一步。

（3）确定竖直角计算公式。

（4）精确瞄准目标。

（5）读数，读数是读取显示窗上第二行 VA 后面的数据。

（6）换盘右，瞄准目标，读数。

（7）计算。

# 3.6 测角仪器的检校

### 3.6.1 测角仪器主要轴线应满足的条件

为了保证角度观测达到规定的精度，全站仪的主要轴线之间，必须满足角度观测所必须的要求。如图 3-13 所示，测角仪器的主要轴线有仪器的竖轴（简称 $VV$）、仪器的横轴（简称 $HH$）、望远镜的视准轴（简称 $CC$）和照准部的水准管轴（简称 $LL$）。根据角度观测要求，全站仪器应满足如下条件：

(1) 照准部水准管轴应垂直于竖轴（$LL \perp VV$）。

(2) 十字丝的竖丝应垂直于横轴。

(3) 视准轴应垂直于横轴（$CC \perp HH$）。

(4) 横轴应垂直于竖轴（$HH \perp VV$）。

(5) 望远镜视线水平时，竖盘角读数应为 90°或 270°。

对全站仪进行检验校正，就是要保证上述条件的实现。

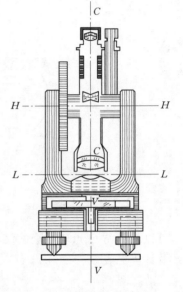

图 3-13 全站仪的几何
轴线关系

### 3.6.2 水准管的检校

1. 检校目的

满足水准管垂直仪器竖轴（$LL \perp VV$），使得全站仪在水准管气泡居中时，达到精确水平状态，确保仪器竖轴铅垂、水平度盘水平。

2. 检验方法

先将仪器大致水平，转动照准部使水准管与任意两脚螺旋相平行，调该两脚螺旋使水准管气泡居中，然后旋转照准部 180°，若气泡仍然居中，则说明水准管轴与仪器竖轴相垂直；若气泡偏移超过一格，则应进行校正。

3. 校正方法

如图 3-14 (a) 所示，设水准管轴与仪器竖轴间不垂直，当水准管气泡居中时，竖轴偏移铅垂线方向一角度 $\alpha$；仪器照准部绕竖轴旋转 180°后，水准管轴 $LL$ 与水平线相差 $2\alpha$ 角度，如图 3-14 (b) 所示。校正时将 $LL$ 向水平线方向转动 $\alpha$ 角，即得 $LL \perp VV$，方法为用校正针拨动水准管一端的校正螺钉，使气泡向中间退回偏移中间距离的一半，如图 3-14 (c) 所示。此时仪器竖轴还未处于竖直状态，旋转脚螺旋，使水准管气泡居中，如图 3-14 (d) 所示。此项检查、校正要反复进行，直到照准部旋转到任意方向，水准管气泡都居中为止。

### 3.6.3 圆水准器的检校

1. 检校目的

确保圆水准器轴与仪器竖轴平行，使得在全站仪的初步整平中，可以借助圆水准器气泡居中，使仪器达到初步水平状态。

2. 检验方法

将全站仪用水准管精确整平，观察圆水准器气泡是否居中，如果居中，则无须校正；

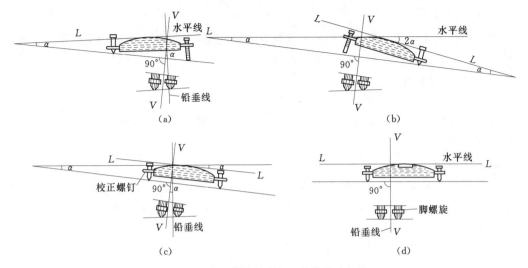

图 3-14 水准管轴垂直于竖轴的检验与校正

如果气泡位于圆水准器标明中心的圆圈以外，则需进行调整。

3. 校正方法

在水准管精确整平全站仪的前提下，用校正针微调圆水准器底面的三个校正螺钉（有些品牌全站仪的圆水准器的校正螺钉位于圆水准器的侧面），使圆水准器的气泡居中。

### 3.6.4 光学对点器的检校

1. 检校目的

保证光学对点器中心位于仪器竖轴，确保可以用光学对点器进行仪器的对中操作。

2. 检验方法

将仪器精确整平，地面上放一可移动标志，移动地面的标志，使仪器精确对中。旋转照准部180°，观测这个过程中光学对点器中心与地面标志中心的对中情况，如果两中心一直重合，说明光学对点器中心位于仪器竖轴上，否则需要对光学对点器进行校正。

3. 校正方法

先精确对中地面标志，后旋转照准部180°调整光学对点器的校正螺钉，使对点器的中心沿偏移的反方向向地面标志点移动偏移距离的一半，然后重新进行检验校正。这个过程要反复进行多次，直到在转动仪器照准部旋转180°的过程中，光学对点器中心与地面标志点一直重合为止。

### 3.6.5 望远镜竖丝的检校

1. 检校目的

满足全站仪望远镜的十字丝竖丝垂直于横轴，使得仪器整平后十字丝的竖丝在竖直面内，保证精确瞄准目标。

2. 检验方法

整平仪器后，用十字丝交点瞄准远处一固定点，制动照准部，转动望远镜的竖直微动螺旋，使望远镜缓慢地上下转动，观测这个过程中远处的点是否偏离十字丝的竖丝。如果发生偏离，则需要进行校正。

3. 校正方法

打开目镜的十字丝分划板，松开十字丝分划板的四个固定螺丝，转动十字丝环，再进行检验，直到满足条件，然后旋紧固定螺丝。

### 3.6.6　视准轴的检校

1. 检校目的

满足视准轴垂直于横轴（$CC \perp HH$），使视准轴旋转所扫过的面为一个铅垂面，而不是一个倾斜面。

2. 检验方法

望远镜视准轴不垂直于横轴所偏离的角度 $C$ 称为视准误差，其对盘左、盘右的影响大小相同而符号相反。检验方法为选择远处一清晰目标，分别盘左、盘右观测，取两读数差（顾及常数 $180°$）即为 $C$ 值的 2 倍。设盘左、盘右的读数分别为 $\beta'_L$、$\beta'_R$，则

$$\beta_L = \beta'_L - C \tag{3-13}$$

$$\beta_R = \beta'_R + C \tag{3-14}$$

则

$$\beta = (\beta'_L + \beta'_R \pm 180°)/2 \tag{3-15}$$

$$C = (\beta'_L - \beta'_R \pm 180°)/2 \tag{3-16}$$

由此可见采取盘左、盘右观测水平角，取平均值作最终结果，可以消除视准轴不垂直于横轴所带来的误差。

3. 校正方法

校正时，就在盘右状态，计算盘右的正确读数 $\beta_R = \beta'_R + C$，调节照准部水平微动螺旋，使得角度值为 $\beta_R$，此时望远镜十字丝交点已偏离刚才的目标点，然后将十字丝环的上、下校正螺钉松开，对左、右两校正螺钉一松一紧，移动十字丝环，使十字丝交点瞄准刚才的目标点，然后将上、下校正螺钉拧紧。

### 3.6.7　横轴的检校

1. 检校目的

确保仪器的横轴垂直于竖轴（$HH \perp VV$），使得望远镜绕横轴旋轴，视准轴所扫过的平面是一个铅垂面，而不是一个倾斜的平面。

2. 检验方法

从一较高处垂下一细线，挂上垂球，使其保持静止状态，在细线近处安设仪器，盘左、盘右分别瞄准高处的细线，然后将望远镜放平，如果竖丝仍旧与细线相垂合，则说明全站仪的横轴垂直竖轴，否则需要校正。

3. 校正方法

如果横轴不垂直于竖轴，设横轴倾斜一 $i$ 角，这种情况下望远镜绕横轴转动，视准轴扫过的面将是一个倾斜平面，与铅垂面的夹角也为 $i$。校准时，将望远镜设置水平，精确瞄准，然后向上转动望远镜，当视线仰角较大时，十字丝交点将偏移细线，此时抬高或降低横轴的一端，使十字丝交点位于细线上。此项检验校正也需要反复多次进行，直到满足条件为止。

对于测角仪器，横轴是密封的，一般能满足横轴与竖轴的垂直关系，测量人员进行检验即可。由于此项校正工作须在专门设备上进行，如果确实需要校正，最好交专门仪器检

修机构进行。若仪器发生摔地、碰撞情况，应重点检验此项。

### 3.6.8　竖盘指标差的检校

1. 检校目的

确保竖盘指标线位于铅垂位置。

2. 检验方法

当望远镜视线水平、竖盘指标水准管气泡居中时，指标线所指读数比理论读数（90°或270°）略大或略小一角值，该值称为竖盘指标差，是由指标线位置不正确造成的。如图 3-12 所示，若盘左比始读数（90°）大 $x$ 值，计算得到的竖直角就比实际值小 $x$ 值；而盘右测得的竖直角就大了 $x$ 值。

由式（3-11）可见，采取盘左、盘右观测竖直角，取平均值作最终结果，可以抵消竖盘指标差的影响。对竖盘指标差检验方法是仪器安置好后，选择一个明显目标，分别盘左、盘右观测竖盘读数，用式（3-12）计算出竖盘指标差的值，若其值较大，则应进行校正。

3. 校正方法

对于光学经纬仪根据式（3-12）计算出指标差，求得盘右位置的正确读数为 $R = \delta + 270° + x$，转动竖盘微动螺旋，使指标线读数为正确读数，此时竖盘指标水准管气泡已经偏移中心，校正竖盘指标管的校正螺钉，使气泡居中，然后固定校正螺钉。对于全站仪，一般具有指标差的校准功能，按各型号仪器的说明书进行操作，此项检验校正仍旧需要反复多次进行，直到满足要求为止。

检校项目应严格按照上述顺序进行，每项的检校都要反复多次，而且一项没有检校完毕，不得进行下一项检校工作。对于测量仪器，试图使其完全达到理论上的条件是不现实的，只要满足实际作业所需要的精度即可，因此仪器的检校必然存在残余误差。

## 3.7　角度测量中误差产生的原因及其消减方法

角度测量工作中仪器误差和各作业环节产生的误差对观测结果会产生影响，为了获得满足使用的观测结果，必须分析哪些因素会对观测结果产生影响，以针对性地采取消减误差的措施，将误差控制在容许的范围内。

### 3.7.1　仪器误差

仪器误差有属于制造方面的原因，如水平度盘与竖轴不垂直等；有属于校正不完善的原因，如视准轴与横轴不垂直的残余误差。对于仪器制造方面的误差，不能采取校正的方法消减其对测角的影响，只能采取适当的方法来减弱其影响。如全站仪度盘的分划不均匀，可以采取测回间起始方向配置不同角度值加以消减；对于仪器校正后的残余误差，如视准轴不垂直于横轴、竖盘指标差等，可以采用盘左、盘右两个位置进行观测，取其平均值作为观测结果的办法来消减其影响。

### 3.7.2　对中误差对测角的影响

在观测水平角时，如果仪器没有严格对中，测量的水平角将比实际值偏大或偏小。如图 3-15 所示，如果实际仪器中心相对测量点位内偏，则所测角度偏大；如果外偏，则所

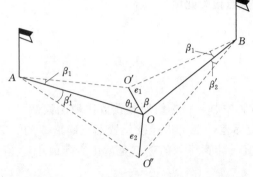

图 3-15 仪器对中误差对测角的影响

测角度偏小。仪器偏心对水平角影响的大小，与偏心方向 $\theta$、偏心距 $e$ 和仪器到目标间的距离有关。如图 3-15 所示，当仪器内偏时，对水平角的影响为

$$\Delta\beta = \beta_1 + \beta_2 = \frac{e_1 \sin\theta_1}{D_{OA}}\rho'' + \frac{e_1 \sin(\beta - \theta_1)}{D_{OB}}\rho''$$

(3-17)

由式（3-17）可知，当实际水平角 $\beta = 180°$，偏心方向为垂直于仪器到目标方向，仪器偏心对水平角的影响最大：

$$\Delta\beta = e\left(\frac{1}{D_{OA}} + \frac{1}{D_{OB}}\right)\rho''$$

(3-18)

因此对于水平角接近 180°、视线较短的情况下，一定要特别注意仪器的对中情况。在控制测量、变形监测工作中，为减弱仪器对中对观测成果的影响，可采取观测墩、强制对中装置、三联脚架法等办法减弱仪器对中误差对测角的影响。

### 3.7.3 整平误差对测角的影响

整平的误差将使得水平度盘不水平，其对测角的影响还取决于不水平的程度和观测视线的竖直角大小。当视线接近水平时，其对测角影响较小；在山区、丘陵区，视线的竖直角往往较大，该项误差对测角的影响就较大，因此在山区观测水平角要特别注意仪器的整平。

### 3.7.4 目标倾斜误差对测角的影响

如图 3-16 所示，设目标到仪器间距离为 $D$，目标高为 $L$，目标倾斜角度为 $\gamma$，目标倾斜方向为垂直于视线方向，则目标倾斜对水平角的影响为

$$\Delta\beta = \frac{d}{D}\rho'' = \frac{L\sin\gamma}{D}\rho''$$

(3-19)

由式（3-19）可见，目标高 $L$、倾斜角度 $\gamma$ 对水平角的影响呈正比，目标到仪器间距离 $D$ 对水平角的影响成反比，因此在水平角观测中，如果目标是细条型杆状物，要求要尽量把目标立竖直，并尽量瞄准目标的底部。

### 3.7.5 观测误差的影响

观测中的照准与人眼的分辨能力和望远镜的放大倍数有关。人眼的分辨率为 60″，考虑到望远镜的放大倍数 $v$，则照准误差为 $\pm 60''/v$，而且在观测过程中若观测者不正确操作、存在视差现象等，都会带来较大的照准误差。照准误差还与其他因素有关，诸如目标的大小、形状、颜色、背景的衬度以及空气的透明度等。

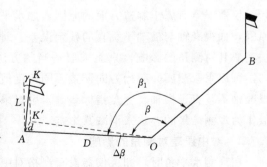

图 3-16 目标倾斜对水平角观测的影响

#### 3.7.6　外界条件的影响

角度测量是外业工作，外界环境因素，如吹风、日晒、气温变化等都会对观测精度产生影响。比如由于土质松软使得仪器下沉导致仪器水平破坏、阳光直射脚架破坏仪器的水平状态、地表水分蒸发而影响成像的稳定，这些因素都会影响角度的观测精度。对于测角精度要求较高的工作，应选择在适宜的时间、气候进行。视线与视线旁的建筑物要保持一定的间隔距离，有阳光直射的情况下，要给仪器打伞遮住阳光。

测量仪器、观测者、观测环境都会对角度测量产生影响，只要认真分析各影响因素对角度的影响，在工作中就可以采取相应措施来减少或消除其对观测结果的影响，从而保证观测成果的精度。

## 习　题

1. 什么叫水平角？水平角测量中，瞄准同一竖直面内不同高度处的点，水平度盘上的读数是否一样？

2. 全站仪有哪些主要轴线？各轴线间应满足什么条件？

3. 架设全站仪的过程中，对中、整平的目的是什么？如何操作的？

4. 用全站仪观测了水平角 $\beta$ 三测回，观测数据记录在表 3-6 中，计算其观测的水平角。

表 3-6　　　　　　　　　　　测 回 法 记 录 表

| 测站 | 测回 | 竖盘 | 目标 | 读数<br>(°　′　″) | 半测回角值<br>(°　′　″) | 一测回角值<br>(°　′　″) | 各测回均值<br>(°　′　″) | 备注 |
|---|---|---|---|---|---|---|---|---|
| B | 1 | 左 | A | 0　05　07 | | | | |
| | | | C | 95　12　17 | | | | |
| | | 右 | A | 180　05　10 | | | | |
| | | | C | 275　12　23 | | | | |
| | 2 | 左 | A | 60　05　10 | | | | |
| | | | C | 155　12　19 | | | | |
| | | 右 | A | 240　05　07 | | | | |
| | | | C | 335　12　17 | | | | |
| | 3 | 左 | A | 120　05　11 | | | | |
| | | | C | 215　12　20 | | | | |
| | | 右 | A | 300　05　13 | | | | |
| | | | C | 35　12　24 | | | | |

5. 采用全圆观测法观测了多个方向的观测值，完成表格 3-7 中的计算。

6. 什么叫竖直角？如何推求竖直角的计算公式？

7. 导致水平角观测时产生误差的因素有哪些？可以采取什么样的措施消减误差？

8. 简述用测回法观测水平角的步骤。

表 3 - 7
全 圆 观 测 法 记 录 表

| 测站 | 测回数 | 目标 | 读 数 | | | | | | 2C | 平均读数 | 归零后方向值 | 各测回归零后方向平均值 | 备注 |
|---|---|---|---|---|---|---|---|---|---|---|---|---|---|
| | | | 盘左 | | | 盘右 | | | | | | | |
| | | | (° | ′ | ″) | (° | ′ | ″) | (″) | (° ′ ″) | (° ′ ″) | (° ′ ″) | |
| O | 1 | A | 0 | 01 | 12 | 180 | 01 | 16 | | | | | |
| | | B | 30 | 05 | 28 | 210 | 05 | 30 | | | | | |
| | | C | 91 | 00 | 45 | 271 | 00 | 40 | | | | | |
| | | D | 170 | 20 | 27 | 350 | 20 | 30 | | | | | |
| | | A | 0 | 01 | 15 | 180 | 01 | 18 | | | | | |
| | 2 | A | 60 | 01 | 10 | 240 | 01 | 18 | | | | | |
| | | B | 90 | 05 | 30 | 270 | 05 | 33 | | | | | |
| | | C | 151 | 00 | 44 | 331 | 00 | 48 | | | | | |
| | | D | 230 | 20 | 30 | 50 | 20 | 33 | | | | | |
| | | A | 60 | 01 | 14 | 240 | 01 | 16 | | | | | |
| | 3 | A | 120 | 01 | 14 | 300 | 01 | 16 | | | | | |
| | | B | 150 | 05 | 34 | 330 | 05 | 33 | | | | | |
| | | C | 211 | 00 | 38 | 31 | 00 | 41 | | | | | |
| | | D | 290 | 20 | 36 | 110 | 20 | 33 | | | | | |
| | | A | 120 | 01 | 18 | 300 | 01 | 16 | | | | | |

9. 测量水平角、竖直角过程中，全站仪及反射棱镜架设的高度不同，对两者的测量结果有何影响？

10. 角度测量过程中，采用盘左、盘右观测，其目的是什么？

11. 角度测量过程中，哪些因素会对角度测量产生影响？可以采取什么样的措施减弱其对角度测量值的影响？

12. 在竖直角测量过程中，如何判定其角度值的计算公式？

# 第4章 距离测量

距离是确定地面点位的基本要素之一，地面两点间的水平距离是指两点分别通过铅垂线投影到大地水准面（一般用水平面来代替）上的两点间线段的长度。在测距仪出现之前，工程上主要是通过钢尺来确定两点间平距，通过视距测量的办法来测定大比例尺地形图的碎部点。测距仪的出现，是测距方法的革命，开创了距离测量的新纪元，与传统的钢尺量距相比，具有精度高、作业迅速、受气候及地形影响小等优点。本章主要讲述测距仪（全站仪）测距方法。

## 4.1 测　距　仪

20世纪60年代，随着光电测距技术及电子技术的突破，出现了各类型的光电测距仪，有激光测距仪、微波测距仪、红外光测距仪等，统称为测距仪。测距仪与电子经纬仪相结合而组成了整体式全站仪，可同时进行角度、距离测量，可得到两点间平距、高差，还可将测量数据存储在全站仪内，在提高距离测量精度的同时大大提升了测量外业效率，而且受气候及地形影响小、测程远，因此测距仪的出现，使距离测量发生了革命性的变化。

### 4.1.1 测距仪的分类

测距仪按照所采用的载波不同，可分为激光测距仪、微波测距仪、红外测距仪。测距仪按照测程来分，可分为短程（测程＜3km）、中程（3km≤测程＜15km）和长程测距仪（15km≤测程＜60km）。全站仪上一般配置的是短程测距仪，主要用于普通工程测量；中程测距仪主要用于等级控制测量；长程测距仪主要用于国家三角网中的距离测量。

测距仪的测距标称精度表达式为

$$m_D = \pm(a + bD) \tag{4-1}$$

式中　$m_D$——测距中误差，mm；

　　　$a$——测距中误差的固定误差，mm；

　　　$b$——测距中误差的比例误差，mm/km；

　　　$D$——测距，km。

如 NIKON DTM-452 C 全站仪的测距精度为：$m_D = \pm(2 + 2D)$mm。

这里的标称精度，是一种误差限值的概念，是指测距的实际误差不得超过标称精度指标。不得超过，其意思是有的仪器实际误差接近这个限值，也可能小于或远小于这个限值，因此不能把标称精度当作其实际精度。标称精度相同的仪器，其实际误差也不相同，有的相差还比较大。《工程测量规范》（GB 50026—2007）对测距仪的分级与命名，按测距长度为 1km，依据标称精度公式计算的测距中误差，分为 1mm 级仪器、5mm 级仪器、10mm 级仪器。

### 4.1.2 测距仪的基本原理

欲测定两点间水平距离，野外工作方法是在两点上分别立上测距仪和反射棱镜，测量仪器几何中心到反射棱镜几何中心的斜距及视线的竖直角，将斜距改算为平距。在斜距测量过程中，如果能够测定载波从测距仪发出，到达棱镜再返回到测距仪的往返时间 $t$，则测距仪到棱镜间的斜距 $D$ 为

$$D = \frac{1}{2}Ct \tag{4-2}$$

式中　$C$——载波在大气中的传播速度，m/s；

　　　　$t$——载波往返仪器和棱镜间的时间，s。

依据式（4-2）可知，距离测量关键是测定载波往返仪器和棱镜的时间。根据对时间 $t$ 的测量方法不同，测距仪可分为脉冲式测距仪和相位式测距仪两类。

脉冲式测距仪是直接测定载波往返仪器和棱镜的时间，一般工程测量上对测距精度要求达到毫米级，对时间的测量就相应要达到大约 $5 \times 10^{-11}$s 的精度，这样精度的时间计量难以达到。因此脉冲式测距仪的精度较低，一般工程测量上的测距仪采取的是相位测距技术。

相位测距技术是通过测定仪器发射的测距信号往返仪器和棱镜的滞后相位 $\varphi$ 来间接推算信号的传播时间 $t$，即

$$t = \frac{\varphi}{\omega} = \frac{\varphi}{2\pi f} \tag{4-3}$$

则

$$D = \frac{1}{2}C \times \frac{\varphi}{2\pi f} = \frac{C\varphi}{4\pi f} \tag{4-4}$$

在采用信号 $C = 3 \times 10^8$m/s、$f = 15$MHz，要求测距精度达到 5mm，通过式（4-4）计算可知对相位的测量精度应达到 $0.18°$，对于需要达到这样的相位测量精度是易于实现的。因此目前工程测量中使用的测距仪大多是相位测距仪。

### 4.1.3 全站仪测距操作

下面以 NIKON DTM-452C 全站仪为例，简要介绍如何进行距离测量。

（1）按 ▦ 键，开机，盘左状态下旋转望远镜以初始化全站仪。

（2）按 ▦ 键，调出热键菜单，选择 2 温度—气压，输入测距边两端的气压、温度平均值，按 ▦ 键返回到 DSP1/4 显示屏。

（3）精确瞄准目标。

（4）按 ▦ 键，进行测量。测距上的测回概念，是指照准目标 1 次，连续进行 4 次测距的过程，四个测量值满足精度要求情况下取平均值作为最终测量结果。直接测得的距

离是仪器到棱镜间的斜距，野外一般还同时测量竖直角，用以将斜距换算为平距。

表 4-1 为《工程测量标准》（GB 50026—2020）对四等测距的主要技术要求。

表 4-1 测距的主要技术要求

| 等级 | 测距仪等级 | 每边测回数 | | 一测回读数较差 /mm | 单程各测回较差 /mm | 往返测距较差 /mm |
|------|-----------|------|------|--------------------|--------------------|-------------------|
| | | 往 | 返 | | | |
| 四等 | 5mm 级仪器 | 2 | 2 | ≤5 | ≤7 | ≤2(a+bD) |
| | 10mm 级仪器 | 3 | 3 | ≤10 | ≤15 | |

#### 4.1.4 测距仪的误差来源及注意事项

1. 误差来源

测距的误差主要来源于以下几个方面：

（1）仪器方面。主要是测距仪的测距误差，包括固定误差和与测程成比例的比例误差两部分，所采用的光速值、大气折射、测距的频率、相位测定等都影响测距的精度。

（2）观测方面。主要是仪器、棱镜的对中、整平误差及对目标的瞄准误差等。

（3）环境方面。主要是测定的温度、气压等大气参数误差及大气改正值计算的误差，光线传播沿程的温度、气压与两端所测定的温度、气压的差值及其对光线传播路径的影响带来的误差。

2. 注意事项

野外测距应注意以下事项：

（1）测距时应在成像清晰和气象条件稳定时进行，雨、雪、大风天气不宜作业，不宜顺光、逆光观测，严禁将仪器对准太阳。

（2）当棱镜的背景方有反射物时，应在棱镜后方遮上黑布。

（3）视线应离地面或障碍物 1.3m 以上；观测数据超限，应重测整个测回。

（4）测距边不宜选择通过烟囱、散热塔等发热体的上空。

（5）测边应避开高压线等强磁场的干扰。

（6）测距边的视线倾角不宜太大。

# 4.2 直 线 定 向

测定了两点间水平距离，还需要知道两点间的相对方向，才能确定两点间的相对位置。在测量工作中，两点间的相对方向，即是该两点所在的直线的指向，工程测量中用该直线与基准方向线的夹角来表示，即方位角，确定方位角大小的过程就称为直线定向。

#### 4.2.1 基准方向的种类

直线方位角的基准线有真子午线方向、磁子午线方向、坐标纵轴方向三种。

（1）真子午线方向。地面上一点指向地球北极的方向，称为该点的真子午线方向，近似为指向北极星的方向，通过天文测量方法或陀螺经纬仪来测定。

（2）磁子午线方向。在地面上一点水平放置的磁针，在自由静止状态下其北端的指向就是磁子午线方向，可以通过罗盘进行测定。地球的南北两极和地磁两极不重合，导致磁子午线和真子午线之间存在一个夹角 $\delta$，这个夹角称为磁偏角。磁子午线北端相对于真子午线的北端向东偏，$\delta$ 为正；向西偏，$\delta$ 为负。

（3）坐标纵轴方向。工程测量中需要在测区内建立直角坐标系，测区内过任一点与坐标纵轴北端平行的方向线，为过该点的坐标纵轴方向。坐标纵轴与真子午线并不重合，有一夹角 $\gamma$，称为子午线收敛角。坐标纵轴北端在真子午线北端东侧，称为东偏，$\gamma$ 为正；在真子午线北端西侧，称为西偏，$\gamma$ 为负。

### 4.2.2 方位角

测量上用方位角表示直线的方向。方位角就是由基准方向的北端起顺时针量取到直线

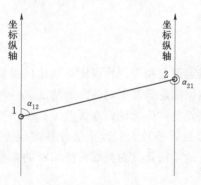

图 4-1 正、反方位角的关系

的水平角，其取值范围为 $0°\sim360°$。若基准方向依据的是真子午线，该方位角为真方位角，用 $\alpha_{真}$ 表示；若基准方向依据的是磁子午线，该方位角为磁方位角，用 $\alpha_{磁}$ 表示；若基准方向依据的是坐标纵轴，该方位角为坐标方位角，用 $\alpha$ 表示。

任何一直线都指向两个方向。一个方向所对应的方位角称为正方位角，其相反方向的方位角就是反方位角。如图 4-1 所示，若确定点 1 到点 2 的方位角 $\alpha_{12}$ 为正坐标方位角，则点 2 到点 1 的方位角 $\alpha_{21}$ 就是反坐标方位角，由图 4-1 上的几何关系可知正、反坐标方位角相差 $180°$，即

$$\alpha_{正}=\alpha_{反}\pm180° \tag{4-5}$$

## 4.3 坐 标 正 反 算

### 4.3.1 坐标正算

已知一条边的起点坐标、边长及该边的坐标方位角，推求该条边另一点坐标的计算过程，称为坐标正算。如图 4-2 所示，若已知 $A$ 点坐标 $(X_A,Y_A)$，$A$ 到 $B$ 的方位角 $\alpha_{AB}$，$A$ 到 $B$ 的平距 $D_{AB}$，则 $B$ 点的坐标 $(X_B,Y_B)$ 为

$$\left.\begin{array}{l}X_B=X_A+\Delta X_{AB}=X_A+D_{AB}\cos\alpha_{AB}\\Y_B=Y_A+\Delta Y_{AB}=Y_A+D_{AB}\sin\alpha_{AB}\end{array}\right\} \tag{4-6}$$

### 4.3.2 坐标反算

已知一条边上两端点 $A$、$B$ 的坐标，推求该边的坐标方位角和边长的计算过程，称为坐标反算。

如图 4-2 所示，显然两点间的平距计算公式为

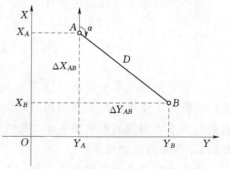

图 4-2 坐标正、反算示意图

$$D_{AB}=\sqrt{\Delta X_{AB}^2+\Delta Y_{AB}^2}=\sqrt{(X_B-X_A)^2+(Y_B-Y_A)^2} \tag{4-7}$$

计算坐标方位角的公式要依据两端点 $A$、$B$ 的相对位置关系来确定，以求解 $A$ 到 $B$ 的坐标方位角 $\alpha_{AB}$ 为例，虽然在直角坐标系里点 $A$、$B$ 都位于第Ⅰ象限，但两点的坐标增量 $\Delta X_{AB}$、$\Delta Y_{AB}$ 可能大于零，可能小于零，也可能等于零，就决定了 $A$ 到 $B$ 的方向可能指向第Ⅰ、Ⅱ、Ⅲ、Ⅳ象限中的任意一个，也可能与坐标系的坐标轴相平行，直线指向的象限不同，其坐标方位角的计算公式就不同，具体如下：

若 $\Delta X_{AB}>0$、$\Delta Y_{AB}>0$，$A$ 到 $B$ 的方向指向第Ⅰ象限：

$$\alpha_{AB}=\arctan\frac{\Delta Y_{AB}}{\Delta X_{AB}}=\arctan\frac{Y_B-Y_A}{X_B-X_A} \tag{4-8a}$$

若 $\Delta X_{AB}<0$、$\Delta Y_{AB}>0$，$A$ 到 $B$ 的方向指向第Ⅱ象限：

$$\alpha_{AB}=180°+\arctan\frac{\Delta Y_{AB}}{\Delta X_{AB}}=180°+\arctan\frac{Y_B-Y_A}{X_B-X_A} \tag{4-8b}$$

若 $\Delta X_{AB}<0$、$\Delta Y_{AB}<0$，$A$ 到 $B$ 的方向指向第Ⅲ象限，计算公式同式（4-8b）。

若 $\Delta X_{AB}>0$、$\Delta Y_{AB}<0$，$A$ 到 $B$ 的方向指向第Ⅳ象限：

$$\alpha_{AB}=360°+\arctan\frac{\Delta Y_{AB}}{\Delta X_{AB}}=360°+\arctan\frac{Y_B-Y_A}{X_B-X_A} \tag{4-8c}$$

若两点间的坐标增量 $\Delta X_{AB}$ 或 $\Delta Y_{AB}$ 其中一个等于零，则该条边平行于坐标轴，可直接判定出其坐标方位角为 $0°$、$90°$、$180°$或 $270°$。

【例 4-1】　已知 $A$ 点平面坐标为（453.562，680.098），$B$ 点平面坐标为（487.000，609.791），求 $\alpha_{AB}$、$\alpha_{BA}$ 及 $A$、$B$ 两点间水平距离，并进行相应的检核计算。

**解：**　　　$\Delta x_{AB}=x_B-x_A=487.000-453.562=33.438>0$

$\Delta y_{AB}=y_B-y_A=609.791-680.098=-70.307<0$

所以 $A$ 到 $B$ 的方位角 $\alpha_{AB}$ 指向第Ⅳ象限。

$$\alpha_{AB}=\arctan\frac{\Delta y_{AB}}{\Delta x_{AB}}+360°=\arctan\frac{-70.307}{33.438}+360°=295°26'09''$$

$$\alpha_{BA}=\alpha_{AB}-180°=295°26'09''-180°=115°26'09''$$

$$D_{AB}=\sqrt{\Delta x_{AB}^2+\Delta y_{AB}^2}=\sqrt{33.438^2+70.307^2}=77.854\text{m}$$

检核：$x_B=x_A+D_{AB}\cos\alpha_{AB}=453.562+77.854×\cos295°26'09''=487.000$

与已知值相同，计算正确。

## 习　题

1. 何为测距仪的固定误差和比例误差？测距仪测距误差产生的原因有哪些？

2. 如何理解测距仪的标称精度？

3. 何为坐标正算？何为坐标反算？

4. 如何依据两点间的坐标增量，确定两点间方位角的计算公式？

5. 有一水平直隧洞，进口点 $X1$ 坐标为（300，500），出口点为 $X2$（图 4-3），设计隧洞的走向（隧洞中心线的方位角）$\alpha_{X1,X2}=87°12'30''$，隧洞采取对向开挖，现已开挖 $X1\sim X3$、$X2\sim X4$ 两段（阴影部分为未开挖段），测得 $X3$ 的坐标为

（309.741，699.763），测得 $X4$ 的坐标为
（311.689，739.715），不考虑在高程方向上的
开挖情况。

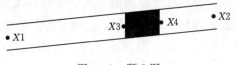

图 4-3　题 5 图

（1）判定 $X1 \sim X3$ 段开挖的方向是否
正确?

（2）计算隧洞还有多长未开挖?

6. $A$、$B$ 两点坐标为 $A$（400.000，450.000）、$B$（600.000，460.000），现测设 $P$
点，$P$ 点设计坐标为（750.00，400.00），计算在 $B$ 点用极坐标法测设 $P$ 点的数据（即在
$B$ 点架设全站仪，瞄准 $A$ 点，放样 $P$ 点所顺时针转动的角度和放样的距离）。

# 第5章 测 量 误 差

在实际测量工作中，无论选用何等高精度的仪器、采取何种消减误差的措施，对一段距离、一个角度、两点间高差进行测量，多次观测的各次观测值之间总是存在差异，如一条闭合水准路线上所有测站的高差总和不等于零，一个三角形三个内角之和常不等于180°，这就是误差存在的现象。误差就是观测值与观测对象客观存在的真值间的差异，这种误差称为真误差：

真误差＝观测值－真值

为了消减误差的影响，常采取的办法是增加观测次数，取各观测值的平均值作为观测对象的最终观测结果。无论测量次数多少，其观测平均值都不可能等同于观测对象的真值。测量工作中认为用观测值的平均值来代替观测对象的真值最可靠，因此也将其称为最或是值。虽然观测对象的真值无法获得，但实际工作中也没必要知道一个观测对象的真实值大小，只要观测结果的精度满足实际需求即可。因此测量工作中，误差的研究内容就侧重于误差的特性及如何采取相应的措施来减弱误差的影响、提高观测精度、满足实际工作对观测结果的需求，而不是追求观测对象的真值。这说明了误差的特性，即不可避免、容许存在，但可采取措施减弱误差的影响。需要强调的是粗差情形，如读数错误，是属于错误，不属于误差的范畴。粗差可避免、不容许存在。

## 5.1 测量误差的来源及其分类

### 5.1.1 测量误差的来源

导致观测值产生误差的原因，主要有以下三个方面：

（1）测量仪器。因测量仪器制造或校正不够完善，如全站仪各轴线间的几何关系无法完全满足、水准尺上的刻划存在偏差等，给观测值带来误差。

（2）观测者。受制于观测者的视力、操作技能等，如在仪器整平、对中、观测过程中的瞄准、估读等都会给观测值带来误差。

（3）施测环境。受外界环境的影响，观测值带有误差，如气压、温度会对距离测量产生影响，大气折光会使得视线弯曲从而影响观测值。

将测量仪器、观测者、施测环境三方面综合起来称为观测条件，在相同的观测条件下进行的各次观测称为等精度观测，观测条件不同的各次观测称为不等精度观测。

### 5.1.2 测量误差的分类

根据误差对观测值影响的不同，将误差分为系统误差和偶然误差两大类。

**5.1.2.1  系统误差**

在相同的观测条件下，对某一观测对象进行多次观测，误差的出现在大小或符号上均相同，或者按一定的规律变化，这类误差称为系统误差。如在水准测量中，水准尺未竖直，使得读数始终偏大，即误差始终表现为正。又如水准仪的视准轴与水准管轴存在的 $i$ 角，这使得照准部绕竖轴旋转的过程中，视线总是向上或向下偏，导致读数始终偏大或偏小，而且偏大、偏小的数值与仪器到水准尺的距离成正比。由于系统误差具有累积性，因此测量过程中要避免系统误差的出现，或者采取相应措施控制系统误差的累计。

**5.1.2.2  偶然误差**

在相同的观测条件下，对某一观测对象进行多次观测，误差的出现在大小和符号上均不确定，在单个观测值上体现不出误差的任何规律，这种误差称为偶然误差。比如普通水准测量，毫米是估读的，这估读的数比真值偏大、偏小及偏离程度都具有偶然性。偶然误差从单个观测值上看不出有什么规律，但通过增加观测次数，分析观测值的大小分布，可得出偶然误差服从统计规律，而且随观测次数越多，规律性越强。

这里介绍一个例子：在相同的观测条件下，在一测区独立地观测了 217 个三角形的全部内角。由于角度测量过程中误差的存在，一个三角形的三个内角和不等于其真值。设其真值为 $X$，三角形内角和为 $L_i$，则三角形内角和的真误差为

$$\Delta_i = L_i - X \tag{5-1}$$

将真误差按照每 3″ 为一区间，按照其大小和正负分别统计在各个误差区间出现的三角形的个数 $v$ 及相应的频率 $v/217$。结果见表 5-1。

表 5-1　　　　　　　　　　偶 然 误 差 分 布 规 律

| 误差区间 /(″) | 正误差 个数 $v$ | 正误差 频率 $v/217$ | 负误差 个数 $v$ | 负误差 频率 $v/217$ | 合计 个数 $v$ | 合计 频率 $v/217$ |
|---|---|---|---|---|---|---|
| 0～3 | 30 | 0.138 | 29 | 0.134 | 59 | 0.272 |
| 3～6 | 21 | 0.097 | 20 | 0.092 | 41 | 0.189 |
| 6～9 | 15 | 0.069 | 18 | 0.083 | 33 | 0.152 |
| 9～12 | 14 | 0.065 | 16 | 0.073 | 30 | 0.138 |
| 12～15 | 12 | 0.055 | 10 | 0.046 | 22 | 0.101 |
| 15～18 | 8 | 0.037 | 8 | 0.037 | 16 | 0.074 |
| 18～21 | 5 | 0.023 | 6 | 0.028 | 11 | 0.051 |
| 21～24 | 2 | 0.009 | 2 | 0.009 | 4 | 0.018 |
| 24～27 | 1 | 0.005 | 0 | 0.000 | 1 | 0.005 |
| 27 以上 | 0 | 0.000 | 0 | 0.000 | 0 | 0.000 |
| Σ | 108 | 0.498 | 109 | 0.502 | 217 | 1.000 |

将表 5-1 的统计数据按照横坐标表示误差的大小、纵轴表示相应误差区间的三角形频率绘制成直方图（图 5-1），形象表示出偶然误差的分布特性：

（1）在一定观测条件下，偶然误差的绝对值不超过一定的限度，称为误差的有界性。

（2）绝对值小的误差比绝对值大的误差出现的可能性大，称为误差的大小性。

（3）绝对值相等的正误差与负误差，出现的可能性相等，称为误差的对称性。

（4）当观测次数增多，偶然误差的算数平均值趋近于零，称为误差的抵偿性，即

$$\lim_{n\to\infty}\frac{\Delta_1+\Delta_2+\cdots+\Delta_n}{n}=\lim_{n\to\infty}\frac{[\Delta]}{n}=0 \tag{5-2}$$

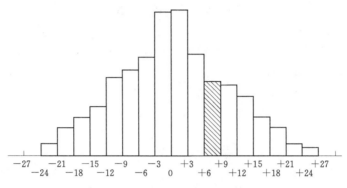

图 5-1 偶然误差分布特性

上述偶然误差的特性，在观测次数增加的情况下，表现得越明显。从统计学的角度来看，偶然误差服从数学期望为零的正态分布。偶然误差虽然无法避免，但可采取措施减弱其影响，如采用高精度的观测仪器、增加测量次数、增加多余观测等办法，提高最终观测结果的精度。

# 5.2 评定精度的指标

精度是指误差分布的离散程度，一般采用中误差、允许误差、相对误差作为评定精度的标准。

## 5.2.1 中误差

在等精度观测值中，各观测值真误差的平方和的均值的平方根，称为中误差，测量上用 $m$ 来表示，即

$$m=\pm\sqrt{\frac{\Delta_1^2+\Delta_2^2+\cdots+\Delta_n^2}{n}}=\pm\sqrt{\frac{[\Delta\Delta]}{n}} \tag{5-3}$$

式中　$\Delta_i$——各观测值的真误差，工程测量上 $\Delta\Delta$ 表示 $\Delta_i$ 连乘的意思；

　　　　$n$——观测值的个数；

　　　　[　]——工程测量上用以表示求和的意思，同数学上的 $\sum$ 同含义。

在测量工作中，观测值的真误差往往无法获得，因此式（5-3）只是计算中误差的理论公式，实际工作中是通过观测值 $l_i$ 的算数平均值 $L$ 与观测值间的改正数 $V_i$ 来计算中误差 $m$。

设某观测值的真值为 $X$，进行了系列观测，各观测值的真误差为 $\Delta_i$。由真误差的定义可知：

$$\Delta_i=l_i-X$$

由观测值 $l_i$ 及其算数平均值 $L$、改正数 $V_i$ 的关系，可得

$$V_1 = L - l_1 \quad V_2 = L - l_2 \quad \cdots \quad V_n = L - l_n$$

各观测值的真误差 $\Delta_i$ 和改正数 $V_i$ 相加，可得

$$\Delta_1 + V_1 = L - X \quad \Delta_2 + V_2 = L - X \quad \cdots \quad \Delta_n + V_n = L - X$$

设 $L - X = \delta$，可得

$$\Delta_1 = \delta - V_1 \quad \Delta_2 = \delta - V_2 \quad \cdots \quad \Delta_n = \delta - V_n$$

各项平方，可得

$$\Delta_1^2 = \delta^2 + V_1^2 - 2\delta V_1 \quad \Delta_2^2 = \delta^2 + V_2^2 - 2\delta V_2 \quad \cdots \quad \Delta_n^2 = \delta^2 + V_n^2 - 2\delta V_n$$

所有式子相加，整理可得

$$\frac{[\Delta\Delta]}{n} = \frac{[VV]}{n} - 2\delta \frac{[V]}{n} + \delta^2$$

由 $[V] = 0$，可得

$$\frac{[\Delta\Delta]}{n} = \frac{[VV]}{n} + \delta^2$$

又有

$$\delta = L - X = \frac{[l]}{n} - X = \frac{[l-X]}{n} = \frac{[\Delta]}{n}$$

所以　$\delta^2 = \frac{[\Delta]^2}{n^2} = \frac{[\Delta_1 + \Delta_2 + \cdots]^2}{n^2} = \frac{1}{n^2}\{(\Delta_1^2 + \Delta_2^2 + \cdots) + 2\Delta_1\Delta_2 + 2\Delta_1\Delta_3 + \cdots\}$

$$= \frac{[\Delta\Delta]}{n^2} + \frac{2}{n^2}(\Delta_1\Delta_2 + \Delta_1\Delta_3 + \cdots) \approx \frac{[\Delta\Delta]}{n^2}$$

所以　$\frac{[\Delta\Delta]}{n} = \frac{[VV]}{n} + \frac{[\Delta\Delta]}{n^2} \Rightarrow n[\Delta\Delta] = n[VV] + [\Delta\Delta] \Rightarrow (n-1)[\Delta\Delta] = n[VV]$

得

$$m = \pm\sqrt{\frac{[\Delta\Delta]}{n}} = \pm\sqrt{\frac{[VV]}{n-1}} \tag{5-4}$$

式（5-4）即是用观测值的改正数来计算观测值的中误差，称为白赛尔公式。

### 5.2.2　允许误差

偶然误差的有界性说明在一定的观测条件下，偶然误差的绝对值不会超过一定的限值。前述偶然误差的分布规律已说明偶然误差服从数学期望为零的正态分布，根据正态分布的概率计算可知误差值大于 1 倍中误差出现的可能性约为 32%，大于 2 倍中误差的可能性约为 5%，大于 3 倍中误差的可能性为 3‰。实际测量工作中常取 2~3 倍中误差作为误差的限值，即

$$f_{容} = (2 \sim 3)m \tag{5-5}$$

在测量规范中，依据控制网等级、采用的测量仪器，对观测值的误差规定了相应的限值，其依据就是容许误差。当测量值超限，要进行检查，甚至于重测。

### 5.2.3　相对误差

对于评定观测值的精度，完全利用中误差还不能很好反映测量的精度。比如测量两段距离，一段长 1000m，一段长 1500m，若距离中误差都为 ±8mm，显然这不能判定两距离测量的精度一致。为此，利用中误差与观测值的比值来判定距离测量的精度，即用 $|m|/L$ 的来判定，称此比值为相对中误差，并把结果表示成 $1/N$ 的形式，分母越大，相

对精度越高。如上述:

$$\frac{|m_1|}{L_1}=\frac{1}{125000}, \quad \frac{|m_2|}{L_2}=\frac{1}{187500}$$

显然后者的精度高于前者。

衡量距离测量的精度就用相对误差这一指标,如《工程测量标准》(GB 50026—2020)规定四等导线测距相对中误差应"≤1/80000",这就是相对误差的使用。

# 5.3 误差传播定律

实际工程建设中,有些量是无法直接测定的。比如利用全站仪测定地面上一点的坐标,架设全站仪点的坐标误差以及测量的方位角、斜距、竖直角等含有的误差对所测量点位的坐标值均有影响。阐述直接观测值的误差对以直接观测值为变量的函数的误差的影响关系的定律称为误差传播定律。

### 5.3.1 线性函数的中误差

#### 5.3.1.1 倍函数

设函数:

$$y=kx \tag{5-6}$$

式中 $k$——常数;

$x$——直接观测值;

$y$——函数值。

$\Delta x$、$\Delta y$ 分别为 $x$、$y$ 的真误差,则

$$y+\Delta y=k(x+\Delta x) \tag{5-7}$$

则由上两式可得

$$\Delta y=k\Delta x$$

这就是函数的真误差与观测值的真误差之间的关系。

假设观测了 $n$ 次,则有 $n$ 个上面的式子:

$$\Delta y_1=k\Delta x_1 \quad \Delta y_2=k\Delta x_2 \quad \cdots \quad \Delta y_n=k\Delta x_n$$

将等式两边平方,得

$$\Delta^2 y_1=k^2\Delta^2 x_1 \quad \Delta^2 y_2=k^2\Delta^2 x_2 \quad \cdots \quad \Delta^2 y_n=k^2\Delta^2 x_n$$

对各式求和,并除以 $n$,得

$$\frac{[\Delta y\Delta y]}{n}=k^2\frac{[\Delta x\Delta x]}{n}$$

由中误差的定义可知:

$$m_y^2=\frac{[\Delta y\Delta y]}{n}, \quad m_x^2=\frac{[\Delta x\Delta x]}{n}$$

得

$$m_y=km_x \tag{5-8}$$

【例 5-1】 在 1:5000 地形图上,量得 $A$、$B$ 两点间图上距离为 115.6mm,精度为

$\pm0.1$mm，求 $A$、$B$ 两点的实地距离及中误差。

**解：** $M$ 为比例尺分母，$A$、$B$ 两点的实地距离为：

$$D=M \cdot d=5000\times115.6\text{mm}=578.0\text{m}$$

中误差为

$$m_D=M \cdot m_s=\pm0.1\text{mm}\times5000=\pm0.5\text{m}$$

#### 5.3.1.2 和差函数

设有函数：

$$y=x_1\pm x_2\pm\cdots\pm x_n$$

设观测值 $x_i$、函数值 $y$ 的真误差为 $\Delta x_i$、$\Delta y$，可得

$$\Delta y=\Delta x_1\pm\Delta x_2\pm\cdots\pm\Delta x_n$$

设对 $x_i$ 进行了 $n$ 次观测，则有

$$\Delta y_i=\Delta x_{1,i}\pm\Delta x_{2,i}\pm\cdots\pm\Delta x_{n,i}\quad(i=1,2,\cdots,n)$$

将 $n$ 个式子分别平方、求和、除以 $n$，得

$$\frac{[\Delta y\Delta y]}{n}=\frac{[\Delta x_1\Delta x_1]}{n}+\frac{[\Delta x_2\Delta x_2]}{n}+\cdots+\frac{[\Delta x_n\Delta x_n]}{n}\pm2\frac{[\Delta x_i\Delta x_j]}{n}\quad(i,j=1,2,\cdots,n)$$

由误差的特性可知当观测次数 $n$ 无限增多，上式中最后一项趋近于零，由中误差的定义可知：

$$m_y^2=\frac{[\Delta y\Delta y]}{n},\ m_{x_i}^2=\frac{[\Delta x_i\Delta x_i]}{n}$$

得

$$m_y=\pm\sqrt{m_{x_1}^2+m_{x_2}^2+\cdots+m_{x_n}^2} \tag{5-9}$$

#### 5.3.1.3 线性函数

设有线性函数：

$$y=k_1x_1\pm k_2x_2\pm\cdots\pm k_nx_n$$

由前述推导的倍函数及和差函数的中误差计算式，可直接得出线性函数的中误差：

$$m_y=\pm\sqrt{k_1^2m_{x_1}^2+k_2^2m_{x_2}^2+\cdots+k_n^2m_{x_n}^2} \tag{5-10}$$

### 5.3.2 非线性函数的中误差

设有非线性函数：

$$y=F(x_1,x_2,\cdots,x_n) \tag{5-11}$$

式中　$x_1$、$x_2$、$\cdots$、$x_n$——相互独立的直接观测值，对应的中误差分别为 $m_1$、$m_2$、$\cdots$、$m_n$。

对式 (5-11) 进行全微分，可得

$$\mathrm{d}y=\frac{\partial F}{\partial x_1}\mathrm{d}x_1+\frac{\partial F}{\partial x_2}\mathrm{d}x_2+\cdots+\frac{\partial F}{\partial x_n}\mathrm{d}x_n \tag{5-12}$$

式 (5-12) 中 $\mathrm{d}y$、$\mathrm{d}x_i$ 分别为函数及各观测值的真误差 $\Delta y$、$\Delta x_i$；对各观测值的偏导数 $\frac{\partial F}{\partial x_i}$，以各观测值代入计算得到的数值是常数，因此式 (5-12) 实质就是一个线性函数，参照式 (5-10)，可直接得非线性函数中误差的计算式：

$$m_y = \pm \sqrt{\left(\frac{\partial F}{\partial x_1}\right)^2 m_{x_1}^2 + \left(\frac{\partial F}{\partial x_2}\right)^2 m_{x_2}^2 + \cdots + \left(\frac{\partial F}{\partial x_2}\right)^2 m_{x_n}^2} \qquad (5-13)$$

式（5-13）就是误差传播定律的一般形式，前述倍函数、和差函数、线性函数的中误差计算式是式（5-13）的特例。

**【例 5-2】** 已知地面上一点 $A$，假设其坐标无误差。在 $A$ 点架设全站仪测量 $B$ 点坐标，测得 $AB$ 水平距离及其精度为 $D = (200.000 \pm 0.005)$m，$A$ 到 $B$ 的方位角及其精度为 $\alpha = 45°15'20'' \pm 10''$，求测得 $B$ 点的点位中误差。

**解**：$B$ 点坐标为

$$x_B = x_A + \Delta x_{AB} = x_A + D\cos\alpha$$
$$y_B = y_A + \Delta y_{AB} = y_A + D\sin\alpha$$

由误差传播定律公式得

$$m_x^2 = \cos^2\alpha\, m_D^2 + (-D\sin\alpha)^2 \left(\frac{m_\alpha}{\rho''}\right)^2$$

$$m_y^2 = \sin^2\alpha\, m_D^2 + (D\cos\alpha)^2 \left(\frac{m_\alpha}{\rho''}\right)^2$$

$B$ 点的点位中误差 $m_B$：

$$m_B^2 = m_x^2 + m_y^2 = \cos^2\alpha\, m_D^2 + (-D\sin\alpha)^2 \left(\frac{m_\alpha}{\rho''}\right)^2 + \sin^2\alpha\, m_D^2 + (D\cos\alpha)^2 \left(\frac{m_\alpha}{\rho''}\right)^2$$

$$= m_D^2 + D^2 \left(\frac{m_\alpha}{\rho''}\right)^2$$

将已知数据 $m_D = \pm 0.005$m，$m_\alpha = \pm 10''$，$\rho'' = 206265''$，$D = 200.000$m 代入上式，可得

$$m_B = \pm \sqrt{m_D^2 + D^2 \left(\frac{m_\alpha}{\rho''}\right)^2} = \pm \sqrt{0.005^2 + 200.000^2 \left(\frac{10}{206265}\right)^2}$$

$$= \pm 11.0\text{mm}$$

### 5.3.3 水准测量精度分析

#### 5.3.3.1 一个读数的中误差

影响水准尺上读数精度的因素有水准仪整平误差、瞄准误差、读数误差。

（1）水准仪整平误差。水准仪提供的视线水平精度，取决于水准管精度。一般而言水准管整平精度为 $0.1\tau'' \sim 0.2\tau''$，取 $0.15\tau''$，对距离水准仪 $S$ 远处的水准尺上读数的影响值为

$$m_1 = \pm \frac{0.15\tau''S}{\rho''} \qquad (5-14a)$$

（2）瞄准误差。人的肉眼分辨力一般为 $1'$，考虑水准仪望远镜的放大倍数 $v$，则瞄准精度为 $\frac{1'}{2v} = \frac{30''}{v}$，其对距离水准仪 $S$ 远处的水准尺上读数的影响值为

$$m_2 = \pm \frac{30''S}{v\rho''} \qquad (5-14b)$$

（3）读数误差。读数误差的大小与水准尺的分划值、水准仪到水准尺的距离有关。经

实验认为在水准测量的通常距离（70～100m）、水准尺为 1cm 分划值时，读数误差为

$$m_3 = \pm 1.4\text{mm} \tag{5-14c}$$

一般水准测量的水准管 $\tau'' = 20''$、要求 $S$ 不得大于 100m。若望远镜放大倍数为 25，则在水准尺上一个读数的中误差为

$$m_读 = \pm\sqrt{m_1^2 + m_2^2 + m_3^2} = \pm\sqrt{\left(0.15^2\tau''^2 + \frac{30^2}{v^2}\right)\frac{S^2}{\rho''^2} + 1.4^2}$$

$$= \pm\sqrt{\left(0.15^2 \times 20^2 + \frac{30^2}{25^2}\right)\frac{100000^2}{206265^2} + 1.4^2}$$

$$= \pm 2.1\text{mm}$$

### 5.3.3.2　一站高差的中误差

两点间高差可用一站上测得黑面或红面的后视读数减去前视读数，依据误差传播定律，一个测站黑面或红面的高差中误差为

$$m_{黑、红} = \sqrt{2}\, m_读 = \pm 2.1 \times \sqrt{2} = \pm 3.0\text{mm}$$

工程测量常进行的四等水准测量中，要求进行红黑面读数求得红黑面高差，取平均值，则其中误差为

$$m_h = \frac{m_{黑、红}}{\sqrt{2}} = \pm 2.1\text{mm}$$

### 5.3.3.3　水准路线的高差中误差及允许误差

在地势起伏不大的地区，每千米测站数相仿。《工程测量标准》（GB 50026—2020）中规定四等水准的视线长度不得超过 100m，因此每千米四等水准路线，设 16 测站是完全可以完成的，则每千米水准路线的高差的中误差为

$$m_{km} = m_h\sqrt{n} = \pm 2.1\sqrt{16} = \pm 8.4\text{mm}$$

每千米水准路线的高差中误差的允许值为

$$m_{km允} = 2m_{km} = \pm 8.4 \times 2\text{mm} = \pm 16.8\text{mm}$$

规范取定为 $\pm 20\text{mm}$，则相应 $L\text{km}$ 水准路线的高差中误差的允许值为

$$m_{h允} = \pm 20\sqrt{L}\quad\text{mm}$$

工程测量三、四等水准测量相应的技术要求见表 2-2，表中相应的对各较差、闭合差限值的规定，依据就是误差传播定律。

### 5.3.4　角度测量精度分析

#### 5.3.4.1　水平角的中误差及允许误差

用准确度等级为 Ⅳ 的全站仪观测水平角，由《全站型电子速测仪检定规程》（JJG 100—2003）对全站仪精度等级含义可知其一个方向的一测回中误差为 $\pm 6''$，则一个方向的半测回中误差为

$$m_方 = \pm 6'' \times \sqrt{2} = \pm 8.5''$$

由于半测回角度值为半测回观测中所观测两个方向的方向值之差，所以半测回角度值的中误差为

$$m_{\beta\text{半}}=\sqrt{2}\,m_{\text{方}}=\pm 8.5''\times\sqrt{2}=\pm 12''$$

上、下半测回角度差值 $\Delta\beta$ 的中误差为

$$m_{\Delta\beta}=\sqrt{2}\,m_{\beta\text{半}}=\pm 12''\times\sqrt{2}=\pm 17''$$

则上、下半测回角度差值 $\Delta\beta$ 的允许值为

$$m_{\Delta\beta\text{允}}=2m_{\Delta\beta}=\pm 17''\times 2=\pm 34''$$

一个水平角观测是上、下半测回测角值的平均值，因此一测回测角中误差为

$$m_{\beta}=\frac{m_{\beta\text{半}}}{\sqrt{2}}=\frac{\pm 12''}{\sqrt{2}}=\pm 8.5''$$

当采用全圆观测法观测水平角时，则测回间的同方向的角度差值的中误差为

$$m_{\text{测回间}}=\sqrt{2}\,m_{\beta}=\pm 8.5''\times\sqrt{2}=\pm 12''$$

同方向测回间角度差值的允许值为

$$m_{\text{测回允}}=2m_{\text{测回间}}=\pm 12''\times 2=\pm 24''$$

#### 5.3.4.2 菲列罗公式

一般情况下测量的水平角，无法知道其真值。如果对一个三角形三个内角都进行测量，由于各角度存在误差，而产生三角形闭合差。因为三角形三个内角和的理论值为 $180°$，因此三角形闭合差就是三角形三个内角和的真误差，所以可以通过三角形闭合差来计算测角中误差。

若等精度观测了 $n$ 个三角形的内角 $a_i$、$b_i$、$c_i$，设其角度中误差均为 $m_{\beta}$，三角形闭合差为 $f_i$，即

$$f_i=a_i+b_i+c_i-180°\quad(i=1,2,\cdots,n)$$

由误差传播定律可知

$$m_f=\sqrt{3}\,m_{\beta}，\quad 则\ m_{\beta}=\frac{m_f}{\sqrt{3}}$$

按照中误差的定义，三角形闭合差的中误差为

$$m_f=\pm\sqrt{\frac{[\Delta\Delta]}{n}}=\pm\sqrt{\frac{[ff]}{n}}$$

可得测角中误差为

$$m_{\beta}=\pm\sqrt{\frac{[ff]}{3n}}\tag{5-15}$$

此公式为菲列罗公式，是用三角形闭合差计算测角中误差。

# 5.4 同精度观测

## 5.4.1 同精度观测值的最或是值

设在相同的观测条件下对真值为 $X$ 的对象进行了系列观测，各次观测值为 $l_i$，对应的真误差为 $\Delta_i$，有

$$\Delta_1 = l_1 - X \quad \Delta_2 = l_2 - X \quad \cdots \quad \Delta_n = l_n - X$$

等式两边相加并除以 $n$，可得

$$\frac{[\Delta]}{n} = \frac{[l]}{n} - X \tag{5-16}$$

设 $L$ 为观测值的算术平均值：

$$L = \frac{[l]}{n} = \frac{l_1 + l_2 + \cdots + l_n}{n} \tag{5-17}$$

$\delta$ 为观测值真误差的平均值，则式（5-16）可写为

$$\delta = L - X$$

依据偶然误差的特性，有

$$\lim_{n \to \infty} \frac{[\Delta]}{n} = 0$$

亦即

$$\lim_{n \to \infty} L = X$$

上式说明，在理论上当观测次数无限增加时，观测值的平均值无限接近于真值，但在实际工作中不可能进行无限次的观测，因此实际测量工作中观测值的平均值只能说是很接近真值，在工程上的使用，观测值的平均值是真值的最可靠代替，因此观测值的平均值又称为观测对象的最或是值。

### 5.4.2 最或是值的中误差

前面已讲述最或是值很接近真值，是真值的最可靠代替，但通常的观测值是难以知道其真值大小的，因此最或是值与真值到底相差多少，难以确定。

前面讲述的白赛尔公式，是用观测值的改正数 $V_i$ 来计算观测值 $l_i$ 的中误差 $m$。这里同样可以利用误差传播定律，用观测值的改正数 $V_i$ 来求最或是值的中误差 $M$。

由白赛尔公式及最或是值的计算式、误差传播定律，得最或是值的中误差：

$$M = \frac{m}{\sqrt{n}} = \pm \sqrt{\frac{[VV]}{n(n-1)}} \tag{5-18}$$

由式（5-18）可见，理论上增加观测次数，最或是值的精度可得到提高。假设一次观测的精度为 1，绘制以横坐标为观测次数 $n$、纵坐标为对应观测次数情况下的最或是值精度的关系，见图 5-2。由图可见，随观测次数增加，最或是值的精度提高，但当观测次数已经达到 8～10 次，再增加观测次数，最或是值的精度提高比较缓慢。因此一味靠增加测量次数来提高测量结果的精度是不可行的，此时可以考虑采用更高精度的测量仪器和相应的观测方法。

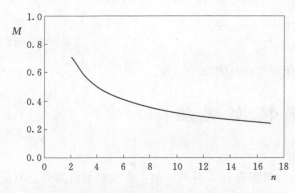

图 5-2 最或是值精度与观测次数的关系图

【例 5-3】 对某角度等精度观测了 6 次，计算观测值的中误差及最或是

值及其中误差。

计算过程及结果见表 5 - 2。

表 5 - 2　　　　　　　　最或是值及其中误差计算表

| 序　号 | 观测值 $\beta_i$ | $V$ /(″) | $VV$ /(″) | 计 算 过 程 |
|---|---|---|---|---|
| 1 | 25°23′20″ | −2 | 4 | |
| 2 | 25°23′17″ | +1 | 1 | $\beta=\dfrac{\sum\beta_i}{6}=25°23′18″$ |
| 3 | 25°23′18″ | 0 | 0 | |
| 4 | 25°23′20″ | −2 | 4 | $m=\pm\sqrt{\dfrac{[VV]}{n-1}}=\pm\sqrt{\dfrac{14}{6-1}}=\pm1.7″$ |
| 5 | 25°23′16″ | +2 | 4 | $M=\dfrac{m}{\sqrt{n}}=\pm\dfrac{1.7″}{\sqrt{6}}=\pm0.7″$ |
| 6 | 25°23′17″ | +1 | 1 | 结果为 $\beta=25°23′18″\pm0.7″$ |
| Σ | $\beta=25°23′18″$ | $[V]=0$ | $[VV]=14$ | |

# 5.5  不 同 精 度 观 测

对某一未知量进行等精度观测，可按式（5 - 17）计算观测对象的最或是值，但实际测量工作中，很多情况下是在非等精度条件下进行了 $n$ 次观测，各次观测值的可靠程度不一致。如图 5 - 3 所示，有 $A$、$B$、$C$ 三个已知水准点，分别沿不同水准路线测得未知点 $D$ 的高程。三条水准路线长度不一样，其高差精度也就不同，测得 $D$ 点的高程精度也就不同，这时对各条路线算得的 $D$ 点高程不可再等同对待，必须考虑各条路线测得的 $D$ 点高程的相对可靠程度。

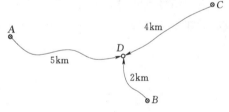

图 5 - 3　一个节点的水准网

## 5.5.1　权

在测量误差理论中，某一观测值的精度越高，其中误差越小，越相对可靠，测量上把这个相对可靠程度称为观测值的权，对权的计算为取定一个任意正数与观测值中误差平方的比值，用 $P$ 表示，即

$$P=\frac{C}{m^2} \tag{5 - 19}$$

式中　$C$——任意正数。

由权的定义可知其有如下特性：

（1）权始终是一个正值。

（2）权越大，表示观测值越可靠，精度越高。

（3）权具有相对的特性，对单独一个观测值无意义。

（4）任意正数 $C$ 的取值不影响观测值的相对可靠程度。

如有两观测值，精度分别为 $m_1$、$m_2$，则两观测值的权之比为

$$P_1 : P_2 = \frac{C}{m_1^2} : \frac{C}{m_2^2} = m_2^2 : m_1^2$$

权等于 1 的中误差称为单位权中误差，一般用 $m_0$ 来表示。式（5-19）中 $C$ 是取定的任意正数，对其取值并没有硬性的规定，按照方便计算的原则取定即可。

实际测量中，水准测量一般按照水准路线的长度或测站数来定权，各观测值权计算式为

$$P_1 = \frac{C}{L_1} \quad P_2 = \frac{C}{L_2} \quad \cdots \quad P_n = \frac{C}{L_n}$$

或

$$P_1 = \frac{C}{N_1} \quad P_2 = \frac{C}{N_2} \quad \cdots \quad P_n = \frac{C}{N_n}$$

式中　$L_1$、$N_1$——路线的长度或测站数。

角度测量一般按照测回数来定权，可取一测回的权为 1，各观测值的权就等于其测回数，即

$$P_1 = n_1, \ P_2 = n_2, \ \cdots, \ P_n = n_3$$

式中　$n_i$——某一次观测的测回数。

### 5.5.2　不同精度观测的最或是值

不同精度观测时，各观测值具有不同的可靠程度，采用加权平均值的办法来计算观测值的最或是值，即

$$L = \frac{P_1 l_1 + P_2 l_2 + \cdots + P_n l_n}{P_1 + P_2 + \cdots + P_n} = \frac{[Pl]}{[P]} \tag{5-20}$$

式中　$P_1$——各观测值的权；

　　　　$l_1$——各观测值；

　　　　$L$——各观测值的加权平均值。

### 5.5.3　不同精度观测的中误差

式（5-20）计算得到了观测值的最或是值，相应就得到了观测值的改正数，就可以用式（5-4）类似得出单位权中误差的计算式：

$$m_0 = \pm \sqrt{\frac{[PVV]}{n-1}} \tag{5-21}$$

不同精度观测值的最或是值的中误差为

$$M_L = \frac{m_0}{\sqrt{[P]}} \tag{5-22}$$

【例 5-4】　对某一水平角，观测了 3 次，每次观测测回数不同，但每次的每测回是同精度观测，各次的观测值及观测测回数见表 5-3，求该水平角的最或是值及相应中误差。

| 次　数 | 观测值 $l_i$ | 测回数 | 权 $P$ | $V$ | $PV$ | $PVV$ |
|---|---|---|---|---|---|---|
| 1 | 58°36′36″ | 3 | 3 | $+4''$ | $+12$ | 48 |
| 2 | 58°36′41″ | 6 | 6 | $-1''$ | $-6$ | 6 |
| 3 | 58°36′43″ | 2 | 2 | $-3''$ | $-6$ | 18 |
| | $\beta=58°36′40''$ | | $[P]=11$ | | $[PV]=0$ | $[PVV]=72$ |

表 5 - 3　　　　　　　　不同精度观测最或是值及中误差计算

$$\beta=58°36′36''+\frac{3\times0''+6\times5''+2\times7''}{11}=58°36′40''$$

$$m_0=\pm\sqrt{\frac{[PVV]}{n-1}}=\pm\sqrt{\frac{72}{3-1}}=\pm6''$$

$$M_L=\frac{m_0}{\sqrt{[P]}}=\frac{\pm6}{\sqrt{11}}=\pm1.8''$$

观测值的最终结果为：$58°36′40''\pm1.8''$。

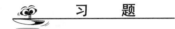 习　题

1. 偶然误差与系统误差有什么不同？偶然误差有哪些特性？

2. 某全站仪经过鉴定，其测量水平角，一测回的角度中误差 $m_\beta=\pm4''$，欲用此全站仪施测三等导线（测角精度需达 $\pm1.8''$），问水平角需要测量几测回？

3. 若有一条四等闭合导线（测角精度需达 $\pm2.5''$），水平角个数为 8，规定限差为中误差的 2 倍，则该闭合导线的角度闭合差允许值为多少？

4. 对某一水平角独立进行了三次观测，结果分别为 $158°06′36''\pm2.8''$、$158°06′37''\pm2.0''$、$158°06′37''\pm2.5''$，求其角度值及其中误差。

5. 如图 5 - 4 所示，$A$、$B$、$C$ 三点在一条直线上，通过测定 $AB$、$BC$ 距离 $S_1$、$S_2$ 来得到 $AC$ 的距离 $S_0$，即 $S_0=S_1+S_2$，测得 $AB$ 段距离为 1200m，精度为 1：8 万；$BC$ 段距离 2000m，精度为 1：10 万，求 $AC$ 段距离的精度。

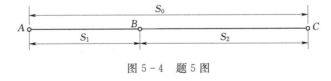

图 5 - 4　题 5 图

6. 某矩形场地，量得长度 $a=187.359\text{m}\pm0.008\text{m}$,宽度 $b=92.300\text{m}\pm0.006\text{m}$,计算该场地的面积 $S$ 及面积中误差 $m_S$。

7. 水准测量中，设每站高差的中误差为 $\pm5\text{mm}$，若 1km 设 16 个测站，则 1km 水准路线的高差中误差是多少？若水准路线长为 4km，则其高差中误差是多少？

8. 如图 5 - 5 所示，$A$、$B$、$C$ 为已知水准点，$Q$ 为未知点，现分别从已知点出发向未知点进行水准测量，各已知点高程值、各段路线的长度及路线的观测高差列入表中。求未知点 $Q$ 的高程及其中误差。

| 路 线 | 起始点 | 路线长<br>/km | 起始点高程<br>/m | 路线观测高差<br>/m |
|---|---|---|---|---|
| $L_1$ | $A$ | 4.0 | 518.264 | −8.009 |
| $L_2$ | $B$ | 5.2 | 500.268 | 9.994 |
| $L_3$ | $C$ | 3.8 | 517.251 | −6.982 |

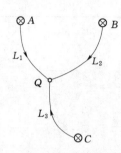

图 5−5 题 8 图

# 第6章 控 制 测 量

测量工作必须遵循的原则之一"先整体，后局部；先控制，后碎部；从高级，到低级"中的控制，就是本章要讲述的控制测量，即测量工作中为避免误差积累，保证必要的精度，在测区内适宜地点选择若干控制点并组成一定的几何图形，采用高精度的仪器及相应的测量方法对控制点进行测量，以确定其三维坐标（$X$，$Y$，$H$）。控制测量工作贯穿一项工程的全过程，在勘察阶段的大比例尺地形图测绘、施工阶段的放样、工程运营阶段的变形监测，都要进行相应的控制测量。

## 6.1 概　　述

控制测量分确定控制点平面坐标（$X$，$Y$）的平面控制测量和确定其点位高程（$H$）的高程控制测量。根据控制网布设的范围，可分为国家控制网、城市控制网、小区域控制网和图根控制网。

### 6.1.1　平面控制网

平面控制网的建立，可采用卫星定位测量、导线测量、三角形网测量等方法。《工程测量规范》（GB 50026—2007）规定了平面控制网精度等级的划分，卫星定位测量控制网依次为二、三、四等和一、二级，导线及导线网依次为三、四等和一、二、三级；三角形网依次为二、三、四等和一、二级。

平面控制网的主要形式有导线及导线网、卫星定位测量控制网、三角形网等。传统上平面控制网是采用三角锁的形式建立，在全国范围内沿经纬线方向布设一等锁，作为平面控制骨干，再在一等锁内布设二等控制网，作为全面控制的基础，最后在二等网基础上加密布设三、四等控制网，满足工程建设的需要。相邻控制点构成三角形的网或锁形，称为三角网，依据测量的元素不同，有测角网、测边网、边角网三种形式。观测三角形所有内角的三角网，称为测角网；观测所有三角形的边长、不测角，这样的三角网称为测边网；观测三角形的全部边和内角，或边和内角的一部分，这样的三角网称为边角网。纯粹的测角网、测边网已极少使用，现在已对各种形式的三角网不再严格区分，通称为三角形网。

随着卫星定位技术的成熟，卫星定位技术日益普及，在各级控制网的建立中，采用卫星定位技术进行控制网建网的比重越来越大。由于采用三角形网或卫星定位技术建立平面控制网需要满足一定的通视或卫星高度角条件，因此其在城市、山区的使用受到限制，这种情况下通常采用导线及导线网的形式。

在面积不大于 $15km^2$ 的工程建设区域内建立的控制网，称为小区域控制网。在小区域控制网内,可不考虑地球曲率对水平距离的影响,用水平面代替水准面。小区域控制网应尽量与国家或城市控制网相联系,构建统一的控制坐标系,但当测区距离国家控制点比较远,联测困难时,也可以建立独立的控制网。

### 6.1.2 高程控制网

全国范围内建立的高程控制网,是从位于青岛的国家水准原点出发,按照二、三、四、五等分级布设,逐级控制,逐级加密。各等级的高程控制测量宜采用水准测量;在地势起伏较大的山区、丘陵区,常采用三角高程测量的办法来代替四等水准测量,实践证明从测量精度方面来看是完全可以得到保证的,而且效率更高;五等高程控制网可采用GPS 技术结合水准测量进行高程拟合。

### 6.1.3 建立控制网的步骤

控制测量的主要步骤有技术设计、选点、埋石(造标)、外业观测、内业平差计算。

(1)技术设计。技术设计要事先收集测区内已有的地形图、高级控制点位置及数据等资料,先在图上进行点位选定,组建成一定的网形或路线,根据工程建设对控制网的等级、精度要求,拟定外业测量仪器和测量方案。

(2)选点。依据技术设计初步在图上选定控制点位置,到实地从通视条件、点位的地质和地形条件、点位是否能长期保存、是否便于观测及后期使用、控制点与相邻前后控制点间距离相差是否太大等方面实地最终确定点位;并检查已有控制点的标石埋设是否完好,是否满足使用条件。这里需要注意的是采用卫星定位技术来进行布设控制网,虽然其在控制点布设、观测过程中不要求点与点之间相互通视,但必须考虑后期使用中采用全站仪等仪器对通视的要求,对将来要使用的控制点,要保证至少相邻三个点要能相互通视,方便在使用时对点位进行检核,避免控制网中出现无法通视的孤点存在。

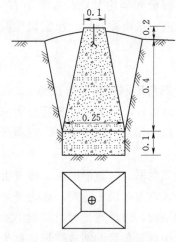

图 6-1 标石埋设(单位:m)

(3)埋石(造标)。现场确定了控制点的位置后,要立即进行埋设标石工作,以将点位在地面上固定下来。埋设标石的类型很多,图 6-1 是一般工程建设中常见的标石埋设方法。标石埋设完后,为便于以后寻找,还要绘制点之记。对于等级高的控制网,点间距离较大,点之间容易受地形起伏及树林等遮挡而不通视,采用传统的三角网技术进行建网的还要在埋设的标石位置处建造觇标,作为观测瞄准的标志,不过现在利用卫星定位技术进行控制网测量已经非常普遍,基本上不再需要建造觇标。

(4)外业观测。建立控制网的方法不同,外业观测的内容亦不同。对平面控制网主要观测水平角、竖直角和斜距,高程控制网主要进行水准测量,如果进行三角高程测量,观测内容主要为竖直角和斜距。外业测距、测角的操作规程按照相应的规范进行,如《精密工程测量规范》(GB/T 15314—94)、《中、短程光电测距规范》(GB/T 16818—1997)、《工程测量标准》(GB 50026—2020)、《水利水电工程施工测量规范》(SL 52—93)等。

（5）内业平差计算。对观测成果进行平差之前，必须对外业观测数据进行全面检查，包括观测测回数、数据记录、数据计算中的数字处理、测量路线等，然后进行平差。平差工作一般通过专业软件进行。

# 6.2 导 线 测 量

随着光电测距技术的广泛应用，在城市建设、水电开发、地下隧洞工程、地下矿产开采等领域，由于建筑物较多、树林密集、空间狭窄，导线测量起着其他方法不能替代的作用。

导线是由若干控制点及相邻控制点间的线段连接而成的多段折线，每条线段称为导线边，线段两端的控制点称为导线点。用全站仪进行导线外业测量时，水平角直接测定；水平距离通过测定斜距和竖直角换算而得；在通过导线测量确定点平面位置的过程中，还进行三角高程测量，以获得相邻导线点间的高差。

## 6.2.1 导线的形式

根据导线中已知点、未知点具体不同的情况，导线可以布置成支导线、闭合导线、附合导线、导线网等形式，如图 6-2 所示，图中符号"△"表示该点坐标已知，双线边表示该边的方位角已知，小圆圈符号"○"表示该点是未知导线点，已知边和未知边间的夹角称为连接角，未知边和未知边间的夹角称为转折角。

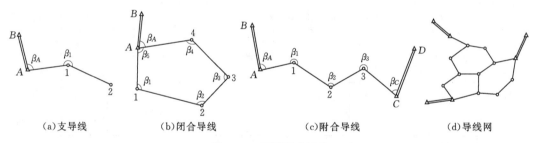

| (a)支导线 | (b)闭合导线 | (c)附合导线 | (d)导线网 |

图 6-2 不同形式导线

1. 支导线

如图 6-2（a）所示，从一条已知边和一个已知点出发，向外布设若干导线点，形成若干条导线边，但最终不与其他已知点或已知边相联测，也不回到出发的已知点。这种导线由于没有检核条件，难以发现测量中的错误，因此使用较少，一般用于地形图的图根控制，以及隧洞开挖过程中的控制点引测。测量内容包括连接角、转折角、导线边。

2. 闭合导线

如图 6-2（b）所示，从一条已知边和一个已知点出发，向外布设若干导线点，形成若干条导线边，最后回到出发的已知点。这种导线的各条导线边组成一个多边形，测量的转折角、各导线边的坐标增量都有检核条件。测量内容包括连接角、转折角、导线边。

**3. 附合导线**

如图 6-2 (c) 所示,从一条已知边和一个已知点出发,向外布设若干导线点,形成若干条导线边,最后回到另一个已知点和另一条已知边上,或者只回到另一个已知点。这种导线测量的连接角、转折角、各导线边的坐标增量都有检核条件。测量内容包括始末已知点上的连接角、转折角、导线边。

**4. 导线网**

如图 6-2 (d) 所示,从多条已知边和多个已知点出发,向外布设若干导线点,形成若干条导线边,最后若干条导线边交汇于一个或多个结点上,构成复杂的导线网。这种导线测量的连接角、转折角、各导线边的坐标增量检核条件较多。测量内容包括各已知点上的连接角、转折角、导线边。

### 6.2.2 导线的外业观测

导线外业测量内容有水平角、竖直角和斜距。各项测量内容的测量方法及限差等按照相应规范进行,表 6-1 是《工程测量标准》(GB 50026—2020) 规定的导线测量主要技术要求。

表 6-1　　　　　　　　　　　　　　　导线测量主要技术要求

| 等级 | 导线长度 /km | 平均边长 /km | 测角中误差 /(") | 测距中误差 /mm | 测距相对中误差 | 测回数 | | | | 方位角闭合差 /(") | 相对闭合差 |
|---|---|---|---|---|---|---|---|---|---|---|---|
| | | | | | | 0.5"级仪器 | 1"级仪器 | 2"级仪器 | 6"级仪器 | | |
| 三等 | 14 | 3 | ±1.8 | ±20 | ≤1/150000 | 4 | 6 | 10 | — | $3.6\sqrt{n}$ | ≤1/55000 |
| 四等 | 9 | 1.5 | ±2.5 | ±18 | ≤1/80000 | 2 | 4 | 6 | — | $5\sqrt{n}$ | ≤1/35000 |
| 一级 | 4 | 0.5 | ±5 | ±15 | ≤1/30000 | — | — | 2 | 4 | $10\sqrt{n}$ | ≤1/15000 |
| 二级 | 2.4 | 0.25 | ±8 | ±15 | ≤1/14000 | — | — | 1 | 3 | $16\sqrt{n}$ | ≤1/10000 |
| 三级 | 1.2 | 0.1 | ±12 | ±15 | ≤1/7000 | — | — | 1 | 2 | $24\sqrt{n}$ | ≤1/5000 |

**注** 1. 表中 $n$ 为测站数。

2. 当测区测图的最大比例尺为 1:1000 时,一、二、三级导线的导线长度、平均边长可放长,但最大长度不应大于表中规定的 2 倍。

《工程测量标准》(GB 50026—2020) 规定导线的水平角宜采用方向观测法,并规定了导线中的水平角方向观测法的技术要求,见表 6-2。

表 6-2　　　　　　　　　　　　　　　　平角观测的技术要求

| 等级 | 仪器精度等级 | 半测回归零差/(") | 测回内 2C 互差/(") | 同方向测回较差/(") |
|---|---|---|---|---|
| 四等及以上 | 1"级仪器 | 6 | 9 | 6 |
| | 2"级仪器 | 8 | 13 | 9 |
| 一级及以下 | 2"级仪器 | 12 | 18 | 12 |
| | 6"级仪器 | 18 | — | 24 |

导线的连接角、转折角有左角、右角的区分。进行导线外业测量时，要确定测量的前进方向。拟测水平角位于前进方向的左侧称为左角，位于前进方向的右侧称为右角，同一个导线点上的左角、右角之和理论上等于360°。《工程测量规范》（GB 50026—2007）规定三、四等导线的水平角观测，当测站只有两个方向时，应该在观测总测回数中以奇数测回的度盘位置观测导线前进方向的左角，以偶数测回的度盘位置观测前进方向的右角。观测右角时，应以左角起始方向为准变换度盘位置，也可以用起始方向的度盘位置加上左角的概值在前进方向配置度盘，并规定一个导线点上的左角平均值、右角平均值之和与理论值360°之差，不得大于相应等级导线测角中误差的2倍。由此可见，导线外业的水平角观测，左角、右角都可能进行，但是在一个工程上的导线观测，每个导线点上水平角的观测结果，应该对左角平均值、右角平均值之和与360°之差的差值进行处理后，统一整理为左角或右角的水平值（多数情况下为左角的角值），不能一些导线点上整理为左角值、一些导线点上整理为右角值，否则将给导线的内业计算带来不必要的麻烦。导线外业观测中，每站要绘制观测草图，以方便内业使用。

### 6.2.3 导线的内业计算

导线测量的内业计算就是利用起算数据（也称已知数据）和观测数据，通过平差计算得到各点的平面坐标（$X$，$Y$）。起算数据就是已知点的坐标及已知方位角，观测数据就是水平角、竖直角和斜距，通过竖直角和斜距得到导线边的水平距离。在进行导线平差计算前，要对起算数据及外业观测数据进行全面检查，看是否有抄错、记录错、计算错等情况，测角、测距是否满足规范的限差要求，然后绘制导线略图，并将相应角度、边长、已知数据标注在图上相应位置。

#### 6.2.3.1 导线内业计算的基本内容

导线内业计算的基本内容包括求各导线边的方位角、各导线边的坐标增量、推求各点的坐标。依据导线的不同形式，还有角度闭合差、水平角改正数、坐标增量闭合差、坐标增量改正数等相关计算内容。

1. 导线边的方位角

依据测量的水平角是左角、右角不同，导线边方位角的计算公式不同。设沿导线前进方向依次有三点 $i-1$、$i$、$i+1$，在测点 $i$ 上测得水平角 $\beta_左$ 或 $\beta_右$，则点 $i$ 到 $i+1$ 的方位角计算公式为

$$\alpha_{i,i+1} = \alpha_{i-1,i} + \beta_左 - 180° \qquad (6-1a)$$

$$\alpha_{i,i+1} = \alpha_{i-1,i} - \beta_右 + 180° \qquad (6-1b)$$

式中　$\alpha_{i-1,i}$——测点 $i$ 后面一条导线边沿前进方向的方位角；

　　　$\alpha_{i,i+1}$——测点 $i$ 前面一条导线边沿前进方向的方位角；

　　　$\beta_左$、$\beta_右$——测点 $i$ 上测得的左角、右角。

野外水平角测量后整理为左角的情况居多，因此式（6-1a）较常使用。方位角的取值范围为0°～360°，因此由上面式子计算得到的方位角若小于0°，则计算结果加上360°；若计算得到的方位角大于360°，则计算结果减去360°。

2. 各导线边的坐标增量

计算得到一条导线边的方位角后，结合野外观测得到的斜距和竖直角计算得到的导线边水平边长，就可以计算该导线边两端点间的坐标增量：

$$\left.\begin{array}{l}\Delta x_{i,i+1}=D_{i,i+1}\cos\alpha_{i,i+1}\\\Delta y_{i,i+1}=D_{i,i+1}\sin\alpha_{i,i+1}\end{array}\right\} \tag{6-2}$$

3. 各点的坐标

利用计算所得各条导线边的坐标增量，从已知点开始，依次计算各点的坐标：

$$\left.\begin{array}{l}X_{i+1}=X_i+\Delta x_{i,i+1}\\Y_{i+1}=Y_i+\Delta y_{i,i+1}\end{array}\right\} \tag{6-3}$$

**6.2.3.2　支导线内业计算的步骤**

支导线内业计算的步骤如下：

（1）求各导线边的方位角，见式（6-1）。

（2）各导线边的坐标增量，见式（6-2）。

（3）推求各点的坐标，见式（6-3）。

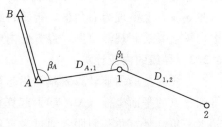

图 6-3　支导线计算略图

【例 6-1】　有支导线如图 6-3 所示，观测角度及导线边长均用符号标注于对应位置，计算各未知点坐标。计算过程见表 6-3。

表 6-3　　　　　　　　　　　支 导 线 计 算 表

| 点 名 | 观测角 /(° ′ ″) | 方位角 /(° ′ ″) | 边长 D /m | 坐标增量/m | | 坐 标/m | |
|---|---|---|---|---|---|---|---|
| | | | | $\Delta X$ | $\Delta Y$ | $X$ | $Y$ |
| B | | | | | | 446.019 | 1217.300 |
| | | 165　42　15 | | | | | |
| A | 98　05　45 | | | | | 300.567 | 1254.364 |
| | | 83　48　00 | 157.150 | 16.972 | 156.231 | | |
| 1 | 205　15　10 | | | | | 317.539 | 1410.595 |
| | | 109　03　10 | 187.009 | −61.047 | 176.764 | | |
| 2 | | | | | | 256.492 | 1587.359 |

**6.2.3.3　闭合导线内业计算的步骤**

闭合导线内业计算的步骤如下：

（1）求导线边形成的多边形角度闭合差，计算公式为

$$f_\beta=\sum\beta_i-(n-2)\times180° \tag{6-4}$$

式中　$n$——多边形的转折角个数；

　　　$\beta_i$——多边形的各内角。

（2）检验角度闭合差是否满足标准规定的相应等级导线对其限差的要求。

（3）计算转折角改正数，计算公式为

$$V_{\beta} = -\frac{f_{\beta}}{n} \tag{6-5}$$

（4）求改正后的导线点处的转折角，计算公式为

$$\hat{\beta}_i = \beta_i + V_{\beta} \tag{6-6}$$

（5）求各导线边的方位角，见式（6-1）。

（6）求各导线边的坐标增量，见式（6-2）。

（7）求多边形的坐标增量闭合差，计算公式为

$$\left. \begin{array}{l} f_x = \sum \Delta x_{i,i+1} \\ f_y = \sum \Delta y_{i,i+1} \end{array} \right\} \tag{6-7}$$

（8）计算导线全长闭合差，计算公式为

$$f = \sqrt{f_x^2 + f_y^2} \tag{6-8}$$

（9）计算导线全长相对闭合差，评定导线是否符合相应等级导线的精度，符合要求后才能进行后续计算，否则检查计算的数据、计算的过程，甚至进行重测，计算公式为

$$K = \frac{f}{\sum D} = \frac{1}{\sum D/f} \tag{6-9}$$

（10）计算各导线边的坐标增量改正数，计算公式为

$$\left. \begin{array}{l} V_{\Delta x_{i,i+1}} = -\dfrac{f_x}{\sum D} D_{i,i+1} \\ V_{\Delta y_{i,i+1}} = -\dfrac{f_y}{\sum D} D_{i,i+1} \end{array} \right\} \tag{6-10}$$

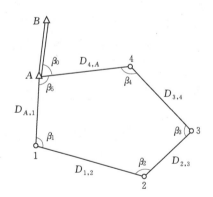

图 6-4 闭合导线计算示意图

（11）计算各导线边改正后的坐标增量，计算公式为

$$\left. \begin{array}{l} \Delta \hat{x}_{i,i+1} = \Delta x_{i,i+1} + V_{\Delta x_{i,i+1}} \\ \Delta \hat{y}_{i,i+1} = \Delta y_{i,i+1} + V_{\Delta y_{i,i+1}} \end{array} \right\} \tag{6-11}$$

（12）采用式（6-11）计算的结果，利用式（6-3）推求各点的坐标。

【例6-2】 有一条一级闭合导线如图6-4所示，观测角度及导线边长均用符号标注于对应位置，计算各未知点坐标。计算过程见表6-4。

表 6 - 4 　　　　　　　　　　　　　　　　　闭 合 导 线 计 算 表

| 点名 | 观测角 /(°′″) | $V_\beta$ /(″) | 方位角 /(°′″) | 边长 D /m | 坐标增量 /m | | 坐标增量 改正数/mm | | 改正后 坐标增量/m | | 坐 标 /m | |
|---|---|---|---|---|---|---|---|---|---|---|---|---|
| | | | | | $\Delta x$ | $\Delta y$ | $V_{\Delta x}$ | $V_{\Delta y}$ | $\Delta\hat{x}_{i,i+1}$ | $\Delta\hat{y}_{i,i+1}$ | $x$ | $y$ |
| B | | | | | | | | | | | 445.542 | 225.369 |
| | | | 191 55 44 | | | | | | | | | |
| A | (71 06 34) 102 07 36 | +3 | | | | | | | | | 291.932 | 192.917 |
| | | | 185 09 57 | 253.180 | −252.152 | −22.796 | 3 | 4 | −252.149 | −22.792 | | |
| 1 | 89 55 20 | +3 | | | | | | | | | 39.783 | 170.125 |
| | | | 95 05 20 | 279.230 | −24.768 | 278.129 | 3 | 4 | −24.765 | 278.133 | | |
| 2 | 131 04 13 | +3 | | | | | | | | | 15.018 | 448.258 |
| | | | 46 09 36 | 200.081 | 138.585 | 144.314 | 2 | 3 | 138.587 | 144.317 | | |
| 3 | 89 23 30 | +3 | | | | | | | | | 153.605 | 592.575 |
| | | | 315 33 09 | 234.080 | 167.108 | −163.916 | 2 | 3 | 167.110 | −163.913 | | |
| 4 | 127 29 06 | +3 | | | | | | | | | 320.715 | 428.662 |
| | | | 263 02 18 | 237.499 | −28.786 | −235.748 | 3 | 4 | −28.783 | −235.745 | | |
| A | | | | | | | | | | | 291.932 | 192.917 |
| Σ | 539 59 45 | | | 1204.070 | −0.013 | −0.017 | 13 | 17 | 0.000 | 0.000 | | |
| 辅助计算 | $f_\beta=-15''$, $f_允=\pm10''\sqrt{5}=\pm22''$, $f_x=-0.013$, $f_y=-0.017$, $f=\sqrt{0.013^2+0.017^2}=0.021$, $K=$ $\dfrac{f}{D}=\dfrac{0.021}{1204.07}=\dfrac{1}{57000}\leqslant\dfrac{1}{15000}$ | | | | | | | | | | | |

#### 6.2.3.4 单定向附合导线内业计算的基本步骤

　　单定向附合导线属于附合导线的一种，如图 6 - 5 所示，导线是从已知边、已知点出发，经过若干未知点，最后只附合到一个已知点，不附合到已知边的一种附合导线。

　　其计算步骤如下：

　　（1）求各导线边的方位角，见式（6 - 1）。

　　（2）各导线边的坐标增量，见式（6 - 2）。

　　（3）求导线的坐标增量闭合差，计算公式为

$$\left.\begin{array}{l} f_x=\sum\Delta x_{i,i+1}-(x_终-x_起)\\ f_y=\sum\Delta y_{i,i+1}-(y_终-y_起) \end{array}\right\} \quad (6-12)$$

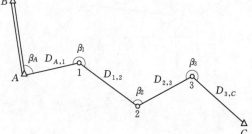

图 6 - 5 单定向附合导线计算示意图

　　（4）计算导线全长闭合差，见式（6 - 8）。

　　（5）计算导线全长相对闭合差，评定导线是否符合相应等级的精度，见式（6 - 9）。

　　（6）计算各导线边的坐标增量改正数，见式（6 - 10）。

　　（7）计算各导线边改正后的坐标增量，见式（6 - 11）。

（8）推求各点的坐标，见式（6-3）。

**【例 6-3】** 有四等单定向附合导线如图 6-5 所示，观测角度及导线边长均用符号标注于对应位置，计算各未知点坐标。计算过程见表 6-5。

表 6-5                          单定向附合导线计算表

| 点名 | 观测角 /(° ′ ″) | 方位角 /(° ′ ″) | 边长 D /m | 坐标增量/m | | 坐标增量改正数/m | | 改正后坐标增量/m | | 坐标/m | |
|---|---|---|---|---|---|---|---|---|---|---|---|
| | | | | $\Delta x$ | $\Delta y$ | $V_{\Delta x}$ | $V_{\Delta y}$ | $\Delta \hat{x}_{i,i+1}$ | $\Delta \hat{y}_{i,i+1}$ | $x$ | $y$ |
| B | | | | | | | | | | 428.806 | 136.845 |
| | | 165 21 51 | | | | | | | | | |
| A | 87 09 24 | | | | | | | | | 259.485 | 181.063 |
| | | 72 31 15 | 143.752 | 43.177 | 137.114 | 0.001 | −0.002 | 43.178 | 137.112 | | |
| 1 | 236 29 40 | | | | | | | | | 302.663 | 318.175 |
| | | 129 00 55 | 198.142 | −124.736 | 153.952 | 0.001 | −0.002 | −124.735 | 153.950 | | |
| 2 | 109 41 58 | | | | | | | | | 177.928 | 472.125 |
| | | 58 42 53 | 180.148 | 93.550 | 153.953 | 0.001 | −0.002 | 93.551 | 153.951 | | |
| 3 | 245 04 50 | | | | | | | | | 271.479 | 626.076 |
| | | 123 47 43 | 211.316 | −117.540 | 175.610 | 0.001 | −0.002 | −117.539 | 175.608 | | |
| C | | | | | | | | | | 153.940 | 801.684 |
| $\Sigma$ | | | 733.358 | −105.549 | 620.629 | 0.004 | −0.008 | −105.545 | 620.621 | | |
| 辅助计算 | $f_x = -105.549 - (153.940 - 259.485) = -0.004,\ f_y = 620.629 - (801.684 - 181.063) = 0.008$ <br> $f = \sqrt{0.004^2 + 0.008^2} = 0.009,\ K = \dfrac{f}{D} = \dfrac{0.009}{733.358} = \dfrac{1}{81000} \leqslant \dfrac{1}{35000}$ | | | | | | | | | | |

### 6.2.3.5 双定向附合导线内业计算的基本步骤

如图 6-6 所示，双定向附合导线是从已知边、已知点出发，经过若干未知点，最后附合到一个已知点和一条已知边。

其计算步骤如下：

（1）用起始边已知方位角和测定的连接角、转折角，计算导线最末已知边的计算方位角，求解出方位角闭合差，判定是否在限差范围。方位角闭合差计算式为

$$f_\beta = \alpha'_{CD} - \alpha_{CD} \qquad (6-13)$$

（2）求角度改正数，见式（6-5）。

（3）求改正后的连接角、转折角，见式（6-6）。

（4）求各导线边的方位角，见式（6-1）。

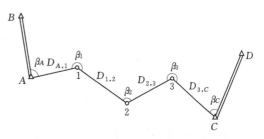

图 6-6  双定向附合导线计算示意图

（5）各导线边的坐标增量，见式（6-2）。

（6）求导线的坐标增量闭合差，见式（6-12）。

（7）计算导线全长闭合差，见式（6-8）。

（8）计算导线全长相对闭合差，评定导线是否符合相应等级的精度，见式（6-9）。

（9）计算各导线边的坐标增量改正数，见式（6-10）。

（10）计算各导线边改正后的坐标增量，见式（6-11）。

（11）推求各点的坐标，见式（6-3）。

**【例 6-4】**　有一条四等双定向附合导线如图 6-6 所示，观测角度及导线边长均用符号标注于对应位置，计算各未知点坐标。计算过程见表 6-6。

表 6-6　　　　　　　　　　　　　双 定 向 导 线 计 算 表

| 点名 | 观测角 /(° ′ ″) | $V_\beta$ /(″) | 改正后观测角 /(° ′ ″) | 方位角 /(° ′ ″) | 边长 D /m | 坐标增量 /m | | 坐标增量改正数 /m | | 改正后坐标增量 /m | | 坐 标 /m | |
|---|---|---|---|---|---|---|---|---|---|---|---|---|---|
| | | | | | | $\Delta x$ | $\Delta y$ | $V_{\Delta x}$ | $V_{\Delta y}$ | $\hat{\Delta x}_{i,i+1}$ | $\hat{\Delta y}_{i,i+1}$ | $x$ | $y$ |
| B | | | | | | | | | | | | 428.806 | 136.845 |
| | | | | 165 21 51 | | | | | | | | | |
| A | 87 09 24 | +2 | 87 09 26 | | | | | | | | | 259.485 | 181.063 |
| | | | | 72 31 17 | 143.752 | 43.176 | 137.115 | 0.004 | −0.001 | 43.180 | 137.114 | | |
| 1 | 236 29 40 | +2 | 236 29 42 | | | | | | | | | 302.665 | 318.177 |
| | | | | 129 00 59 | 198.142 | −124.739 | 153.950 | 0.005 | −0.001 | −124.734 | 153.949 | | |
| 2 | 109 41 58 | +2 | 109 42 00 | | | | | | | | | 177.931 | 472.126 |
| | | | | 58 42 59 | 180.148 | 93.546 | 153.956 | 0.004 | −0.001 | 93.550 | 153.955 | | |
| 3 | 245 04 50 | +2 | 245 04 52 | | | | | | | | | 271.481 | 626.081 |
| | | | | 123 47 51 | 211.316 | −117.546 | 175.605 | 0.005 | −0.002 | −117.541 | 175.603 | | |
| C | 85 00 04 | +2 | 85 00 06 | | | | | | | | | 153.940 | 801.684 |
| | | | | 28 47 57 | | | | | | | | | |
| D | | | | | | | | | | | | 364.255 | 917.302 |
| Σ | | | | | 733.358 | −105.563 | 620.626 | 0.018 | −0.005 | −105.545 | 620.621 | | |
| 辅助计算 | $\alpha'_{CD}=28°47'47''$, $f_\beta=-10''$, $f_{\beta允}=\pm5''\sqrt{5}=\pm11''$, $f_x=-105.563-(153.940-259.485)=-0.018$, $f_y=620.626-(801.684-181.063)=0.005$, $f=\sqrt{0.018^2+0.005^2}=0.019$, $K=\dfrac{f}{D}=\dfrac{0.019}{733.358}=\dfrac{1}{38000}\leqslant\dfrac{1}{35000}$ | | | | | | | | | | | | |

### 6.2.3.6　无定向附合导线内业计算的基本步骤

如图 6-7 所示，无定向附合导线是从已知点出发，经过若干未知点，最后附合到另一已知点。由于这种附合导线没有与已知方位角的边进行联测，无法进行导线边的方位角计算，因此无法直接计算导线边的坐标增量。为解决没有起算方位角的问题，可以假设第一条导线边的方位角为 $0°00'00''$，第一条导线边的真实方位角值与其假设的

角值 $0°00'00''$ 之差就是在假设第一条导线边的方位角为 $0°00'00''$ 的情况下整条导线围绕起点逆时针旋转了该角度。采用支导线的方法计算出终点的坐标，反算出假设第一条导线边的方位角为 $0°00'00''$ 情况下导线起点到终点连线的方位角，求得该方位角与其真实方位角值的差值 $\delta$，即为对各条导线边的假

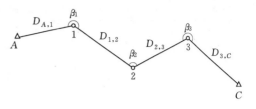

图 6-7　无定向附合导线计算示意图

设方位角进行改正的角度值，对其假设方位角进行改正后，即得各条导线边的真实方位角，后续计算同单定向附合导线。

无定向附合导线的计算步骤如下：

（1）假设第一条导线边方位角为 $0°00'00''$，计算各导线边的假设方位角，见式（6-1）。

（2）求各导线边在假设起始导线边方位角情况下的坐标增量，见式（6-2）。

（3）求导线起始点到终点的假设方位角 $\alpha'_{1,n}$ 及真实方位角 $\alpha_{1,n}$ 及两者的改正数，计算式为

$$\delta = \alpha_{1,n} - \alpha'_{1,n} \qquad (6-14)$$

（4）从第一条导线边开始，逐一计算各导线边的真实方位角，计算式为

$$\alpha_{i,i+1} = \alpha'_{i,i+1} + \delta \qquad (6-15)$$

（5）求各导线边的坐标增量，见式（6-2）。

（6）求导线的坐标增量闭合差，见式（6-12）。

（7）计算导线全长闭合差，见式（6-8）。

（8）计算导线全长相对闭合差，评定导线是否符合相应等级的精度，见式（6-9）。

（9）计算各导线边的坐标增量改正数，见式（6-10）。

（10）计算各导线边改正后的坐标增量，见式（6-11）。

（11）推求各点的坐标，见式（6-3）。

【例 6-5】　有四等无定向附合导线如图 6-7 所示，观测角度及导线边长均用符号标注于对应位置，计算各未知点坐标。计算过程见表 6-7。

### 6.2.4　导线计算步骤总结

导线计算的基本内容包括求各导线边的方位角、各导线边的坐标增量、推求各点的坐标，但导线的形式多样，具体的计算步骤还包括角度闭合差、坐标闭合差等。总体而言，对于单条导线，其计算的全部步骤如下：

（1）计算角度闭合差。

（2）判定角度闭合差是否符合相应等级导线对角度闭合差的限差要求。

（3）求角度改正数。

（4）求改正后的连接角、转折角。

（5）求各导线边的方位角。

表 6-7　　　　　　　　　　　　　　无 定 向 导 线 计 算 表

| 点名 | 观测角 /(° ′ ″) | 假定方位角 /(° ′ ″) | 边长 D /m | 假定坐标增量 /m | | 真实方位角 /(° ′ ″) | 坐标增量 /m | | 坐标增量改正数 /m | | 坐 标 /m | |
|---|---|---|---|---|---|---|---|---|---|---|---|---|
| | | | | $\Delta'x$ | $\Delta'y$ | | $\Delta x$ | $\Delta y$ | $V_{\Delta x}$ | $V_{\Delta y}$ | $x$ | $y$ |
| A | | | | | | | | | | | 259.485 | 181.063 |
| | | 0 00 00 | 143.752 | 143.752 | 0.000 | 72 31 15 | 43.177 | 137.114 | 0.000 | -0.002 | | |
| 1 | 236 29 40 | | | | | | | | | | 302.662 | 318.175 |
| | | 56 29 40 | 198.142 | 109.378 | 165.217 | 129 00 55 | -124.736 | 153.952 | 0.001 | -0.002 | | |
| 2 | 109 41 58 | | | | | | | | | | 177.927 | 472.125 |
| | | 346 11 38 | 180.148 | 174.943 | -42.990 | 58 42 53 | 93.551 | 153.953 | 0.001 | -0.002 | | |
| 3 | 245 04 50 | | | | | | | | | | 271.479 | 626.076 |
| | | 51 16 28 | 211.316 | 132.197 | 164.858 | 123 47 43 | -117.540 | 175.610 | 0.001 | -0.002 | | |
| C | | | | | | | | | | | 153.940 | 801.684 |
| Σ | | | 733.358 | 560.27 | 287.085 | | -105.548 | 620.629 | 0.003 | -0.008 | | |

辅助计算

$$\alpha'_{AC} = \arctan\frac{287.085}{560.270} = 27°07'51'',\ \Delta x_{AC} = 153.940 - 259.485 = -105.545 < 0,$$

$$\Delta y_{AC} = 801.684 - 181.063 = 620.621 > 0,\ \alpha_{AC} = 180° + \arctan\frac{620.621}{-105.545} = 99°39'06'',$$

$$\delta = \alpha_{AC} - \alpha'_{AC} = 99°39'06'' - 27°07'51'' = 72°31'15'',\ f_x = -105.548 - (153.940 - 259.485) = -0.003,$$

$$f_y = 620.629 - (801.684 - 181.063) = 0.008,\ f = \sqrt{0.003^2 + 0.008^2} = 0.009,$$

$$K = \frac{f}{D} = \frac{0.009}{733.358} = \frac{1}{81000} \leqslant \frac{1}{35000}$$

（6）各导线边的坐标增量。

（7）求导线的坐标增量闭合差。

（8）计算导线全长闭合差。

（9）计算导线全长相对闭合差，评定导线是否符合相应等级的精度。

（10）计算各导线边的坐标增量改正数。

（11）计算各导线边改正后的坐标增量。

（12）推求各点的坐标。

上述计算步骤，依据具体的导线形式，有些步骤没有，在计算过程中尤其需要注意的是在角度闭合差符合相应等级导线对其限差要求的前提下才能进行后续的计算步骤。导线网是多条闭合或附合导线交织而构成网状，除其自身各测段应满足一定检核条件之外，其几段或几条间又需要满足一定的检核条件，因此导线网的计算比较复杂，需要借助平差软件来进行计算。

## 6.2.5　导线闭合差超限的检查方法

在单导线的计算中，主要有角度闭合差和全长相对闭合差两项限差。若闭合差超限，很可能是野外测角、测边存在错误，导致计算中使用的数据是错误的；也可能是外业的测量数据是正确的，但内业的计算过程中用错了数据。测角错误首先就表现为角度闭合差超限，测边错误就直接体现为全长相对闭合差超限。

#### 6.2.5.1 角度闭合差超限

如图 6-8（a）所示的附合导线中，若角度闭合差超限，检查方法为将 $N$ 点舍去、$B$ 点当作未知点，将原来的附合导线变成支导线，利用未经改正的观测角度值和导线边长，计算出各导线点的一套坐标；再将 $M$ 点舍去、$A$ 点当作未知点，原来的附合导线变成支导线，同样利用未经改正的观测角度值和导线边长，计算出各导线点的另一套坐标。从图 6-8（a）中可见，从 $A$ 向 $B$ 计算的一套坐标，出现角度错误所在点之后的各导线边、点都以出现角度错误的导线点为圆心，同时旋转一个角度值，使得后面各导线点与其真实位置相差较远，而其他点与其真实位置相接近；同样从 $B$ 向 $A$ 算的一套坐标，亦存在同样情形。将算得的两套坐标各点的坐标值逐一进行比较，若发现哪点的坐标值在两套坐标中非常相近，则可初步判定该导线点处的角度存在错误的可能性大。

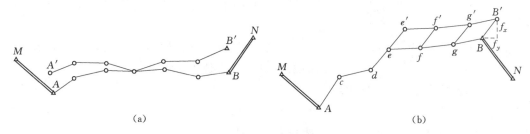

图 6-8 导线超限情形

#### 6.2.5.2 导线全长相对闭合差超限

角度闭合差满足限差的规定后才能进行后续的计算工作，因此导线全长相对闭合差超限，很可能是导线边的边长出现了错误。如图 6-8（b），若导线边 $de$，由于测量错误或记录错误，导致比真实值长了 $ee'$，其直接后果就是后续的各导线点都从其真实的位置，沿导线边 $de$ 的方向，平行移动一段距离 $ee'$，则图 6-8（b）中的 $BB'$ 平行于边长错误的导线边 $de$。因此导线全长相对闭合差超限可这样检查，即先出计算导线的坐标闭合差 $f_x$、$f_y$，再计算 $BB'$ 的方位角，将 $BB'$ 的方位角与各导线边的方位角逐一比较。若哪一导线边的方位角与 $BB'$ 的方位角非常相近，则该导线边出现边长错误的可能性比较大。

以上讲述的是当有且仅有一个角度或一条边长存在错误而导致角度或导线全长相对闭合差超限的情形下的查错方法，如果两个或两个以上的观测值存在错误，就难以检查出错误可能存在的地方。实际工作中也有可能野外观测的角度、边长没有错误，但仍然出现闭合差超限的情形，这可能是在计算略图或计算表格中，将各点上观测的角度、各条边的边长对应的位置填错，或者方位角计算错，甚至获得的已知数据存在错误等导致闭合差超限，也有可能是观测值的误差较大，或者是含有系统误差并累计引起的闭合差超限。

## 6.3　控　制　网　加　密

前述建立控制网，对于工程施工或大比例尺地形图测量，可能控制点间距比较大，满足不了实际需求，就需要以已建成的控制网为基础，再发展若干精度较低的控制点，即控制点加密。加密控制点的方法多种多样，可以已有控制点为基础布设成导线形式，也可以采用交会定点形式、极坐标法定点。交会定点的方法主要有测角前方交会、测角侧方交会、测角后方交会和测边交会。

### 6.3.1 测角前方交会

如图 6-9 所示，$A$、$B$ 是已知点，$P$ 是未知点，通过在已知点 $A$、$B$ 上架设仪器，测量相应 $\alpha$、$\beta$ 角来确定 $P$ 点坐标的方法，就是测角前方交会。测角交会中，未知点到两相邻已知点的夹角称为交会角，如图 6-9 中 $\gamma$。当交会角 $\gamma$ 过大或过小，测量的 $\alpha$、$\beta$ 角的误差将导致 $P$ 点有较大的点位误差。因此为保证 $P$ 点具有必要的精度，根据已知点 $A$、$B$，在选择 $P$ 点的位置时，要保证交会角 $\gamma$ 满足 $30°<\gamma<150°$ 的条件。

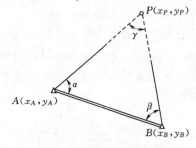

图 6-9　测角前方交会

$P$ 点坐标的求解，可以转换为支导线进行，步骤如下：

（1）利用已知点 $A$、$B$ 两点的坐标，反算出两点间的距离 $D_{AB}$ 和方位角 $\alpha_{AB}$。

（2）求解交会角 $\gamma$，计算式为

$$\gamma=180°-\alpha-\beta \tag{6-16}$$

（3）利用正弦定理求解 $A$、$P$ 间距离 $D_{AP}$，计算式为

$$D_{AP}=D_{AB}\frac{\sin\beta}{\sin\gamma} \tag{6-17}$$

（4）求解 $A$、$P$ 间方位角 $\alpha_{AB}$，计算式为

$$\alpha_{AP}=\alpha_{AB}-\alpha \tag{6-18}$$

（5）计算未知点 $P$ 的坐标，计算式为

$$\left.\begin{aligned}X_P=X_A+D_{AP}\cos\alpha_{AP}\\Y_P=Y_A+D_{AP}\sin\alpha_{AP}\end{aligned}\right\} \tag{6-19}$$

上述求解的步骤较多，但容易理解，也可以利用下列公式直接求解 $P$ 点的坐标：

$$\left.\begin{aligned}X_P=\frac{X_A\cot\beta+X_B\cot\alpha+(Y_B-Y_A)}{\cot\alpha+\cot\beta}\\Y_P=\frac{Y_A\cot\beta+Y_B\cot\alpha-(X_B-X_A)}{\cot\alpha+\cot\beta}\end{aligned}\right\} \tag{6-20}$$

使用式（6-20），必须要注意对 $\triangle ABP$ 的三点是按照 $A$、$B$、$P$ 逆时针方向进行编号的，$A$、$B$ 为已知点，$P$ 为未知点。

实际工作中采用测角前方交会方法，为了避免外业观测出现错误，并提高未知点 $P$ 的精度，一般都要求选定三个已知点，施测三个已知点到未知点的方向与已知边的四个夹角，亦即相当于构成了两个三角形，对 $P$ 点进行了两次测角前方交会，这样就可以求解出 $P$ 点两套坐标 $(X_P',Y_P')$、$(X_P'',Y_P'')$。这两组坐标的较差在容许的范围内取平均值作为 $P$ 点的最终坐标。一般测量规范中对于地形控制点，限差的规定：要求算得的两组坐标点位较差不得大于两倍比例尺精度，即

$$\Delta D=\sqrt{(X_P'-X_P'')^2+(Y_P'-Y_P'')^2}\leqslant2\times0.1M \quad (\text{mm}) \tag{6-21}$$

式中 $X_P'$、$Y_P'$，$X_P''$、$Y_P''$——$P$ 点的两套坐标；

$M$——测图比例尺分母。

### 6.3.2 测角侧方交会

如图 6-10 所示，测角侧方交会就是在一个已知点 $A$ 和未知点 $P$ 上分别架设仪器，另外点 $B$、$C$ 为已知点，测定如图示 $\alpha$、$\gamma$ 角及检查角 $\theta$，从而确定未知点 $P$ 的坐标。计算时先算出 $\beta$ 的大小 $\beta=180°-\alpha-\gamma$，后续计算过程就类同测角前方交会。

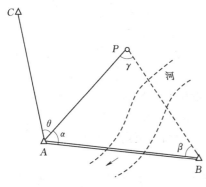

图 6-10 测角侧方交会

测角侧方交会的检查是通过施测一个检查角 $\theta$ 来进行的。点 $P$ 的坐标通过上述过程计算得到后，就可以反算出点 $A$ 到点 $P$、$C$ 的方位角 $\alpha_{AP}$、$\alpha_{AC}$，可得检查角 $\theta$ 的计算值：

$$\theta_算=\alpha_{AP}-\alpha_{AC} \tag{6-22}$$

可得检查角 $\theta$ 计算值 $\theta_算$ 与观测值 $\theta_测$ 的较差：

$$\Delta\theta=\theta_算-\theta_测 \tag{6-23}$$

用 $\Delta\theta$ 及 $D_{AP}$ 可以计算出点 $P$ 的横向位移 $e$：

$$e=\frac{D_{AP}\Delta\theta''}{\rho''} \tag{6-24}$$

一般测量规范中对于地形控制点的最大位移不得大于两倍比例尺精度，即

$$e_容=2\times0.1M \quad (\text{mm}) \tag{6-25}$$

即对于 $\Delta\theta$ 的容许值为

$$\Delta\theta''_容=\frac{0.2M\rho''}{D_{AP}} \tag{6-26}$$

式中 $D_{AP}$ 以 mm 为单位，从式中可看出若 $D_{AP}$ 太小，$\Delta\theta''_容$ 会较大，因此对加密点的点位选择要注意，距离已知点 $A$ 不宜太近。

### 6.3.3 测角后方交会

如图 6-11 所示，只在未知点 $P$ 上架设仪器，向 3 个已知点 $A$、$B$、$C$ 观测对应夹角 $\alpha$、$\beta$、$\gamma$，从而确定未知点 $P$ 坐标的交会方法，称为测角后方交会。

测角后方交会的计算方法很多，这里给出一种简单的计算公式：

$$\left.\begin{array}{l} X_P=\dfrac{P_AX_A+P_BX_B+P_CX_C}{P_A+P_B+P_C} \\[2mm] Y_P=\dfrac{P_AY_A+P_BY_B+P_CY_C}{P_A+P_B+P_C} \end{array}\right\} \tag{6-27}$$

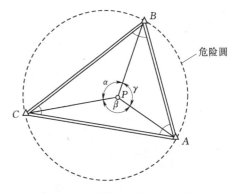

图 6-11 测角后方交会及危险圆

其中

$$P_A = \frac{1}{\cot A - \cot \alpha} \left.\begin{array}{l}\\\\\\\end{array}\right\}$$

$$P_B = \frac{1}{\cot B - \cot \beta}$$

$$P_C = \frac{1}{\cot C - \cot \gamma}$$

$(6-28)$

式中角度 $A$、$B$、$C$ 是由已知顶点坐标的 $\triangle ABC$ 的各顶点坐标计算出各边的方位角，从而计算得到 $\triangle ABC$ 的各内角。

如果把 $P_A$、$P_B$、$P_C$ 看作为 3 个已知点 $A$、$B$、$C$ 的权，则式（6-27）就可以看作为求解 3 个已知点坐标的加权平均值，因此又称式（6-27）为仿权公式。

采用测角后方交会确定未知点 $P$ 的位置工作中，未知点 $P$ 既可以位于 $\triangle ABC$ 的内部，也可以位于 $\triangle ABC$ 的外部。测量上把过已知点 $A$、$B$、$C$ 的圆称为危险圆，当未知点 $P$ 位于危险圆上时，将无法求解出 $P$ 点的位置，或者说有无数个点满足在未知点 $P$ 处测得的夹角 $\alpha$、$\beta$、$\gamma$，即使 $P$ 点接近危险圆，$P$ 点位置的精度也大为降低。为避免这种情形出现，在选择未知点 $P$ 的点位时，应保证 $P$ 点到危险圆的距离要大于危险圆半径的 $1/5$，以避开危险圆，保证未知点 $P$ 的点位精度。

实际作业中，要求后方交会观测 4 个已知点，即观测 4 个方向。计算时分为两组计算 $P$ 点坐标，当两组坐标较差在限差范围内，即满足式（6-21）的条件，取两组坐标的平均值作为最终结果。

### 6.3.4 测距交会

如图 6-12 所示，$A$、$B$ 为已知点，$P$ 为未知点。通过测定未知点 $P$ 到已知点 $A$、$B$ 的距离 $D_{AP}$、$D_{BP}$，结合 $A$、$B$ 点的坐标，通过计算求出 $P$ 点坐标的方法，就是测距交会。随着光电测距技术的突破、全站仪的普及，测距已经变得非常快捷，因此距离交会成为加密控制点的常用方法。

测距交会定点，可以转化为测角前方交会的方法来确定未知点 $P$ 的坐标。见图 6-9，可采用余弦定理，推求已知点 $A$、$B$ 和未知点 $P$ 所组成 $\triangle ABP$ 的各内角，后续计算过程同测角前方交会。

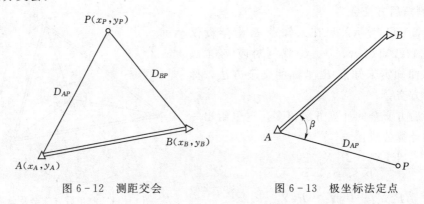

图 6-12　测距交会　　　　　　图 6-13　极坐标法定点

实际作业中，要求测定未知点到 3 个已知点的距离，计算时分为两组计算 $P$ 点坐标，当两组坐标较差在限差范围内，即满足式（6-21）的条件，取两组坐标的平均值作为最终结果。

### 6.3.5 极坐标法

如图 6-13 所示，$A$、$B$ 为已知点，$P$ 为未知点。通过在 $A$ 点架设全站仪，测定角度 $\beta$ 及 $A$、$P$ 间距离 $D_{AP}$ 来确定未知点 $P$ 的坐标的方法，称为极坐标法。这种定点方法实质是只有一个未知点的支导线。这种方法可以利用全站仪能直接测角、测距的功能，在 $A$ 点架设全站仪并建站，输入 $A$、$B$ 点坐标等有关数据，调用全站仪的坐标测量功能，直接测得 $P$ 点坐标。这种方法虽然快捷，但没有检核条件，所以实际操作时要确保无误。野外测量工作中的这种控制点加密方法称作为支站。为避免实际的误差过大，要控制向下继续支站的站数与距离，最后尽可能与已知点进行联测，以进行校核。

# 6.4 三 角 高 程 测 量

当地面起伏较大，或者要跨河引测高程，采用水准测量往往比较困难，特别是在山区，视距受地形限制，水准测量效率低下。随着光电测距技术的突破及全站仪的普及，可以采用三角高程测量的方法测量两点间高差。三角高程测量方法具有作业效率快、精度高的特点，实践证明其完全可以代替四等水准测量，采用特殊的测量方法、提高竖直角的测量精度，三角高程测量甚至可以达到三等水准的精度。

### 6.4.1 三角高程测量原理

如图 6-14 所示，欲测 $A$、$B$ 两点间高差，在 $A$ 点架设全站仪，$B$ 点上架设反射棱镜，测定仪器到反射棱镜的距离 $SD$ 和视线的竖直角 $\delta$，量取仪器高度 $i$、棱镜高 $v$，则由图 6-14 可得 $A$、$B$ 两点高差：

$$h_{AB} = SD\sin\delta + i - v \tag{6-29}$$

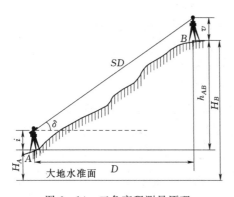

图 6-14 三角高程测量原理

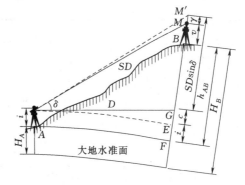

图 6-15 地球曲率和大气折光对
三角高程测量的影响

### 6.4.2 球气差改正

利用式（6-29）计算两点间高差，是基于用水平面来代替水准面并认为光线是直线传播的前提条件下得出的。从绪论部分的内容可知水平面代替水准面对高差的影响较大，即必须考虑地球曲率的影响；光线在地球表面并不是沿直线传播，受大气折光的影响，其传播路径呈一条凸向地球外侧的折光曲线。三角高程测量中这两者对两点间高差的影响分别称为球差和大气折光差，对这两项影响的改正合称为球气差改正。

如图 6-15 所示，用过仪器处的水平面代替水准面，使得 $A$、$B$ 两点间高差偏小 $c$ 值，因此球差改正应为一个正的 $c$ 值，$c$ 值的计算式已经在绪论中列出，即

$$c = \frac{D^2}{2R} \tag{6-30}$$

视线在地球表面呈一条凸向地球外侧的折光曲线，折光曲线的弯曲程度与空气密度的变化梯度有关，还受气温、气压等气候条件影响。如图 6-15 所示，仪器虽然瞄准的是目标 $M$ 点，但由于大气折光的影响，望远镜实际上瞄准的是过望远镜的弯曲光线的切线方向，导致高差多了一个 $\gamma$ 值，测量上一般把这折光曲线看作为近似圆弧的曲线，其半径 $R'$ 约为地球半径的 6~7 倍，采用与 $c$ 值类似的推导过程，可得

$$\gamma = \frac{D^2}{2R'} \approx \frac{1}{2} \times \frac{D^2}{7R} = \frac{D^2}{14R} \tag{6-31}$$

球气差改正 $f$ 由式（6-30）和式（6-31）可得

$$f = c - \gamma = \frac{D^2}{2R} - \frac{D^2}{14R} = 0.429 \frac{D^2}{R} \tag{6-32}$$

式中　$D$——两点间水平距离；

$R$——地球半径，取 6371km。

不同平距情况下球气差改正数见表 6-8。

表 6-8　　　　　　　　　　球 气 差 改 正 数

| $D$/km | 0.3 | 0.4 | 0.5 | 0.6 | 0.7 | 0.8 | 1.0 | 1.2 | 1.4 | 1.6 |
|---|---|---|---|---|---|---|---|---|---|---|
| $f$/mm | 6.1 | 10.8 | 16.8 | 24.2 | 33.0 | 43.1 | 67.3 | 97.0 | 132.0 | 172.4 |

考虑球气差改正，一站三角高程测量的高差计算式为

$$h_{AB} = SD\sin\delta + i - v + f \tag{6-33}$$

### 6.4.3　三角高程测量的观测

一站三角高程测量的内容主要有竖直角、斜边长、仪器高及棱镜高，《工程测量标准》（GB 50026—2020）规定三角高程测量的主要技术要求见表 6-9。

表 6-9　　　　　　　　电磁波测距三角高程测量的主要技术要求

| 等　级 | 仪器精度等级 | 测回数 | 指标差较差/(″) | 竖直角较差/(″) | 对向观测高差较差/mm | 附合或环形闭合差/mm |
|---|---|---|---|---|---|---|
| 四等 | 2″级仪器 | 3 | ≤7 | ≤7 | $\pm 40\sqrt{D}$ | $\pm 20\sqrt{\sum D}$ |
| 五等 | 1″级仪器 | 2 | ≤10 | ≤10 | $\pm 60\sqrt{D}$ | $\pm 30\sqrt{\sum D}$ |

在三角高程测量中，为了校核并消除地球曲率和大气折光的影响，一般都要进行往返观测，往返观测所得高差，满足相应规范的要求后，取高差中数作为最终结果，即两点间最终高差为

$$h = \frac{h_{往} - h_{返}}{2} \tag{6-34}$$

### 6.4.4 三角高程测量的误差来源

三角高程测量的误差来源一般有以下四个方面。

1. 竖直角的测角误差

竖直角的测角误差包括观测误差、仪器误差及外界条件。观测误差包括照准误差、仪器对中及整平误差、目标的竖直偏差等；仪器误差有制造误差、检校后各轴系的残余误差等；外界条件主要是大气折光、空气能见度影响成像等。

2. 边长误差

光电测距边长含有固定误差和比例误差两部分，而且测得的大气参数误差及由大气参数求得的测边边长改正数也带有一定的误差，而且大气参数一般是取仪器、反射棱镜两端的大气参数的平均值，并不是视线沿途的大气参数值。

3. 折光系数误差

测量上一般近似把折光曲线看作半径为 6～7 倍地球半径的弧线，称这里的（1/6～1/7）为折光系数，折光曲线的各处曲率主要取决于空气的密度梯度，而空气的密度梯度是变化的，折光系数亦就是一变化值，因此所采用的折光系数值是有误差的。

4. 仪器高 $i$ 和棱镜高 $v$ 测定误差

仪器高 $i$ 和棱镜高 $v$ 的测定一般是采用钢卷尺，下端位于地面的标志点中心，上部位于竖盘上的仪器横轴中心或反射觇牌的高度中心处，倾斜量取的高度来代替垂直高度。钢卷尺量高本身带有一定误差，用斜高代替垂直高度是系统误差，但仪器高 $i$ 和棱镜高 $v$ 的这部分系统误差可以大部分相互抵消。总的来说，仪器高 $i$ 和棱镜高 $v$ 的测定误差对三角高程测量不构成主要影响。

# 6.5 平差易软件

控制测量完成外业观测后，要进行内业的数据处理，才能得到控制点的坐标。对于简单的控制图形，如一条水准路线、一条导线，手工进行近似平差计算是能求解未知点坐标的，但对于网形复杂的控制网，就难以通过手工计算完成，这时候就要利用专门软件来计算。这里对南方平差易软件进行简要介绍。

### 6.5.1 平差易软件简介

平差易（Power Adjust 2005，简称 PA2005），由广东南方数码科技有限公司开发，是在 Windows 系统下用 VC 开发的控制测量数据处理软件，采用 Windows 的数据输入技术和多种数据接口，同时辅以网图动态显示，实现了数据处理、平差报告自动生成功能，包含详细的精度统计和网形分析信息，其界面友好，功能强大，操作简便，可在 Windows95、Windows98、Windows2000 和 WindowsXP 下安装运行，是控制测量理想的数据处理工具。软件的相关资料可进南方数码生态圈官方网站下载。

软件启动后的界面，如图 6-16 所示。

界面的各个分区，如图 6-17 所示。

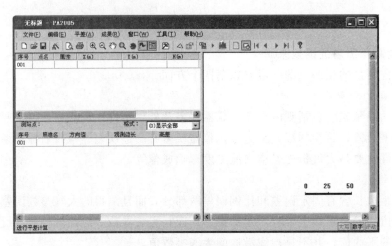

图 6-16 平差易软件启动界面

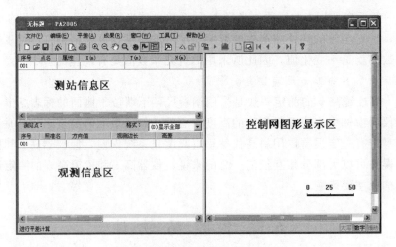

图 6-17 平差易软件界面分区

平差易进行控制网平差的主要步骤如下：

（1）数据输入。

（2）坐标推算。

（3）选择是否进行概算。

（4）输入控制网属性。

（5）确定计算方案。

（6）闭合差计算与检核。

（7）平差计算。

（8）平差成果输出。

其操作流程如图 6-18 所示。

### 6.5.2 数据输入

下面以［例 6-4］所示的附合导线，简要阐述平差易软件的观测数据输入方法。

（1）打开软件，在测站信息区的序号 001 所在的第一行依次输入 B 点的点名、属性及坐标，如图 6-19 所示。属性确定原则：用两位数加以区别已知点与未知点，第一位表示平面坐标，用 1 表示已知点、0 表示未知点；第二位表示高程，用 1 表示已知点、0 表示未知点，即：若该点是未知点，则输入 00 表示；若该点是有平面坐标而无高程的已知点，则输入 10 表示；若该点是无平面坐标而有高程的已知点，则输入 01 表示；若该点既有平面坐标也有高程，则输入 11 表示。各点均按这原则输入相应数值表示其属性。B 点上没有安设全站仪进行测边、测角，即没有观测信息，因此在观测信息区内不输入内容。序号指已输测站点个数，B 点所在行的序号为 001，其测站信息输入完毕后，下一行的序号值会自动变为 002。

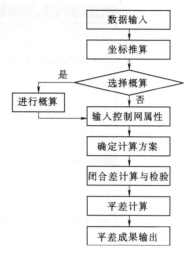

图 6-18 平差易软件操作流程

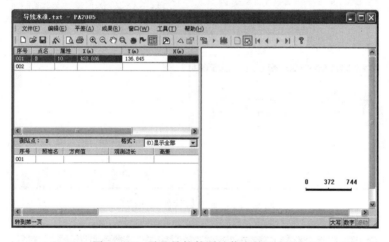

图 6-19 平差易软件测站信息输入方法

（2）在测站信息区的第二行依次输入 A 点的点名、属性及坐标，并在观测信息区的第一行输入照准点 B 及方向值 0；在观测信息区的第二行输入照准点 1 及方向值 87.0924（即 $87°09'24''$）、观测边长 143.752，如图 6-20 所示。注意：每站的第一个照准点即为定向，其方向值必须为 0，而且定向点只有一个。

（3）依据上述方法，依序输入导线其他 1、2、3、C、D 各点测站信息与观测信息，如图 6-21 所示。

### 6.5.3　坐标推算

根据已知条件（测站信息和观测信息）推算出待测点的近似坐标，作为构成动态网图和进行导线平差的基础。用鼠标点击菜单"平差→坐标推算 F3"即可进行坐标推算，如图 6-22 所示，PA2005 自动推算出各个待测点的近似坐标，并显示在测站信息区内。当数据输入有修改时，则需要重新进行坐标推算。

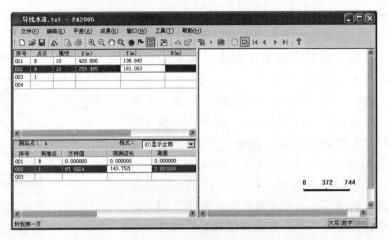

图 6-20 平差易软件观测信息输入方法

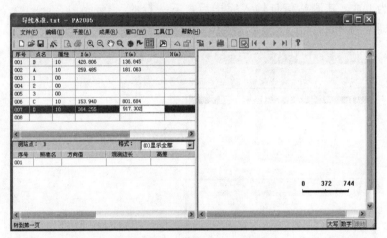

图 6-21 平差易软件观测信息

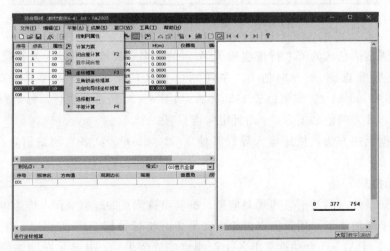

图 6-22 平差易软件平差过程中的坐标推算

### 6.5.4 选择概算

概算主要是对观测数据进行一系列的改化。用鼠标点击菜单"平差→选择概算……"即可进行概算，如图6-23所示。可以进行概算的项目有：归心改正、气象改正、方向改化、边长投影改正、边长高斯改化、边长加乘常数和Y含500公里，只需要在需要进行概算的项目前打"√"即可。前述概算项目根据实际的需要来选择是否进行，本步骤不是必须要进行。

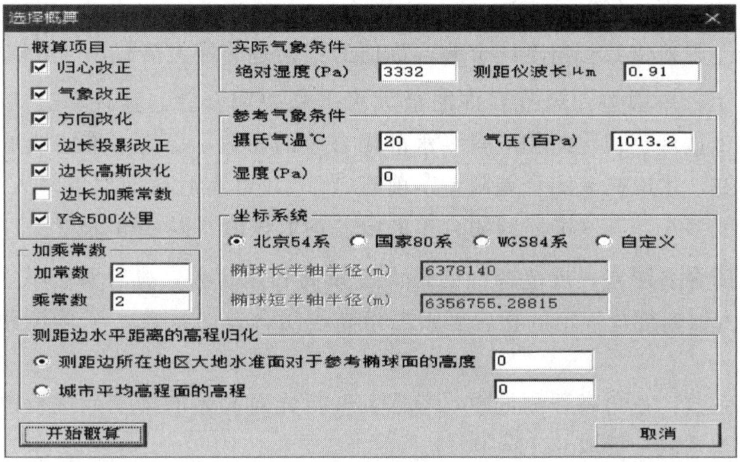

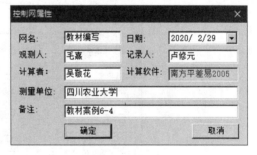

图6-23 平差易软件平差过程中的概算项目选择及相关参数确定

### 6.5.5 输入控制网属性

控制网属性实质就是在文本框内，输入与本平差控制网相关的信息，如网名、日期、观测人、记录人、计算者、计算软件、测量单位、备注，用鼠标点击菜单"平差→控制网属性"即可，如图6-24所示。这些信息对控制网的平差计算没有任何的影响，只是起到一个该控制网相关信息文本的输入、存储作用，其内容在最后的平差报告首页中原文显示。

图6-24 平差易软件平差过程中的
控制网属性输入

### 6.5.6 确定计算方案

选择计算方案，就是选择控制网的等级、参数和平差方法。用鼠标点击菜单"平差→平差方案"即可进行参数的设置。

控制网的等级：PA2005提供的平面控制网等级有：国家二等、国家三等、国家四等、城市一级、城市二级、图根及自定义；提供的水准网等级有国家二等、国家三等、国家四等、等外水准。按照平差的控制网选定相应等级，对平面控制网，按照相应等级，输入与它对应的验前单位权中误差。

边长定权方式：包括测距仪、等精度观测和自定义。根据实际情况选择定权方式。

平差方法：有单次平差和迭代平差两种。单次平差是进行一次普通平差，不进行粗差分析；迭代平差不修改权而仅由新坐标修正误差方程。

高程平差：包括一般水准测量平差和三角高程测量平差。当选择水准测量时其定权方式有两种：按距离定权和按测站数定权，这两种定权方式只能采用其中之一进行。按距离定权是按照测段的距离来定权；按测站定权是按照测段内的测站数来定权，将测站数在观测信息区的"观测边长"框中输入。

单向观测和对向观测是在高程控制网中，如果只进行了往测，则选择单向观测；如果进行了往返观测，则选择对向观测。

角度闭合差限差倍数：角度闭合差容许值为中误差的最大倍数，一般取定为 2 倍。

水准高差闭合差限差：规范容许的最大水准高差闭合差。其计算公式：$n \times \sqrt{L}$，$n$ 值是需要输入依据规范规定的相应等级水准闭合差的系数，$L$ 为水准路线的总长，以 km 为单位。如果在"水准高差闭合差限差"前打"√"，可在后面的框内输入一个数值，则不论各水准路线多长，其水准路线闭合差的限差均取该值（以 mm 为单位）。

三角高程闭合差限差：规范容许的最大三角高程闭合差，其计算公式：$n \times \sqrt{[N^2]}$，$n$ 值是需要输入依据规范规定的相应等级三角高程闭合差的系数，$N$ 为测距的水平长度，以公里为单位。

大气折光系数：三角高程测量中，考虑大气折光对高差的影响而进行改正数的计算，其大气垂直折光系数一般取 $0.10 \sim 0.14$。

依据前文的介绍，[例 6 - 4]平差中的计算方案，如图 6 - 25 所示。

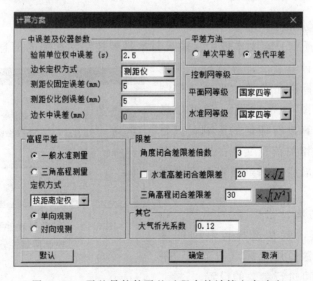

图 6 - 25  平差易软件平差过程中的计算方案确定

### 6.5.7  闭合差计算与平差

用鼠标点击菜单"平差→闭合差计算 F2"即可计算控制网的闭合差。计算的结果，在测站信息区，显示闭合差的值并对闭合差进行检验；在观测信息区，显示网形类别、各项闭合差、控制网精度；在控制网图形显示区，依据平差结果，显示出控制网的图形。如图 6 - 26 所示。

（1）在测站信息区，依据闭合差与其限差的关系，判定平差对象的精度是否满足限差要求。在闭合差计算过程中"序号"位置，用不同符号表示闭合差的情况：用"！"表示该对象闭合差超限、用"√"表示该对象闭合差合格、用"X"表示该对象没有闭合差或无法计算出闭合差。如图所示，"序号"位置的符号为"√"，表明平差导线的角度符合四等导线对角度的精度要求。

（2）在观测信息区，显示平差对象为附和导线，以及在 X 轴、Y 轴方向上的坐标闭合差、全长闭合差和全长相对闭合差，从而可以判定该平差对象的精度。

（3）在控制网图形显示区，显示出控制网中各控制点构成的一条附合导线。

（4）点击"平差→平差计算 F4"，软件即完成平差计算。

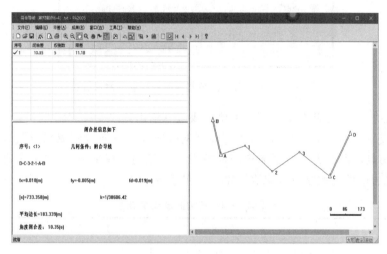

图 6-26　平差易软件的闭合差计算与平差

### 6.5.8　平差成果输出

（1）可以查看平差结果的点位精度统计，点击菜单"成果→精度统计"，如图 6-27 所示。

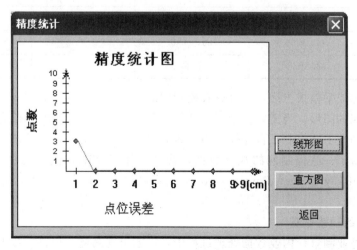

图 6-27　平差易软件平差结果精度统计

（2）可以查看控制网的信息分析等内容，点击菜单"成果→网形分析"，如图 6-28 所示。

图 6-28　平差易软件平差结果的控制网网形分析

（3）最后把平差结果输出，点击菜单"成果→输出到 WORD"。

软件生成平差 WORD 报告，包含［控制网概况］、［方向观测成果表］、［距离观测成果表］、［平面点位误差表］、［平面点间误差表］、［控制点成果表］。本处节选该示例的平差 WORD 报告中的［控制点成果表］部分，见表 6-10。

表 6-10　　　　　　　　　　　　［例 6-4］的控制点成果表

| 点　名 | $X/m$ | $Y/m$ | $H/m$ | 备　注 |
|---|---|---|---|---|
| B | 428.8060 | 136.8450 | | 已知点 |
| A | 259.4850 | 181.0630 | | 已知点 |
| 1 | 302.6631 | 318.1769 | | |
| 2 | 177.9307 | 472.1259 | | |
| 3 | 271.4814 | 626.0803 | | |
| C | 153.9400 | 801.6840 | | 已知点 |
| D | 364.2550 | 917.3020 | | 已知点 |

平差完、生成平差报告后，还可查看控制网的有关输入数据。如图 6-29 所示，右侧区域显示控制网的图形，当需要查看哪一站的观测信息时，鼠标在测站信息区点击到该测站，软件在控制网上该控制点自动标一小红旗表示，以方便对其进行检核。

本软件自带了一些控制网的观测数据，若该软件安装在 C 盘，则在 C:\Program Files\South Survey Office\Power Adjust，可以利用系统自带的示例，练习各种控制网的平差方法。

### 6.5.9　平差易的粗差检查

控制网在外业测量、内业数据处理过程中，可能出现测错、记错、数据使用错误，而导致角度闭合差超限或导线全长闭合差超限。在 6.2.5 部分中，介绍了通过手工计算，对

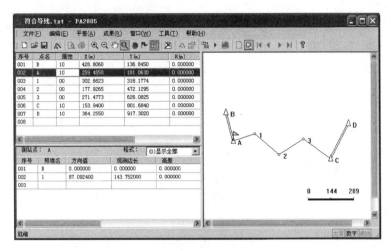

图 6-29 平差易软件的平差结果

导线进行可能存在的错误检查的方法，平差易软件也有对导线进行错误检查的功能。

平差易软件对导线进行粗差检查的步骤：

（1）按照前述介绍的平差步骤，一直到完成闭合差计算。

（2）在观测信息区内，显示的是该条导线闭合差详细情况，在观测信息区内点击鼠标的右键，即可显示"平面查错"和"闭合差信息"两个选项。

（3）点击"平面查错"项即可显示"平面角度、边长查错信息"，列出各角检系数、边检系数，并在该表下方提示存在最大误差的角、边，即最有可能存在错误的对象。角检系数是指导线在往返推算时各点位的偏移量，判定存在错误的方法是偏移量越小，该点存在错误的可能越大；偏移量越大，该点存在错误的可能性越小。边检系数指导线的全长闭合差的坐标方位角与各条导线方位角的差值，判定存在错误的方法是差值越小，该点存在错误的可能性越大；差值越大，该点的存在错误的可能性越小。如各检测系数相同或相差不大时，则导线就没有粗差。

以［例 6-4］为例，在计算完闭合差后，鼠标右键点击显示闭合差的区域，选择"平面差错"，即在该区域显示出该导线的角检系数、边检系数在观测信息区显示出来，并提示可能存在错误的角度、边长，如图 6-30 所示。

由图 6-30 可见，各角检系数、边检系数相差不大，可判定导线不存在错误的角度或边长。现将其观测值有意输错，看其存在错误观测值情况下的角检系数、边检系数，验证通过角检系数、边检系数来判定可能存在错误的角度或边长与实际有意输错的角度、边长是否一致。

（1）将点 2 上原观测角度 109.4158，有意输为 119.4158，则其角检系数、边检系数如图 6-31 所示。在测站信息区显示角度闭合差超限，在有意输错角度值的点 2 处观测角的角检系数相比其他点处观测角的角检系数小很多，而且在表的下方也提示出最大误差角 2，可见平差易软件对角度存在错误的判定正确。

（2）将（1）步骤中点 2 处的错误角度改回其原观测值，然后将 2-3 的边长观测值 180.148，有意输为 108.148，则其角检系数、边检系数如图 6-32 所示。测站信息区显

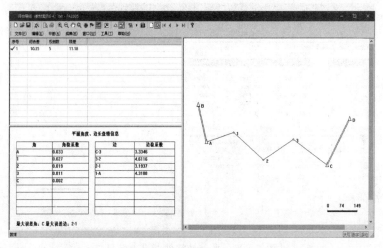

图 6-30 平差易软件的角检系数、边检系数

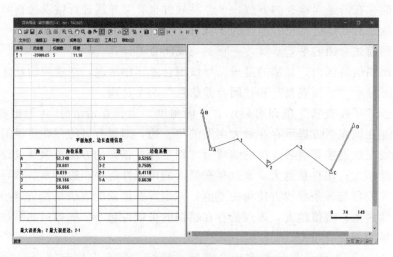

图 6-31 平差易软件在角度错误情况下的角检系数

示角度闭合差合格，但边 3-2 的边检系数相比其他边的边检系数小很多，而且在表的下方也提示出最大误差边为 3-2，可见平差易软件对边长存在错误的判定正确。

（3）将点 2 上原观测角度 109.4158，有意输为 119.4158；同时将 2-3 的边长观测值 180.148，有意输为 108.148，则其角检系数、边检系数如图 6-33 所示。可见，角检系数、边检系数的最小值分别出现在点 1 处的观测角、3-2 的边，提示相应的角度、边长可能存在错误，这与前面有意输入的错误角度值、边长值的位置不相完全吻合。这说明如果导线存在两个错误对象（一个为角度错误、一个为边长错误或两个均为角度错误或两个均为边长错误），甚至更多的错误情形，软件则无法准确判断出可能存在的错误处。

使用平差易进行粗差检查的注意事项：

（1）在角度闭合差没有超限时才进行边长检查；如果角度闭合差超限，则要先解决角度超限的问题后，才能进行边长检查。

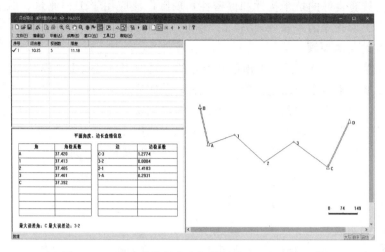

图 6-32 平差易软件在边长错误情况下的边检系数

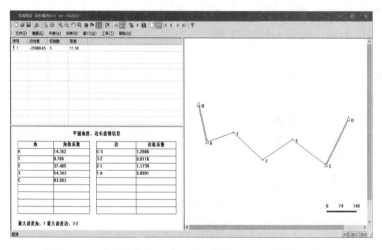

图 6-33 平差易软件在多个错误情况下的角检、边检系数

（2）当只有一个角度或一条边长存在错误时才能进行平面查错，若两个或两个以上的观测值存在错误，软件提供的检测结果就不十分准确。

# 6.6 卫星导航定位技术

卫星导航定位的全称是全球导航定位卫星系统（Global Navigation Satellite System，GNSS），是利用导航卫星建立的覆盖全球、全天候的无线电导航定位系统，泛指所有的卫星导航定位系统（包括美国的 GPS、俄罗斯的 GLONASS、欧洲的 Galileo、中国的 BeiDou），以及相关的增强系统（如美国的广域增强系统 WAAS、欧洲的静地导航重叠系统 EGNOS 和日本的多功能运输卫星增强系统 MSAS 等）和在建、以后要建设的其他卫星导航系统。GNSS 系统具有全能性、全球性、全天候、连续性和实时性的精密三维导航与定位功能，具有良好的抗干扰性和保密性，现已广泛应用于工程测量、航空摄影测量、变形监测、资源调查等诸多领域。

### 6.6.1 GNSS 的基本原理

GNSS 定位的基本原理是测量出已知位置的卫星到用户接收机之间的距离，然后综合多颗卫星的数据，最后求定测量点的空间位置，其实质就是进行空间距离的后方交会。如图 6-34 所示，为了测定地面上某点的坐标，在该点安置接收机，接收机在观测时间段内接收来自不少于 3 颗卫星的信号，计算出接收机天线中心到卫星的距离 $\rho_i(i=1,2,3,\cdots)$，卫星坐标 $(X_i,Y_i,Z_i)(i=1,2,3,\cdots)$ 可以通过卫星电文获得，通过式（6-35），即可求解出该点的坐标：

$$\rho_i=\sqrt{(X-X_i)^2+(Y-Y_i)^2+(Z-Z_i)^2}\quad(i=1,2,3,\cdots)\tag{6-35}$$

### 6.6.2 GNSS 的组成

卫星导航定位系统一般包含 3 个部分：空间卫星组成的空间部分、地面上的控制系统部分和用户设备部分。下面以 GPS 导航系统为例，介绍 GNSS 的各组成部分的作用。

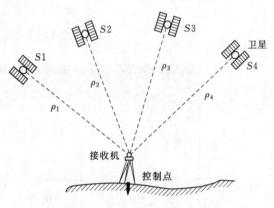

图 6-34 GNSS 定位原理示意图

GPS 导航系统是以全球 24 颗定位人造卫星（21 颗工作卫星；3 颗备用卫星）为基础，向全球各地全天候地提供三维位置、三维速度等信息的一种无线电导航定位系统。它由 3 部分构成：一是空间部分，由 24 颗卫星组成，分布在 6 个轨道平面；二是地面控制部分，由主控站、地面天线、监测站及通信辅助系统组成；三是用户设备部分，由 GPS 接收机和卫星天线组成。

1. 空间部分

GPS 的空间部分是由 24 颗（21＋3）卫星组成，卫星运行高度为 20200km，运行周期为 11h58min。卫星均匀分布在 6 个轨道面上（每个轨道面 4 颗），轨道倾角为 55°，如图 6-35 所示。这样的卫星空间分布使得在全球任何地方、任何时间都可观测到至少 4 颗、最多 11 颗卫星，从而保障全球全天候连续、实时、动态导航和定位。

2. 地面控制部分

地面控制部分由 1 个主控站、3 个注入站、5 个监控站组成。主控站的任务主要是采集数据、编辑导航电文、诊断卫星及调整卫星。注入站的任务主要是将主控站传送来的卫星电文，定时注入各卫星，并定时向主控站发送信号，报告自己的工作状态。监控站的任务是监测每颗卫星，并向主控站提供观测数据。

图 6-35 GPS 卫星星座

3. 用户设备部分

用户设备部分即 GPS 信号接收机，其主要功能是接收按一定卫星截止角所选择的待测卫星发射的信号。根据接收到的信号，接收机中的微处理计算机就可进行定位计算，求得用户所在位置的经纬度、高度、时间等信息。接收机硬件和机内软件以及 GPS 数据的后处理软件包构成完整的 GPS 用户设备。

### 6.6.3 GNSS 的定位方法

GNSS 的定位方法有很多种，工程测量中利用 GNSS 技术进行定位的方法主要是静态定位和动态定位。

静态定位就是在定位过程中，接收机静止不动，是固定的，因此认为接收机的天线在观测过程中的位置是保持不变的，在观测过程中就有大量的重复观测，在数据处理时可以将接收机天线的位置作为一个不随时间改变的量。静态定位可靠性强、精度一般能达到几厘米甚至几毫米，一般用于高精度的工程测量工作中，如进行地形图测量中的控制测量工作。

动态定位就是在定位过程中，接收机天线处于运动状态。在数据处理时，将接收机天线的位置作为一个随时间而改变的量。这种定位方法的多余观测少、定位精度相对静态定位而言要低，工程测量领域中常使用动态定位技术来进行地形图测量中的碎部测量、施工中的点位放样等工作。

工程建设的勘测、施工阶段，要进行控制测量，建立达到相应精度的控制网，作为后续碎部点测量、施工放样的基准。在进行控制测量之前，需要确定到底是使用动态测量方法还是静态测量方法。对于精度要求低的（比如一般的公路施工），可以使用动态测量进行的控制测量，实时获取不同的数据，当测得的精度满足要求之后，立即停止测量。对于精度要求高的工程，比如隧道、特大桥梁、互通式立交桥等工程，其控制测量则需采用静态测量方法。工程测量中常采用的 GNSS 静态测量方法来建立平面控制网，就是同时采用至少 3 台接收机，分别安置于控制点上进行同步观测，确定控制点位置的定位测量，其主要步骤包括网形设计、外业观测、内业数据处理。

#### 6.6.3.1 网形设计

网形设计工作主要包括方案设计、测绘资料收集整理、仪器检验和检定、控制点的踏勘、选点、埋石等工作。为确保平面控制网具有足够的精度，并方便后期的使用，控制网的设计应遵循以下原则：

（1）控制点一般应设选在视野开阔和容易到达的地方，高度角 15° 以上范围内应无障碍物，点位附近不应有干扰接收卫星信号的干扰源或反射卫星信号的物体。

（2）控制网应由独立观测边构成一个或若干个闭合环或附合路线，以增加检核条件，提高网的可靠性。

（3）每个控制点至少应与一个以上相邻点通视。

（4）控制点应尽量与原有地面的其他控制网点相重合。重合点一般不应少于 3 个（不足时应联测）且在网中分布均匀，以便可靠地确定所建立的控制网与其他地面网之间的转换参数。

（5）控制点应考虑与水准点相重合，而非重合点一般应根据要求以水准测量方法（或相当精度的方法）进行联测，或在网中设一定密度的水准联测点，以找出 GNSS 点的大地高程与正常高程之间的关系，以便为大地水准面的研究提供资料。

控制网的独立观测边均应构成一定的几何图形，以增加检核条件，提高网的可靠性。GNSS 网的网形一般有点连接、边连接、点边混合连接、网连接四种形式。

1. 点连接

如图 6 – 36（a）所示，是指同步图形仅由一个公共点连接。同步图形是指由 3 台或 3 台以上接收机同步观测所组成的基线向量构成的闭合环，也称同步环。点连接的几何图形强度小，检核条件少，很少使用。

2. 边连接

如图 6 – 36（b）所示，是指同步图形间由一条公共基线连接。公共基线同属相邻同步环，由非同步图形的观测基线组成的异步图形闭合条件称为异步环。边连接检核条件较多，成果较可靠。

3. 点边混合连接

如图 6 – 36（c）所示，采用点连接和边连接方法结合组成网。充分发挥边连接几何图形强度高、网形可靠性高的特点，同时又具有点连接外业工作量少的特点。

4. 网连接

网连接是指相邻同步图形间有两个以上的公共点相连接，各同步环由至少 4 台接收机同步观测，这种网形几何强度高，但观测工作量大，一般用于高精度控制网。

（a）点连接　　　　　（b）边连接　　　　（c）点边混合连接

图 6 – 36　GPS 布网形式

### 6.6.3.2　外业施测

外业施测工作主要包括编制卫星预报图、确定作业方案、外业观测等工作。

1. 编制卫星预报图

根据测区所在地理位置、作业时间、规范要求的卫星截止高度角及最新的卫星星历，对测区内卫星的可见数及可供观测的卫星进行预报，确定卫星数、PDOP 值均满足规范规定值的观测时段。

2. 确定作业方案

依据布设的控制点构成的网形、接收机数量、测区交通情况、点位间距离远近等因素，制定具体的作业方案。

3. 外业观测

在测站安置接收机、按作业计划输入相应测站点名及各参数进行观测。

#### 6.6.3.3　内业数据处理

内业数据处理工作主要包括数据下载、基线解算、控制网平差。内业数据处理的软件、具体操作步骤等资料，可在网站下载。

1. 数据下载

当天观测结束，应立即将观测数据下载到计算机中并做好备份工作，并对照野外记录，检查所输入点名等是否正确。

2. 基线解算

运用软件解算各基线向量，并对解算的基线向量进行检验。所有的同步环、异步环、复测基线均应满足规范要求。

3. 控制网平差

在所有的基线都检查合格的情况下，对控制网进行平差计算，得出各点的坐标。

#### 6.6.4　GNSS 测量的误差

GNSS 是通过接收机接收到卫星发送的信号来确定测点的坐标，导致 GNSS 定位误差，按其来源可以分为以下四方面。

1. 与卫星相关的误差

来自卫星的影响定位精度的因素有轨道误差、卫星钟差、卫星几何中心与相位中心偏差。

2. 与卫星信号传输有关的误差

地球外的高空大气被太阳高能粒子轰击后电离，产生大量自由电子，使得卫星信号穿过电离层时路径会发生弯曲、传播速度也会发生变化，导致信号到达接收机的时间产生延迟而带来误差；对流层内大气压力、温度和湿度变化也使得信号在对流层的传播更为复杂。测站周围的观测环境，如存在有高大建筑物、大面积的水域与平坦地面等，会导致多路径效应，即接收机天线除接收到直接来自卫星的信号外，还有经过周围反射面的反射而到达接收机天线的信号，从而对观测值产生误差。

3. 与接收机相关的误差

接收机相位中心与待测点位的地面标志中心间的偏差、接收机的钟面时与标准的 GNSS 系统时间之间的偏差等都会对定位结果的精度产生影响。

4. 其他因素

如地球潮汐、地球自转的影响、解算软件的算法及所取各项改正数带有残差等的误差。

## 习　　题

1. 什么是控制测量？其作用是什么？
2. 导线作为控制测量形式，有哪些优势？导线的布设形式有哪些？
3. 各种形式的导线，平差计算过程如何？各有哪些检核条件？怎样衡量导线的精度？
4. 三角高程测量需要测定哪些内容？哪些因素会影响三角高程测量的精度？
5. 利用平差易软件进行平差的过程中，输入数据要注意哪些内容？

6. 如何对导线计算过程中出现的角度闭合差超限、全长相对闭合差超限进行检查？

7. 一条四等导线如图 6-37 所示，已知 $A$、$B$、$C$、$D$ 为已知点，其坐标分别为：$X_A = 415.684$，$Y_A = 419.368$；$X_B = 312.058$，$Y_B = 663.558$；$X_C = 370.348$，$Y_C = 1715.955$；$X_D = 361.712$，$Y_D = 2012.009$，各观测数据已标注在图中相应位置。四等导线的有关限差为：方位角闭合差 $\pm 5'' \sqrt{n}$、全长相对闭合差 1/35000。分别按下列情形，完成导线计算。

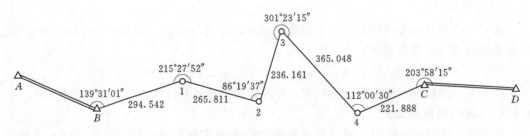

图 6-37 题 7 图

（1）去掉 $C$、$D$ 两点，使其为一支导线，完成相应计算过程；

（2）去掉 $D$ 点，使其为一单定向附合导线，完成相应计算过程；

（3）去掉 $A$、$D$ 两点，使其为无定向附合导线，完成相应计算过程；

（4）完成图示双定向附合导线的平差计算过程。

8. GNSS 系统由哪几部分组成？各部分的作用是什么？

9. 影响 GNSS 测量成果精度的因素有哪些？

# 第7章　大比例尺地形图测绘

　　绪论中讲述的测量工作所必须遵循的原则之一"先整体，后局部；先控制，后碎部；从高级，到低级"中的碎部，即碎部测量，就是本章要讲述的大比例尺地形图测绘。其在控制测量工作结束后，在控制点上测定地物和地貌特征点的平面位置和高程，按规定的比例尺和符号绘制成地形图。

## 7.1　地形图的成图原理

　　地面上各种固定的物体，如道路、河流、森林、草地及其他各种人工建筑物，称为地物；高山、深谷、陡坎、悬崖、丘陵、冲沟及地表高低起伏的坡面，称为地貌。凡是既表示地物的平面位置，又表示出地貌的高低起伏形态，并按一定比例尺缩小后用规定的符号和一定的表示方法描绘在图纸上的正形投影图，都称为地形图。正形投影，就是将地面点沿铅垂线投影到投影面上，使投影前后图形的角度保持不变。在绪论中已讨论若测区范围较小，可以不考虑地球曲率，投影面可视为水平面。地形图按成图方法来分，有实地测量

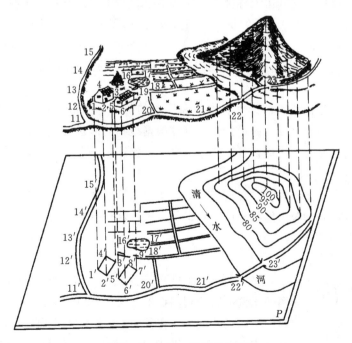

图 7-1　地物、地貌的投影

并用线、符号描绘的线划图，即本教材将介绍的一种地形图；有用影像来反应测区的地形图，如沙漠、沼泽等，称为影像地图；在工程上有时候还需要了解沿某一方向或沿某一条曲线的地面高低起伏变化的状态，这时候需要测剖面图；以及其他形式的地形图。

地貌主要反映地表的高低起伏状态，除了陡坎、悬崖等用特定符号表示外，一般采用等高线来表示地面的高低变化。如图 7-1 上的小山头，可设想有一高程值为 90m 的水平面与小山包的坡面相交，交线即是高程为 90m 的一条封闭曲线，这条封闭曲线即是高程值为 90m 的等高线。类似方法得到不同高程值的等高线，将这一系列等高线沿铅垂线投影到水平面上，并按比例缩小绘制出来，并标注出高程值，即表示出了小山头的形状。

地物的测量通常是确定其外轮廓线，而其外轮廓线一般是直线或曲线。如图 7-1 中，房屋可以由几段直线表示，交通道路、河流可以由曲线表示，曲线又可由多段折线表示。因此要在地形图上反应地物，只需测定地物的各直线端点、曲线的转折点，这些需测点称为地物特征点。将这些点位沿铅垂线投影到水平面上，并按一定比例尺缩小来表示线段长度、河流宽度等，外加上述用等高线表示的小山头，即得地形图。

## 7.2　地形图的基本知识

### 7.2.1　地形图图式

为了测绘和使用地形图，地球表面上的各种地物和地貌按统一的符号来表示。我国国家质量监督检验检疫总局和国家标准化管理委员会发布了《国家基本比例尺地图图式　第 1 部分：1∶500 1∶1000 1∶2000 地形图图式》（GB/T 20257.1—2017），规定了不同比例尺下的地物和地貌的表示方法。GB/T 20257.1—2017 是测绘、出版地形图的依据，读图的重要工具。表 7-1 列出了 GB/T 20257.1—2017 中的部分内容。

### 7.2.2　地物符号

地形图上表示各种地物的形状、大小和位置的符号，叫地物符号，如建筑物、纪念碑、管线、交通道路、水系、测量控制点等。根据地物的形状大小和表示方法的不同，地物符号分为比例符号、非比例符号、线形符号、地物注记。

1. 比例符号

当地物的轮廓尺寸较大时，常依测图的比例尺按其形状大小缩绘到图纸上，绘出的符号称为比例符号，如一般房屋、湖泊、农田等符号。这种符号不仅反映其平面位置，还反映出其形状和大小。

2. 非比例符号

当地物的轮廓尺寸较小，如三角点、水准点、独立树、消火栓、电杆、通信管线等，无法将其形状和大小按测图的比例尺缩绘到图纸上，但这些地物又很重要，必须在图上表示出来，在表示时不管地物的实际尺寸大小，在其中心或中线的平面位置，采用规定的符号表示在图上，这类符号称为非比例符号。非比例符号中表示地物中心位置的点，叫定位点。

**表 7 - 1** 地 形 图 图 式

| 符 号 说 明 | 符 号 | 符 号 说 明 | 符 号 |
|---|---|---|---|
| 水准点<br>Ⅱ—等级<br>京石5—点名点号<br>32.80—高程 | 2.0 ⊗ Ⅱ京石5<br>──────<br>32.80 | 竹林<br>a. 大面积竹林<br>b. 小面积竹林、竹丛<br>c. 狭长竹丛 | |
| 独立天文点<br>照壁山—点名<br>24.54—高程 | 4.0 ☆ 照壁山<br>──────<br>24.54 | 菜地 | |
| 棚房<br>a. 四边有墙的<br>b. 一边有墙的<br>c. 无墙的 | <br>1.0 0.5 | 石堆<br>a. 依比例尺的<br>b. 不依比例尺的 | a ⟨⚓⟩ b ⚓ |
| | | 稻田<br>a. 田埂 | |
| 宝塔、经塔、纪念塔<br>a. 依比例尺的<br>b. 不依比例尺的 | a ⬣ b 3.6 2.2 ⬙ | 等高线及其注记<br>a. 首曲线<br>b. 计曲线<br>c. 间曲线<br>d. 助曲线<br>e. 草绘等高线<br>25—高程 | |
| 气象台（站）、测风塔 | 3.6 3.0 1.0 ⊤ | | |
| 无线电标 | 3.5 ◉ 无线电<br>1.2 | | |
| 蒙古包、放牧点<br>a. 依比例尺的<br>b. 不依比例尺的<br>(3-6)—驻扎月份 | a ⊖ b ⌐:1.6<br>(3-6) 3.2<br>(3-6) | 示坡线 | <br>0.8 |
| 地级行政区界线<br>a. 已定界和界标<br>b. 未定界 | | 高草地<br>芦苇—植物名称 | |
| 变电室（所）<br>a. 室内的<br>b. 露天的 | | 特殊高程点及其注记<br>洪 113.5—最大洪水位高程<br>1986.6—发生年月 | 1.6 ⊙ 洪113.5<br>──────<br>1986.6 |

3. 线形符号

对于一些狭长地物，如电线、管线、围墙、边界线等，长度可按比例表示，走向也可在地形图上表示出来，但宽度无法按比例表示，表示这些地物的符号就称为线形符号。线形符号的中心线即为实际地物的中心位置。

4. 地物注记

使用文字、数字或特定的符号对地物加以说明或补充，称为地物注记，分为文字注记、数字注记和符号注记三种，如居民地、山脉、河流名称、房屋层数、控制点高程、果园种类、交通道路编号等。

### 7.2.3　地貌符号

#### 7.2.3.1　等高线

除陡坎、悬崖、冲沟等地貌用特定符号表示，山地、丘陵、平地等地表高低起伏的地貌状态，用高程注记配合等高线来表示。用高程注记及等高线不仅可以表示出地貌的高低起伏状态，还可反映出点的高程和地表面的坡度。

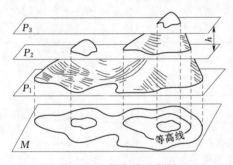

图 7-2　等高线示意图

如图 7-2 中，有一高地被位于不同高程位置的水平面 $P_1$、$P_2$、$P_3$ 所截，各水平面与地表面相交得到相应的闭合曲线，将这些曲线沿铅垂方向投影到下方水平面上，并按一定比例尺缩小绘制在地形图上，地形图上的这些曲线就称为等高线，各等高线的高程值就是截取时各水平面所位于的高程值。所以等高线就是水平面与地表面的交线，也就是地面上高程相等的相邻各点的连线。

#### 7.2.3.2　等高距与等高线平距

地形图上两相邻等高线所代表的高程之差，称为等高距，用 $h$ 表示。在一个特定区域的地形图上，等高距越小，图上等高线越密，表示的地貌就越详细，但测绘工作量相应增加；反之等高距越大，等高线就越稀疏，地貌表示就越粗略。因此测绘地形图时，除了要确定比例尺外，还要依据测区地表的高低起伏程度和用图的目的来确定等高距。对一幅地形图而言，等高距是相等的，称为基本等高距。基本等高距具体取值根据测图比例尺和地面坡度来综合确定，见表 7-2。

表 7-2　　　　　　　　　　大比例尺地形图的基本等高距（m）

| 地形类别 | 地面倾角 | 1:500 | 1:1000 | 1:2000 | 1:5000 |
|---|---|---|---|---|---|
| 平地 | <3° | 0.5 | 0.5 | 1 | 2 |
| 丘陵地 | 3°~10° | 0.5 | 1 | 2 | 5 |
| 山地 | 10°~25° | 1 | 1 | 2 | 5 |
| 高山地 | >25° | 1 | 2 | 2 | 5 |

地形图上两相邻等高线之间的水平距离称为等高线平距，用 $d$ 表示。由于一幅地形图上等高距是相同的，在该幅地形图上等高线平距的大小就直接与地面坡度有关。用 $i$ 表

示地表坡度，则

$$i = \frac{h}{d} \tag{7-1}$$

由式（7-1）可见，等高线平距越小，地面坡度越陡；平距越大，地面越缓。可以用地形图上等高线平距的大小，即等高线的疏密来判定实地坡面的陡缓程度。

**7.2.3.3 等高线的分类**

地形图上常用的等高线有首曲线和计曲线，有时也用间曲线和助曲线。

1. 首曲线

首曲线也称基本等高线，在测区内按规定的基本等高距绘制的等高线称首曲线，用宽度为 0.15mm 的细实线表示。

2. 计曲线

在测区内每隔四条基本等高线加粗表示的一条等高线，称为计曲线，其高程值为 5 倍等高距的整数倍。采用宽度为 0.3mm 的粗实线表示，主要是方便读图过程中计数等高线的条线，计曲线上也注出高程，但并不是所有的计曲线都要注出高程，规定注记的高程的字头朝向上坡方向。

3. 间曲线

若测区地势比较复杂，采用基本等高线不能详细表示局部地貌特征时，可按二分之一基本等高距加绘等高线，加绘的等高线称为间曲线，用宽度为 0.15mm 的长虚线表示，间曲线仅在需要的范围内绘制，因此其可能不是闭合曲线。

4. 助曲线

若采取间曲线还不能反映出局部复杂区域的地形，满足不了用图需求，则可按四分之一基本等高距加绘等高线，用宽度为 0.12mm 的短虚线表示，称为助曲线。助曲线仅在需要的范围内绘制，因此其可能不是闭合曲线。

**7.2.3.4 等高线的特性**

等高线具有如下几个特性。

1. 等高性

同一条等高线上各点的高程相等。但要注意高程相等的不同点，不一定在同一等高线上。

2. 闭合性

等高线是闭合曲线，不能中断，如果不在一幅图内闭合，则必定绕经其他图幅并形成闭合曲线。

3. 不相交性

等高线只在绝壁或悬崖处才会重合或相交。

4. 正交性

等高线经过山脊或山谷时，在该处等高线的切线与地形线垂直相交。

5. 同一性

在一幅地形图上，等高距是不变的，可据此判定实地地表的陡缓程度。

**7.2.3.5 典型地貌等高线的特征**

地貌形态繁多，了解和熟悉典型地貌的特征，有助于地形图的测绘、识图和用图。

（1）山头和洼地。如图 7-3（a）所示，山头和洼地的等高线都是一组闭合曲线，但它们的高程变化不同。山头地内圈等高线的高程大于外圈等高线的高程；而洼地内圈等高线的高程小于外圈等高线的高程。为方便区分山头或洼地，在等高线上辅以示坡线表示。

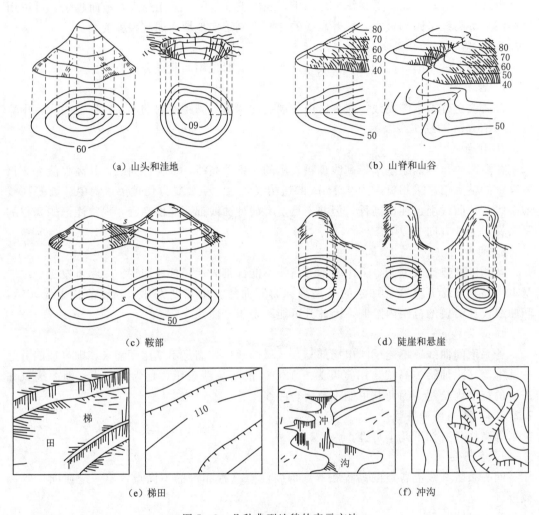

（a）山头和洼地　　　　　　　　　　　　（b）山脊和山谷

（c）鞍部　　　　　　　　　　　　（d）陡崖和悬崖

（e）梯田　　　　　　　　　　　　（f）冲沟

图 7-3　几种典型地貌的表示方法

示坡线是从等高线垂直指向下坡方向的短线，用以指示坡度下降的方向。示坡线从内圈指向外圈者，说明中间高，四周低，由内向外为下坡，故为山头；示坡线从外圈指向内圈者，说明中间低，四周高，由外向内为下坡，故为洼地。

（2）山脊和山谷。如图 7-3（b）所示，山坡向山体外延伸的凸棱部分称为山脊。山脊上各点连线称为山脊线、分水线。山脊附近的等高线表现为一组凸向低处的曲线。相邻山脊之间的凹部是山谷。山谷中各点的连线称为山谷线，山谷线又称为集水线。山谷附近的等高线表现为一组凹向山体内部的曲线。山脊线和山谷线合称为地性线。等高线在地性线处转向而且与地性线相垂直。

（3）鞍部。如图 7-3（c）所示，鞍部是相邻两山头之间呈马鞍形的低凹部位。它四个方向的等高线是呈近似对称的两组山脊线和两组山谷线。鞍部等高线的特点是在一圈大的闭合曲线内，套有两组小的闭合曲线，分水线经过鞍部。

（4）陡崖和悬崖。如图7-3（d）所示，陡崖是坡度在70°以上或近似垂直的陡峭崖壁，若用等高线表示则在很小范围内将非常密集甚至重合为一条线，因此对该区域采用陡崖符号来表示。悬崖是上部突出、中部凹进的陡崖。上部的等高线投影到水平面时，与下部的等高线相交，下部凹进的等高线用虚线表示。

（5）梯田。如图7-3（e）所示，梯田在图上体现出田坎与等高线间或出现的特征，也可能梯田区域只有田坎符号和一些零星注记的高程值。

（6）冲沟。如图7-3（f）所示，冲沟是在坡地上由于径流冲刷而形成的狭窄而深陷的弯曲的沟。

图7-4是一小区域地形图，该区域内集中体现了山头、山谷、山脊、鞍部、台阶地等典型地貌。

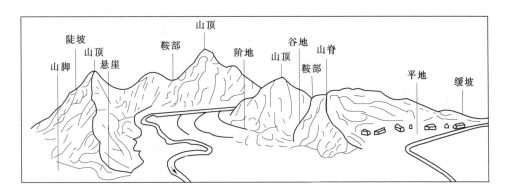

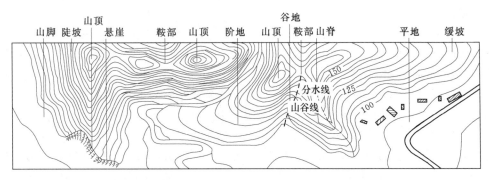

图7-4 几种典型地貌

### 7.2.4 地形图的比例尺

两点在图纸上的距离与其在实地的水平距离的比值，用分子为1的分数形式表示，称为地形图的比例尺。

#### 7.2.4.1 比例尺的表示方法

比例尺的表示方法有数字比例尺和图示比例尺两种。

1. 数字比例尺

将图上两点间距离与其实地的水平距离的比值采用分子为 1、分母为特定整数的分数形式表示的比例尺称为数字比例尺。假设图上两点间距离为 $d$，对应实地距离为 $D$，由定义可得

$$\frac{d}{D} = \frac{1}{M} \tag{7-2}$$

式中　$M$——比例尺分母。

$M$ 越小，比例尺越大，表示的地形图越详尽。

2. 图示比例尺

图纸存放时间过久，将会伸缩变形，再用直尺量取图上两点的距离，然后换算得到的两点间实地距离，必然含有图纸变形的误差。为避免变形误差影响量取图上的长度，同时也方便使用，通常在生产地形图的同时，在地形图上绘制图示比例尺，即在地形图的下方绘制一条直线段来表示实地的长度，这种比例尺称为直线比例尺。

直线比例尺是绘制若干长为 1cm 或 2m 的线段，称为比例尺的基本单位，将最左边的一段基本单位分成 10 等分或 20 等分小段。使用时用圆规量出地形图上需要量距的两点后，将圆规的一脚尖对准右边的大分划线上，另一脚尖对准左边的小等分划上，读取大分划、小分划的距离即可得到要量取的两点间实地距离。如图 7-5 所示为 1:2000 的直线比例尺，其基本单位为 2cm，相当于实地 40m，最左边的基本单位分成 20 等分，即每小分划为 1mm，相当于实地 2m。量距时可以直接量取到小分划 2m、估读到 0.2m（小分划的 1/10）。图 7-5 所示两点间量取的实地距离为 117m。

图 7-5　直线比例尺

直线比例尺中小分划的 1/10 是估读的，精度较低，可采用另一种图示比例尺，即复式比例尺，也称为斜线比例尺，来减少估读的误差。

图 7-6 为 1:10000 的复式比例尺，绘制方法是在左侧的 2cm 的基本单位上，划分为 10 等分，同时向上等分间距画 10 条平行线。见图 7-6，分别在 $A$、$B$、$E$ 点上作垂线 $AC$、$BD$、$EF$，同样在 $CD$ 段上划分 10 等分，然后将 $AB$、$CD$ 上下的 10 等分错开 1 等分，用斜线连起来，即画成复式比例尺。$GD$ 为 1 等分，由相似三角形可得垂线 $BD$ 和斜线 $BG$ 间各线段分别等于 $GD$ 的 1/10、2/10、…、9/10，因此利用复式比例尺，可直接读取基本单位的 1/100。图 7-6 中，$pq$ 长度就等于 468m。

### 7.2.4.2　比例尺精度

测图比例尺越大，表现的地物就越详尽，但测图工作量就越大。测图比例尺要根据地形图的用图、工期、费用等来决定，一般以用图作为取定比例尺的主要因素，即用图要求地形图上多大的地物应表示出来、点的平面位置精度要求达到什么程度，这就涉及一个比例尺精度问题。由于受人肉眼分辨能力的限制，若两点间距小于 0.1mm，就无法再分辨出是两点还是一个点。因此地形图的测量时，两点间距离误差不超过图上 0.1mm 即可。

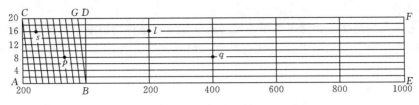

图 7-6 复式比例尺

测量工作中称图上 0.1mm 对应的实地距离为比例尺精度。表 7-3 列出了几种常见比例尺的精度。

表 7-3 常见比例尺的精度

| 比 例 尺 | 1:500 | 1:1000 | 1:2000 | 1:5000 | 1:10000 |
|---|---|---|---|---|---|
| 比例尺精度/m | 0.05 | 0.1 | 0.2 | 0.5 | 1.0 |

比例尺精度主要使用于如下两方面：

（1）依据用图的需要，确定测图的比例尺。

（2）当测图比例尺确定后，相应可推求量距、地物点位测定等应达到什么精度。

### 7.2.4.3 比例尺系列

数字比例尺的形式为"分子为1、分母为特定整数的分数"，即比例尺分母 $M$ 不是任意取定的。国家对地形图的比例尺进行了相应的规定，一般只有 1:500、1:1000、1:2000、1:5000、1:1 万、1:2.5 万、1:5 万、1:10 万、1:25 万、1:50 万、1:100 万这 11 种，称为比例尺系列。

测量中一般把 1:500、1:1000、1:2000、1:5000 称为大比例尺，把 1:1 万、1:2.5 万、1:5 万、1:10 万称为中比例尺，把 1:25 万、1:50 万、1:100 万称为小比例尺。

# 7.3 碎 部 测 量

数字化测图是近 20 年发展起来的一种全新的计算机辅助成图技术，随着全站仪、GPS、RTK 等现代测量仪器的应用及无人机测绘技术、计算机软件的迅猛发展，数字化测图技术、成图过程得到了长足的进步。广义的数字化测图（Digital Surveying and Mapping，DSM）又称为计算机成图，主要指地面数字测图、地图数字化成图、航测数字测图、计算机地图制图等，由其英文定义可见，其主要包括外业数字化测图和内业数字化成图两方面。

实际的测绘工作中，大比例尺地形图的外业数字化测图主要指野外实地测量，即野外数字化测图，常采用全站仪、RTK 等先进仪器进行野外碎部点（可称为散布点位）的数字化获取，将所测点位数据存储在测量仪器上并能将所测点位信息下载到电脑，也可以采用无人机等航空飞行器对测区进行高分辨率影像快速获取的外业测图工作。

数字化测图技术与传统的小平板配合经纬仪测图技术相比，具有如下几方面优点。

1. 精度高

数字化测图的精度主要受所使用的仪器精度及气候条件的影响，而传统的测图方法的点位精度还受控制点（图根点）的展点误差、视距误差、方向误差、碎部点展点误差的影响。

2. 便于成果更新

当实地地形、地貌有变化，可对变化区域进行测量，生成地形图后插入到原有地形图，经过少量的编辑处理，就可得到更新的图，有利于保证地图的现势性。

3. 避免图纸伸缩影响

随着时间的推移，图纸会发生伸缩变形，导致图纸上所载信息出现偏差。数字测图的成果以数字信息的形式保存，不存在变形的问题。

4. 方便使用

数字地图可以选择显示所需要信息，也可放大、缩小显示。由于现在工程设计都是借助于 CAD、BIM 技术，因此数字地图也方便于设计、施工、管理。

5. 成本低、效率高

数字化测图快捷，效率高，一测站所测地形图的范围大，而且可节省聚酯薄膜、展点等方面的财力、时间耗费。

### 7.3.1　外业数字化测图

外业的数字化测量，是依据"先控制，后碎部"的原则，在完成控制测量后，进行的碎部测量。要进行一片区域的碎部测量，首先要确定区域内哪些点需要测定。需要测定的点，即为碎部点，称为特征点，包括地物特征点和地貌特征点。如图 7-7 所示，地物特

图 7-7　碎部点的选择

征点指房屋的主要轮廓点、道路转弯点、河岸转折点、独立柱（碑）的中心点、电杆中心点等确定地物位置的点位；地貌特征点指山顶、鞍部、山脊、山谷的地形变换点、山脚地形变换点等控制等高线走向的点位。在野外碎部点测量过程中，通常在施测碎部点的同时绘制所测范围标注有特征点的草图，以方便内业的数字化成图工作。目前对碎部点的测量，常用全站仪和 RTK 的方法。

### 7.3.2 全站仪测量碎部点

采用全站仪测量碎部点，主要步骤有创建项目、建站、测量、测量数据下载等步骤。以 NIKON DTM-452C 全站仪为例，介绍全站仪测碎部点的主要步骤。

#### 7.3.2.1 创建项目

创建项目相当于给该次碎部测量建立一个文件，本工程项目的测量数据存储在该文件中。一个项目的碎部测量只需创建一次项目，后续可直接打开该项目使用。

全站仪上的操作步骤为按 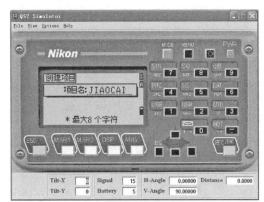 键，开机，盘左状态下旋转望远镜以初始化全站仪→键→项目→键→按"创建"对应下的→输入项目名称，如"JIAOCAI"，如图 7-8 所示，然后连续按

图 7-8 全站仪项目创建

两次键即可。项目创建好后，默认立即打开该创建项目。

#### 7.3.2.2 建站

建站的实质就是将所立全站仪和后视棱镜的两个控制点的三维坐标输入到全站仪里面，全站仪自动计算瞄准后视棱镜时的方位角，并将该方位角配置为水度盘上的读数。经过建站后，全站仪瞄准任何一个目标，其所显示的水平角度值，即为该方向的方位角。以全站仪架设点 $A$（647.43，634.52，4.50）、后视棱镜点 $B$（913.46，748.63，6.45）进行建站、检查控制点 $C$（752.37，694.52，5.55）为例，讲述建站方法。

建站就是将架设全站仪所在的控制点及后视控制点的坐标信息或后视方向的方位角输入到全站仪，即输入式（7-3）中仪器所在 $A$ 点的坐标并保证全站仪瞄准各个碎部点时，其显示的水平度盘上的读数就是视线方向的方位角。

全站仪上操作步骤为→已知→→输入点号"1"→→输入控制点 $A$ 的坐标（647.43，634.52，4.50）→→输入该点的名称，即"$A$"→

127

→输入仪器高 $i$，假设其为 1.550m→[REC/ENT]→选择"坐标"→[REC/ENT]→输入"2"→

[REC/ENT]→输入控制点 $B$ 的坐标（913.46，748.63，6.45）→[REC/ENT]→输入该点的名称，

即"$B$"[REC/ENT]→输入棱镜高 $v$，假设其为 1.600m→[REC/ENT]→全站仪自动计算出了控

制点 $A$ 到控制点 $B$ 的方位角，如图 7-9 所示，此时瞄准控制点 $B$，按[REC/ENT]，即将前述

全站仪计算出的该方向上的方位角配置到水平度盘上，然后旋转照准部，水平度盘的读数

实时变化，当望远镜瞄准任意目标，显示的水平度盘的读数即是该方向的方位角。

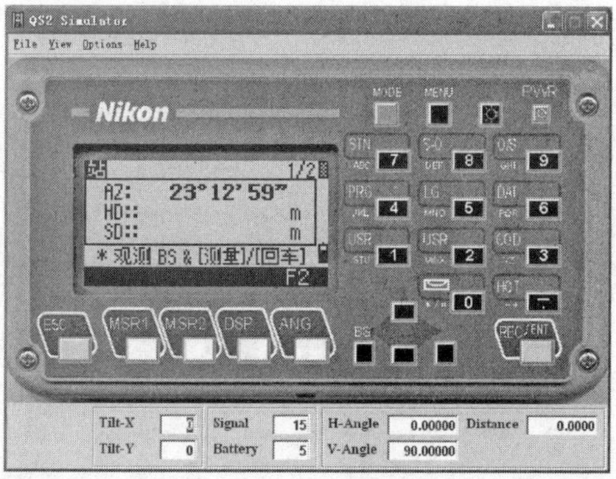

图 7-9　全站仪建站

### 7.3.2.3 后视控制点检查

按[DSP]键，选择到显示坐标的第四个显示屏，后视控制点 $B$，按[MSR1]键，测量出其坐标，将测量出 $B$ 点的坐标与其已知值相对比，看相差值是否在规范允许范围内，这一步主要是检查野外点位是否找准确、在全站仪上坐标及仪器高、后视棱镜高输入是否正确、仪器的对中情况等，从而全面检查建站是否正确。在野外测量中，最好在此基础上，再瞄准另一个已知控制点 $C$，测量其坐标，并与其已知值相对比。通过这样对后视点及其他控制点测量坐标的检查，确保建站过程万无一失，避免建站中某项操作失误，导致大量的测量数据作废而返工重测。

### 7.3.2.4 碎部点测量

全站仪对一个碎部点测量的数据是全站仪到反射棱镜的斜距 $SD$、方位角 $\alpha$、竖直角 $\delta$，全站仪自动将显示的竖盘读数转化为竖直角来进行计算。

如对未知点 1 进行碎部测量，其三维坐标的计算式为

$$\left.\begin{array}{l} X_1 = X_A + SD\cos\delta\cos\alpha \\ Y_1 = Y_A + SD\cos\delta\sin\alpha \\ H_1 = H_A + SD\sin\delta + i - v \end{array}\right\} \tag{7-3}$$

碎部点测量的操作方法：

按[DSP]键，调整屏幕为显示坐标屏；瞄准在特征点 1 上立的安装有反射棱镜、觇牌

的对中杆，按[MSR1]键，设测量的数据为竖盘读数为 $85°00'00''$、斜距 $SD$ 为 80m、方位角 $\alpha$

为 $38°12'59''$，依据式（7-3），全站仪即可自动计算所测特征点 1 的坐标，如图 7-10 所示。

按[REC/ENT]键，输入点名（没有点名也可以不输）。再按[REC/ENT]键，即把特征点 1 的坐标存

储到了全站仪里。这即完成了一个碎部点
的测量,然后将对中杆移至下一个碎部点,
继续测量。一个控制点上能测的碎部点测
完后,将全站仪迁站到下一个控制点,在
原创建的项目内,继续进行前述介绍的建
站、碎部点测量工作。

图 7-10 全站仪坐标测量

**7.3.2.5 碎部点坐标下载**

先通过数据电缆把全站仪和计算机相
连,将存储在全站仪中外业采集的数据下
载到电脑,并生成为 CASS 成图软件可用
的数据文件。数据下载主要工作是匹配全
站仪和成图软件的通信参数。

1. 设置全站仪的通信参数

选择要下载碎部点观测数据所在项目,并打开,按 MENU 键→3. 设置→REC/ENT →5. 通

信→REC/ENT →按 BS 键,选择好参数,如图 7-11 所示,按 REC/ENT 确定。再按

ESC 键返回到菜单下→5. 通信→REC/ENT →1. 下载→REC/ENT →按 BS 键,数据选择

"NIKON",格式选择"坐标"→REC/ENT →全站仪通信参数设置完毕,等待下载数据,如
图 7-12 所示。下一步设置 CASS 软件上的通信参数。

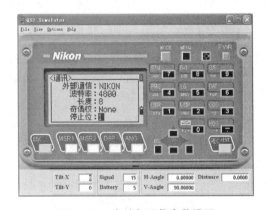

图 7-11 全站仪通信参数设置

图 7-12 全站仪下载数据

2. 设置 CASS 软件的通信参数

打开 CASS 软件,其界面如图 7-13 所示。

点击"数据"下拉菜单→读取全站仪数据→选择相应仪器型号、通信参数(同全站仪
上选择的通信参数一致),并点击"选择文件",以建立新的数据文件,存放下载下来的碎
部点数据,如图 7-14 所示。

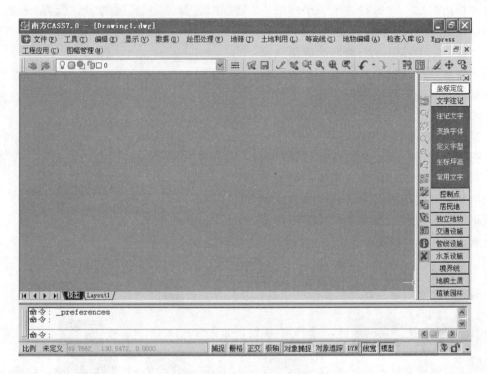

图 7-13　CASS 软件界面

图 7-14　CASS 软件参数设置

**3. 数据下载**

点击图 7-14 中的"转换"，即出现图 7-15 对话框。点击"确定"，然后再按全站仪上键，全站仪即向电脑发送数据，并存到参数设置一步中所建立的数据文件中。数据文件是以".dat"为后缀，可用记事本打开进行查看。

### 7.3.3　RTK 测量碎部点

20 世纪 90 年代出现的载波相位差分技术，又称 RTK（Real Time Kinematic）实时动态定位技术，是实时处理两个测量站载波相位观测量的差分方法。其基本思路为：在基准站（已知的基准点）上安置一台 GNSS 接收机，对卫星进行连续观测，将其观测数据及基准站坐标信息一起发给测量碎部点的移动站接收机，移动站的接收机在接收基准站传达的数据的同时，接收 GNSS 卫星信号，并进行实时数据处理，从而实时提供移动站点的三维坐标成果。

采用 RTK 技术进行测量，相对于全站仪来说，在测区较大范围内进行的测量更省时省力，对点间不要求传统测量上的互相通视；但是 RTK 测量是基于接收卫星信号而进行的，所以必须保持对卫星通视条件下才能作业，在高边坡下、水域附近、高楼树下等有多路径干扰、遮挡的环境下，其定位的精度就受到影响，而且在隧道、

图 7 - 15 数据下载对话框

水电站的地下厂房等无法接收到卫星信号的地方，RTK 技术的使用就受到了限制。利用 RTK 技术进行测区的碎部点测量，不需要基准站与流动站的通视条件，基本上可以全天作业，在 20km 的半径范围内可达到厘米级的测量精度。高效、精度高、人工成本低，已经成为地形图测量中普遍采用的技术。利用 RTK 技术测定碎部点的主要步骤有架设基准站、设置移动站、设置坐标系统和参数、移动站的坐标采集等，下面以南方 RTK 电台采用 1＋1 模式进行碎部点测量为例简要介绍，要使用到的工程之星 5.0 软件，可以登录网站下载。

#### 7.3.3.1 设置项目

操作流程：工程→新建工程

单击新建工程，出现新建作业的界面。首先在工程名称里面输入所要建立工程的名称，新建的工程将保存在默认的作业路径"＼SOUTHGNSS_EGStar＼"里面，如图 7 - 16 所示。如果之前已经建立过工程，并且要求套用以前的工程，可以勾选套用模式，然后点击"选择套用工程"，选择想要使用的工程文件，然后单击"确定"。

#### 7.3.3.2 设置坐标系统参数

操作流程：配置→坐标系统设置

新建工程后，软件会自动跳转到坐标系统设置界面，如图 7 - 17 所示。在该界面内，要求完成"输入坐标系统名称""选择目标椭球""设置投影参数，输入中央子午线"，这三者依据采用的坐标系、测区区域的分带投影相应的中央子午线进行选择、输入，还可以对应选择"七参数""四参数""校正参数""高程拟合参数"。

七参数是分别位于两个椭球内的两个坐标系之间的转换参数（即七参数是用于两个三维空间直角坐标系之间坐标的相互转换）。软件中的七参数指的是 GPS 测量坐标系和施工测量坐标系之间的转换参数，在"工具/坐标转换/计算七参数"中进行了具体的说明。七参数指的是三个平移参数（$X$ 平移、$Y$ 平移、$Z$ 平移）、三个旋转参数（$X$ 轴旋转、$Y$ 轴旋转、$Z$ 轴旋转）和一个尺度因子 $K$，如图 7 - 18 所示，其计算至少需要同在两个坐标系中的三个公共控制点才能进行，七参数的控制范围可以达到 $50km^2$ 左右。

四参数是同一个椭球内不同坐标系之间进行转换的参数（即四参数是用于两个平面直角坐标系之间坐标的相互转换）。在工程之星软件中的四参数指的是在投影设置下选定的椭球 GNSS 坐标系和施工测量坐标系之间的转换参数。四参数指的是：$X$ 平移、$Y$ 平移、平面坐标轴旋转角和尺度因子 $K$，如图 7 - 19 所示。软件提供了两种计算四参数的方法：一种是利用"工具/参数计算/计算四参数"来计算；另一种是用"输入/求转换参数"计算。

图 7-16　新建工程

图 7-17　坐标系统设置

图 7-18　七参数设置

图 7-19　四参数设置

需要特别注意的是参与计算的控制点至少要用同在两个坐标系上的两个公共点，两个公共点的精度和在施测区域内的位置直接影响求取的四参数精度和其所能控制的范围。经验上四参数的控制范围可达到 $20\text{km}^2$。

校正参数的设置是针对一些特殊的工程而设计的，其实际上就是只用一个公共控制点来计算两套坐标系的差异（图7-20）。根据坐标转换的理论，一个公共控制点计算两个坐标系误差是比较大的，除非两套坐标系之间不存在旋转或者控制的区域特别小。因此，校正参数的使用通常都是在已经使用了四参数或者七参数的基础上才使用的。

GNSS 的高程系统为大地高（椭球高），而工程测量中常用的高程为正常高，所以由 RTK 测得的高程需要改正才能使用，高程拟合参数就是进行这种改正的参数。高程拟合参数共为六个参数（图7-21），计算其参数值时，参与计算的公共控制点数目不同时，计算拟合所采用的模型也不一样，得到的拟合精度也不同。

图7-20 校正参数设置

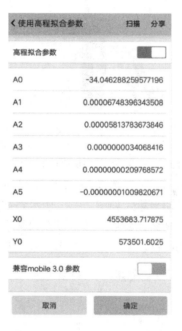

图7-21 高程拟合参数设置

#### 7.3.3.3 架设基准站

基准站一定要架设在视野比较开阔、周围环境比较空旷、地势比较高的地方，避免架在高压输变电设备附近、无线电通信设备收发天线旁边、树荫下或大面积水域边，这些地方 GNSS 信号的接收以及无线电信号的发射都会受到不同程度的影响，架设基准站要严格进行对中整平，如图7-22所示。

#### 7.3.3.4 设置基准站

第一次启动基准站时，需要对启动参数进行设置。操作流程如下：

（1）手簿及工程之星连接主机，选择"蓝牙"模式，仪器类型选择"SOUTH"，点击搜索蓝牙，选择对应的主机机身号进行蓝牙连接，如图7-23所示。

（2）配置→仪器设置→基准站设置，点击基准站设置则默认将主机工作模式切换为基准站，如图7-24所示。

图 7-22　南方 RTK 基准站

图 7-23　蓝牙连接

差分格式：一般使用国际通用的 RTCM32 差分格式。

发射间隔：可以选择 1s 或者 2s 发射一次差分数据。

基站启动坐标：如图 7-25 所示，如果基站架设在已知点，可以直接输入该点坐标作为基站启动坐标；如果基站架设在未知点，可以点击"外部获取"按钮，然后点击"获取定位"来直接读取基站坐标来作为基站启动坐标。

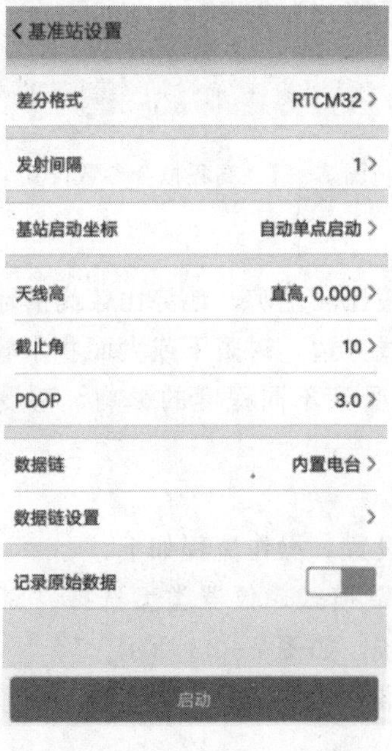

图 7-24　基准站设置

图 7-25　基站启动坐标设置

天线高：有直高、斜高、杆高、侧片高四种，根据量取方式在对应地方输入相应天线高。

截止角：建议选择默认值（10）。

PDOP：位置精度因子，一般设置为 3。

数据链：内置电台。

上述 4 项设置，如图 7-26 所示。

数据链设置：

通道设置：1-16 通道选其一。

功率挡位：有"HIGH"和"LOW"两种功率。

空中波特率：有"9600"和"19200"两种（建议选择 9600）。

协议：SOUTH。

数据链的设置见图 7-27 所示。

图 7-26　基准站参数设置　　　　图 7-27　数据链设置

以上设置完成后，点击"启动"，即可发射基准站信息（注意：判断电台是否正常发射的标准是数据链灯是否规律闪烁）。第一次启动基准站成功后，后续作业如不对前面的配置进行改变，则可直接打开基准站主机，即可启动。

**7.3.3.5　架设移动站**

确认基准站启动成功后，即可开始架设移动站。步骤如下：

（1）将接收机设置为移动站电台模式。

（2）打开移动站主机，将其固定在碳纤对中杆上，拧上 UHF 差分天线。

（3）安装好手簿托架、固定好手簿，如图 7-28 所示。

**7.3.3.6　设置移动站**

移动站架设好后，需要对移动站进行设置才能进行动态定位测量，设置的步骤如下：

（1）手簿及工程之星连接主机，选择"蓝牙"模式，仪器类型选择"South"，点击搜索蓝牙，选择对应的主机机身号进行蓝牙连接，如图 7-29 所示。

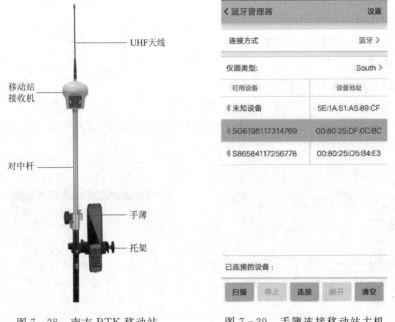

图 7-28　南方 RTK 移动站　　　　　图 7-29　手簿连接移动站主机

（2）配置→仪器设置→移动站设置，点击移动站设置则默认将主机工作模式切换为移动站。

（3）数据链：内置电台。

（4）数据链设置：

通道设置：与基准站的通道一致。

功率档位：有"HIGH"和"LOW"两种功率。

空中波特率：有"9600"和"19200"两种（建议选择 9600）。

协议：SOUTH。

数据链的各项参数设置如图 7-30 所示。

### 7.3.3.7　碎部点测量

在基准站、移动站设置好后，即可进行碎部点测量，其测量步骤为：测量→点测量，如图 7-31 所示。

在工程之星测量显示界面下面有四个显示按钮，这些按钮的显示顺序和显示内容可以根据自己的需要、习惯进行设置（所测量碎部点的坐标不会受设置的四个显示按钮的影响）。单击显示按钮，左边会出现选择框，选择需要显示的内容即可。这里可供选择显示的内容主要有：点名、北坐标、东坐标、高程、天线高、航向、速度、上方位和上距离，如图 7-32 所示。

保存：碎部点坐标测量出来后，要立即保存，界面如图 7-33 所示，保存过程中可以输入点名，后续进行其他碎部点测量后，保存点名将自动累加，点击"确定"后，即将测得的

图 7-30 移动站的数据链设置

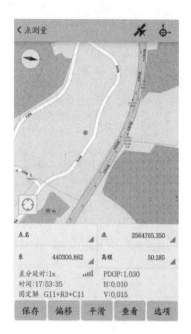

图 7-31 点测量

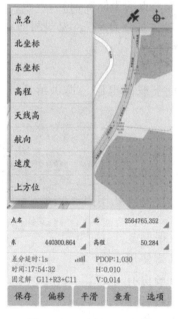

图 7-32 选择显示选项

图 7-33 保存测量点

碎部点保存。

偏移存储：输入偏距、高差、正北方位角，然后点击"确定"，如图 7-34 所示。

平滑存储：点击"平滑"，选择平滑次数，如图 7-35 所示，平滑次数为 5 次，点击"确定"，则以连续采集得到的五次坐标的平均值为该点的最终坐标值。

图 7-34　偏移存储

图 7-35　平滑存储

查看：测量过程中可以查看前面已经测量的碎部点的坐标等信息。

选项：点击"选项"，"一般存储模式"里面的"快速存储"，为即测即存；而"常规存储"，则是输入点名、编码、天线高等信息后存储。

**7.3.3.8　碎部点坐标下载**

碎部点测量完成后，要将测得的碎部点坐标下载到电脑，提供给内业进行数字化成图。

操作步骤：工程→文件导入导出→文件导出。

打开"文件导出"，在数据格式里面选择需要输出的格式，如图 7-36 所示，并输入导出文件名，后续按提示操作，即可将测得的碎部点坐标传到电脑。

**7.3.4　CASS 数字化成图软件**

数字化成图就是在外业测得的碎部点点位数据的基础上，借助数字成图软件来生成电子地形图。目前使用较普遍的地形地籍成图软件是广东南方数码科技股份有限公司基于 AutoCAD 平台技术研发的 CASS，其具有完全知识产权的 GIS 前端数据处理系统，广泛应用于地形成图、地籍成图、工程测量应用、空间数据建库和更新等领域，该软件打开后界面如图 7-37 所示（版本为10.1）。

CASS 软件可以在南方生态数码生态圈网站下载，可以申请 15 天的免费使用。用户在该网站中可获得快捷的

图 7-36　碎部点下载

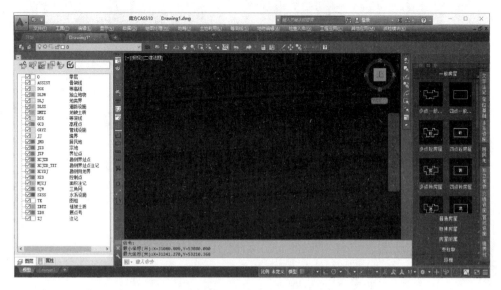

图 7 - 37　CASS10.1 软件界面

技术支持，并可参与用户、开发人员、技术服务人员之间的讨论与交流，还可以在该网站内了解到 CASS 软件的最新动态，下载最新版软件及其新功能使用介绍的相关技术资料。利用 CASS 软件进行地形图的数字化内业成图，主要流程如图 7 - 38 所示。

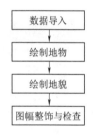

图 7 - 38　CASS 软件数字化成图的基本流程

### 7.3.4.1　数据导入

前述介绍的数据从全站仪或 RTK 下载下来，只是将测量的碎部点坐标下载到一个文件，但还没导入 CASS 软件中。数据导入 CASS 软件的步骤如下。

1. 选择数据文件

单击"绘图处理"→定显示区→选择数据文件，此处选择 CASS 软件自带的数据文件 STUDY. DAT，如图 7 - 39 所示。

2. 导入碎部点数据

单击打开数据文件，即将测量碎部点数据导入 CASS 软件，并显示所有坐标的最大、最小 $X$、$Y$ 值，即所有碎部点所在的矩形区域，如图 7 - 40 所示。

3. 设置比例尺

单击"绘图处理"→改变当前图形比例尺，确定所需要成图的比例尺，这里只需要输入比例尺的分母。系统默认的地形图是 1 : 500，若成图比例尺为 1 : 500，可直接回车确认，如图 7 - 41 所示。

4. 展点

单击"绘图处理"→展野外测点点号，如图 7 - 42 所示，展绘出各点的点号。

### 7.3.4.2　地物绘制

地物按地形图图式规定的符号、线、注记等绘制出来，CASS 软件已经集成符号，并分类放置。要绘制某地物时，先选择相应的地物符号，然后按提示依序输入对应的该地物

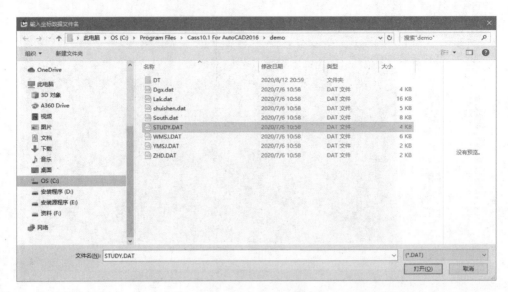

图 7 - 39 选择数据文件

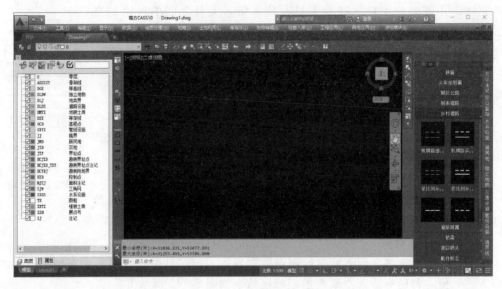

图 7 - 40 测区测量点统计

的点号即可。这就要求在外业测量过程中，辅助绘制草图，在草图上对测量的各地物，标明哪些点号对应的碎部点连起来是该地物。

这里简要讲述道路、房屋、陡坎等地物的绘制方法。注意 CASS 软件里对点的定位可以选择坐标定位或点号定位方法，这里绘制地物，要先在界面的右侧，选择点号定位。

1. 控制点

输入测图范围的控制点。这里假定所使用数据文件里点号 1、2 的两点，分别为四等导线点，点号分别为 ST01、ST02。这里以四等导线点 ST01 为例，介绍在 CASS 软件里

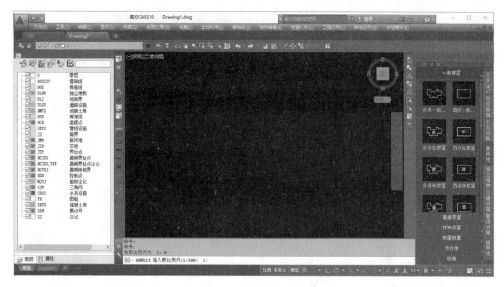

图 7 - 41　确定绘图比例尺

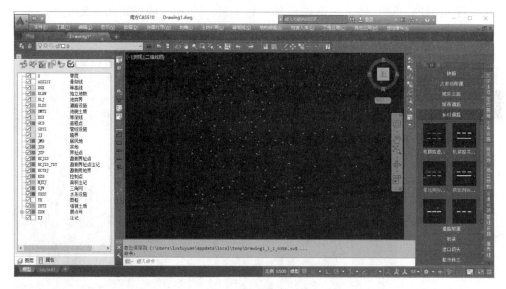

图 7 - 42　展野外测点点号

展控制点的方法。先在界面右侧的符号大类里找到"定位基础"→平面控制点→导线点，输入四等导线点 ST01 对应的点号 1，"等级-点号"处输入四- ST01，就以分数的形式在点号为 1 的位置上展绘出四等导线点 ST01 控制点，其分子表示为Ⅳ ST01，分母为该点的高程值 495.80；相同方法展绘另一个控制点 ST02，结果如图 7 - 43 所示。

2. 道路

先在界面右侧的符号大类里找到"交通设施"→乡村道路→依比例乡村路，然后顺序输入道路一侧碎部点的点号 92、45、46、47、48；输完后回车，拟合线输入 y（即是对前面输入点连成的折线段进行曲线拟合）；对道路的另一边的确定选择"边点式"（即现在已

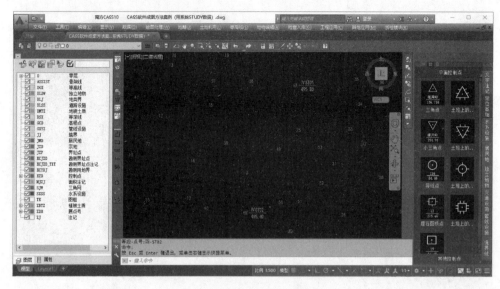

图 7-43　CASS 软件展绘控制点

经绘制出了道路的一边，确定出道路另外一边上的一个点，即确定出道路的另一边的位置），输入道路另外一边上点的点号 19，回车，即绘制出测量区域内的一段道路，如图 7-44 所示。

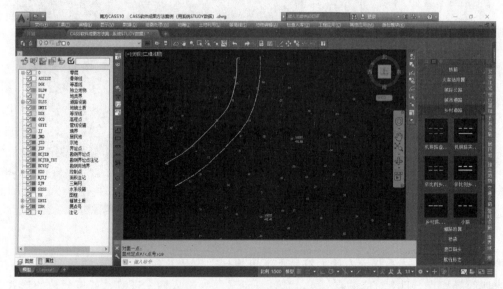

图 7-44　CASS 软件绘制道路

3. 房屋

绘制测量范围内的房屋。先在界面右侧的符号大类里找到"居民地"→多点混凝房屋，然后顺序输入房屋角点的点号及操作命令，49、50、51、J（这是房屋凹进去的一个角点，未测量，采用隔一点的方法，即通过这种方法确定一点，使得这点与前后两点的连线相垂直）52、53、C（即 53 号点与第一点 49 连线，形成封闭范围），最后按提示，输入该房屋的层数 3，最后如图 7－45 所示，在房屋范围内也有前面输入的内容"混凝土3"，即 3 层的混凝土楼房。

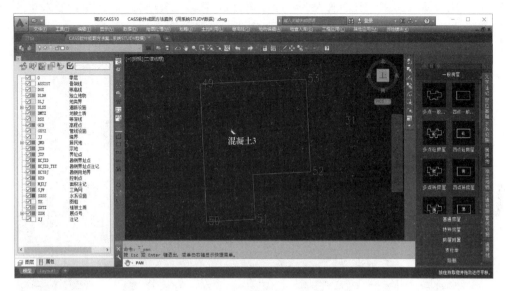

图 7－45　CASS 软件绘制房屋

4. 菜地

绘制测图区域内的菜地。先在界面右侧的符号大类里找到"植被土质"→菜地，选择（1）绘制区域边界，依序输入边界点的点号 15、11、16、17，输入 C（构成一个封闭区域），最后选择不拟合边界、保留边界，软件自动用菜地符号填充该封闭区域，最后结果如图 7－46 所示。

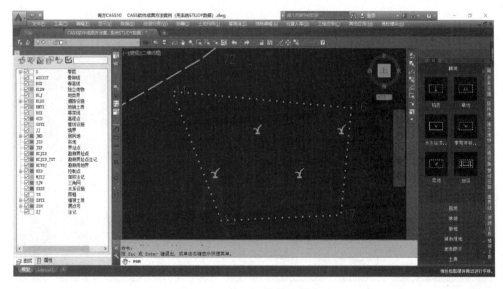

图 7－46　CASS 软件绘制菜地

**5. 垣栅**

垣栅的绘制，先在界面右侧的符号大类里找到"居民地"→垣栅→依比例围墙，按顺序输入点号 4、5、7、8，拟合输入 N（即不拟合），输入墙宽（左＋右－），输入 0.5（这里的意思是墙体宽度是 0.5m），垣栅即绘制完成，结果如图 7－47 所示。

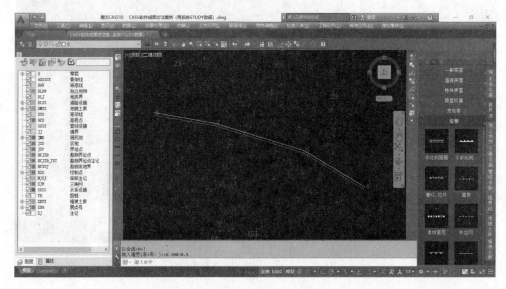

图 7－47　CASS 软件绘制垣栅

**6. 陡坎**

加固的陡坎属于人工地貌，将其纳入地物部分来介绍其绘制方法。先在界面右侧的符号大类里找到"地貌土质"→人工地貌→加固陡坎，依序输入陡坎转折点的点号 94、37、36、95、59，选择不拟合，最后用陡坎符号表示出，结果如图 7－48 所示。

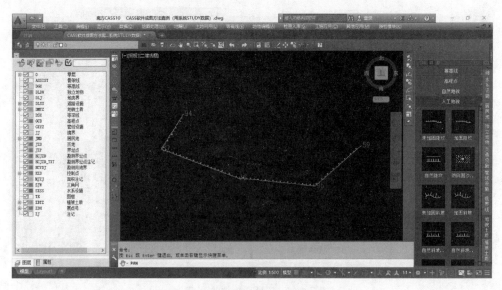

图 7－48　CASS 软件绘制陡坎

### 7.3.4.3 地貌绘制

这里说的地貌绘制，主要是指悬崖、冲沟、坡地等自然地貌用特定的符号、等高线来表示地面的高低变化。前述地物绘制中加固的陡坎及这里所说的悬崖、冲沟等地貌，可以采用测量碎部点的点号，或者坐标定位的方法，确定其边界，地形图成图软件自动用图式规定的符号表示出来。自然地貌的绘制工作，主要内容是用等高线来表示地表的起伏变化。等高线可以采用手工勾绘，如果测量的碎部点间坡面坡度无突变的情况，借助于成图软件快速自动生成等高线，可以比较精准地体现出地表的变化。

无论是采用手工勾绘，还是通过软件生成等高线，在绘制等高线之前，要先进行碎部点高程值的展绘。在白纸或聚酯薄膜上展点、然后手工勾绘等高线的成图方法，目前已经使用不多，这里只介绍在绘制等高线之前，采用 CASS 软件进行展点的操作。

在完成前述地物的绘制后，关闭碎部点的点号所在层，然后在"绘图处理"菜单→展高程点→选择 CASS 软件自带的数据文件 STUDY.DAT 后，选择不展绘高程为 0 的点，完成碎部点的展绘，如图 7 - 49 所示，在原显示各点点号的位置处，显示出各点的高程值（数据文件中有点的高程值为 0，未展绘）。

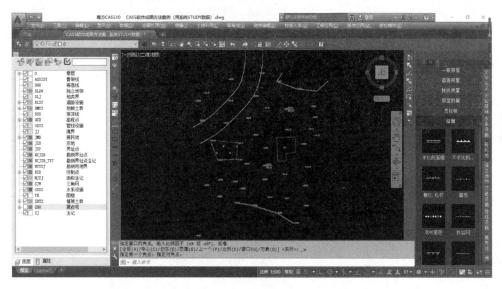

图 7 - 49　CASS 软件展绘碎部点高程

### 1. 手工勾绘等高线

手工勾绘等高线前，首先勾绘出山脊线、山谷线等地性线。通常以实线连成山脊线，以虚线连成山谷线，如图 7 - 50 所示。地性线起着控制等高线走向的作用，其连接情况与实地是否相符，直接影响到最后等高线反映的地表的准确程度，必须予以高度重视。野外测图过程中，应加强野外草图的勾绘，或者在存储碎部点坐标时，可以采取对地貌特征点编制代码的办法加以注记，方便成图的时候使用。总之要注意地性线的连接，避免连错点，确保等高线如实反映地貌。

地性线连接完后，进行相邻碎部点间高程值内插。进行高程值内插的基本前提是假设相邻碎部点间的地表坡度均一（在野外测量中，地面坡度变化的地方就要进行碎部点测

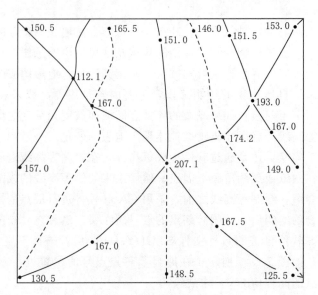

图 7 - 50 　 地性线连接

量，以尽量保证相邻碎部点间的坡度均一），采用目估内插的方法来确定相邻碎部点间等高线通过的位置，如图 7 - 51 所示。

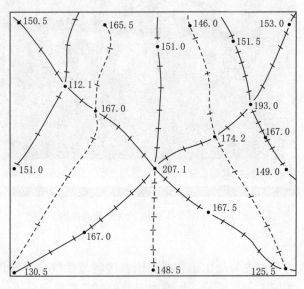

图 7 - 51 　 高程值内插

高程值内插后，将高程相等的点用等高线连接起来（一般是先绘制计曲线），注意保证等高线光滑，局部有不合适的地方可调整，计曲线要加粗，如图 7 - 52 所示，图中等高距为 10m，所以高程值为 150m、200m 的等高线为计曲线，以加粗表示。

2. 软件生成等高线

对于野外碎部点采集较密、碎部点间坡度均一，而且测区内没有陡坎、悬崖、冲沟等

146

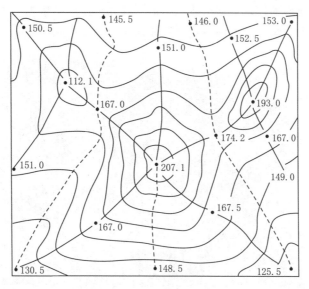

图 7-52 等高线连接

特殊地貌，可以通过软件，借助构建碎部点间 DTM 的方法来生成等高线。其操作步骤
如下：

（1）建立 DTM。点击"等高线"→建立三角网（DTM），就是将相邻碎部点相连，
构建成三角网形，选择 CASS 软件自带的数据文件 STUDY.DAT，建立的三角网如图
7-53 所示。

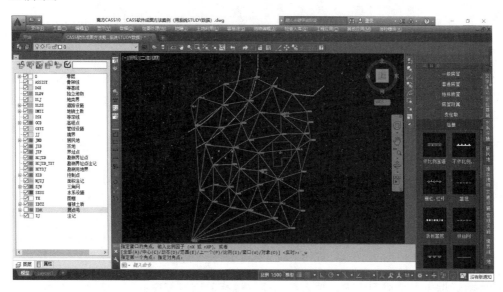

图 7-53 建立三角网

软件自行建立的 DTM 有可能与实地不符合。比如山谷线上相邻的点应直接相连成三
角形的一条边，但软件可能将山谷处两侧边坡上各一点直接相连，而构建成三角形的一条
边，依据这样的三角网而生成的等高线就会失真，可点击"等高线"→重组三角形，编辑

那些不适宜构成三角形的边，重新构建三角形（具体哪些点，依据实地的碎部点情况来进行操作）→修改结果存盘。最后保存重组后的三角形网，如图7-54所示。

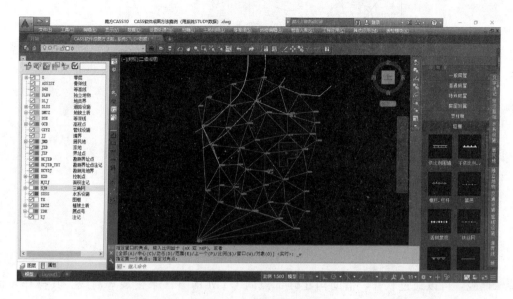

图7-54　重组三角网

（2）绘制等高线。点击"等高线"→绘制等高线，出现对话框，如图7-55所示。

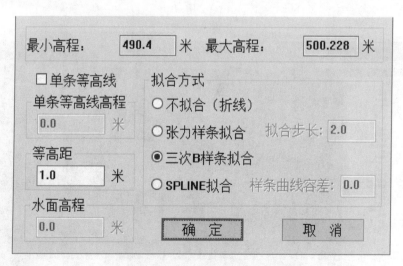

图7-55　绘制等高线选项

在对话框中，按成图要求，填入等高距、选择等高线相应的拟合方式，点击"确定"，即生成该区域等高线，并选择关闭三角网（SJW）图层，即得该区域初始地形图，如图7-56所示。

（3）等高线的注记。为方便使用地形图，快速确定等高线的高程值，要对等高线进行注记，即在某（或某些）等高线上标注其高程值。其操作方法是事先绘制一条从坡下垂

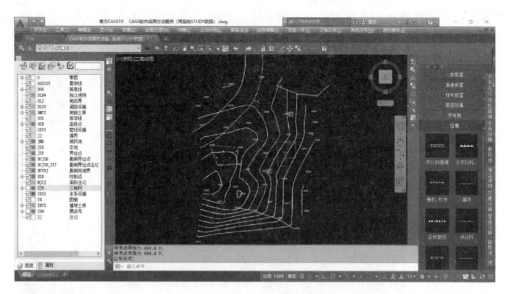

图 7-56  等高线绘制

直向坡上的辅助直线，然后在"等高线"菜单下→等高线注记→沿直线高程注记→只处理计曲线→选择事先绘制的辅助直线，即完成等高线的注记，并自动删除事先绘制的辅助直线，如图 7-57 所示，在高程值分别为 495、500 的两等高线上分别注记有相应的高程值。

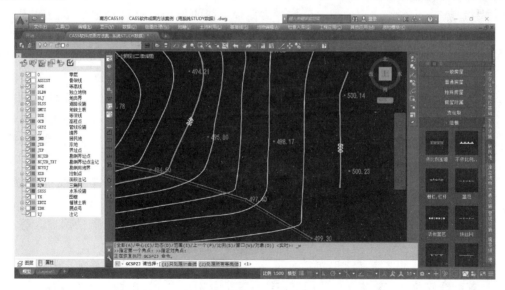

图 7-57  等高线注记

（4）精简高程点。野外测量中，凡是地形特征点，都需要测量，因此所测量的碎部点就比较多。在绘制完等高线后，如果全部碎部点的高程值仍留在地形图上，会使得地形图显得非常杂乱，因此要对注记的一些高程值进行精简，突出等高线，不影响等高线的使用。一般而言，对地性线、重要地物、地表坡度突变位置上的高程值，尽量保留；其他地方的高程值，酌情精简；控制点的高程值，已经通过符号表示出来，因此其展点旁边的高程值应删除。对本例的地形图进行高程点精简后，如图 7-58 所示。

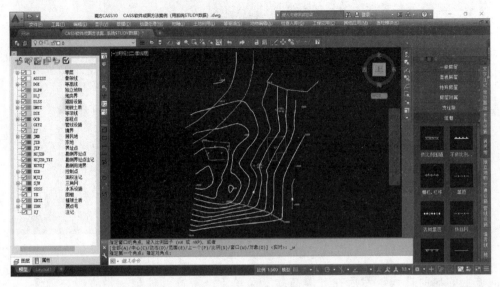

图 7-58　高程点精简

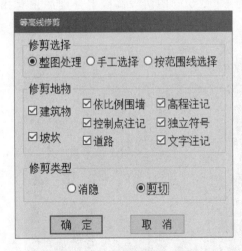

图 7-59　等高线修剪选择

（5）等高线的修剪。前述绘制完成的等高线，有些高程值、注记等与等高线相重叠，不方便地形图的使用，也影响地形图的美观；而且软件自动生成的等高线可能与实地有不符的地方，比如本例中的公路、房屋、菜地范围，等高线就不能穿过。因此要对生成的等高线进行修剪。在"等高线"菜单下→等高线注记→批量修剪等高线，出现"等高线修剪"的选择框，如图 7-59 所示，选择拟进行等高线修剪的类型。

对各项确定后，即可对等高线进行修剪，结果如图 7-60 所示，可见步骤（3）中注记的高程值 495、500 及地貌中绘制的房屋，等高线都在该位置处中断。

从图 7-60 可见，等高线仍然穿过道路、菜地，继续进行等高线修剪。点击"等高线"→等高线修剪→切除指定二线间等高线→鼠标分别点击道路的两边→切除穿过道路的等高线；点击"等高线"→等高线修剪→切除指定区域内等高线→鼠标点击房屋边界线→切除穿过房屋等高线；重复这步操作，选择点击穿过菜地边界线，切除穿过菜地等高线；结果如图 7-61 所示。

#### 7.3.4.4　地形图的检查与修改

地形图勾绘结束后，要进行地形图的检查、校对、修改工作，主要对全部控制资料、

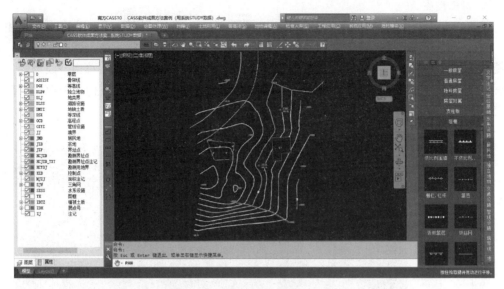

图 7-60 等高线修剪 1

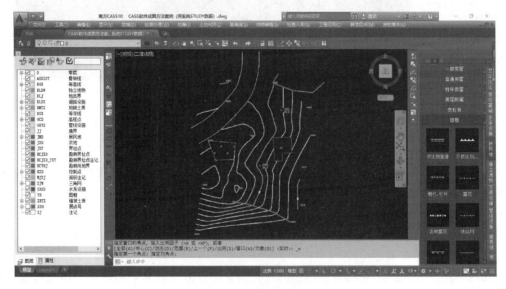

图 7-61 等高线修剪 2

地形资料的正确性、准确性、合理性等进行概查、详查和抽查。检查方式有室内检查、巡视检查和设站检查。

1. 室内检查

室内检查的内容主要有：图上地物、地貌是否清晰易读；各种符号使用是否正确；等高线与地形点所注记高程是否相符，计曲线使用是否正确；等高线上是否有足够高程注记，等高线是否有不恰当的断开；图边接图是否正确等。如果发现内业解决不了的问题，则采取外业巡视手段解决。

2. 巡视检查

依据内业检查发现的问题，进行外业巡视检查，将图上的地物、悬崖等与实地相对比，查看交通道路、居民地等名称注记与实地是否一致。如前述陡坎的绘制操作错误，使得陡坎的加固方向与实际相反，就要进行修正。在"地物编辑"下拉菜单中→线型换向→鼠标点击前述绘制的陡坎符号，即可对原绘制的陡坎的加固坡向改变方向。修改后的陡坎如图 7-62 所示，可见，图中的陡坎符号与图 7-48 中的方向相反。

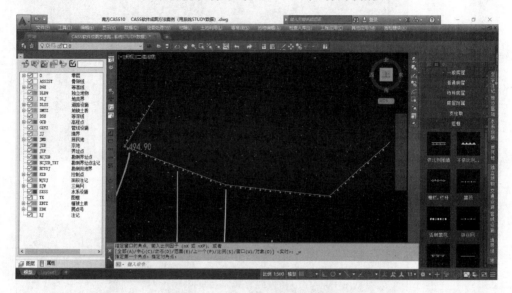

图 7-62　地形图的检查与修改

如果巡视过程中发现的问题现场解决不了，则设站检查。

3. 设站检查

设站检查就是在控制点上重新安设仪器，测定前面室内检查、巡视检查发现的地物、地貌存在的问题，按重新测定的数据修正原有地形图。

#### 7.3.4.5　地形图的整饰

地形图的地物绘制、地貌勾绘完成后，要对地形图进行分幅、整饰、出图。

1. CASS 参数配置

在对地形图分幅前，要明确地形图的有关信息，最后反映到每幅图上，即进行地形图的 CASS 参数配置。配置方法为：点击"文件"菜单→CASS 参数配置→图廓属性，调出图廓的信息对话框，在各框内，输入本地形图的密级、测量单位名称、坐标系、高程系、图式、日期等相关信息，并勾选比例尺等，如图 7-63 所示，点击"确定"后，即将输入的有关信息保存。

2. 加方格网

先对测区加方格网。CASS 软件成图的方格网是采用"+"来表示，纵横向两相邻的"+"符号间距表示图纸上 0.10m 的长度。加注方法是点击"绘图处理"下拉菜单→加方格网→测图区域的左下方、右上方分别用鼠标点击一下。操作完成后，在整个测区，纵横坐标都等于图纸上 0.10m 整数倍的所有位置处，软件自动标注上"+"符号，如图 7-64

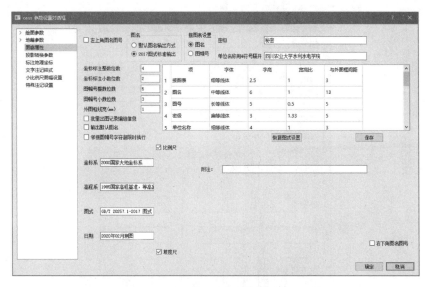

图 7-63 图廓属性

所示。通过"+"符号，可以知道测区分布、范围等情况。

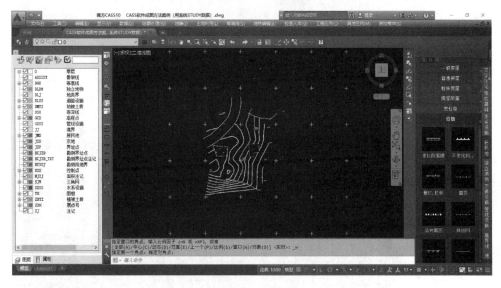

图 7-64 加方格网

3. 地形图分幅

测区范围一般较大，对测区的地形图要分成多幅地形图才能表示完测区。点击"绘图处理"→标准图幅（50cm×50cm），弹出对话框，如图 7-65 所示，填入该图幅的图名、接图表上周边图幅的图名（本例测图范围小，无周边图幅）；选择分幅方式（亦即图幅左下角位置的取定方式），然后点击图面坐标拾取按钮，选择一合适的"+"，点击"确认"，即完成测区的分幅。

图 7 - 65 图幅整饰

完成了地形图的分幅工作，即得到各幅地形图，本例的一幅地形图如图 7 - 66 所示。

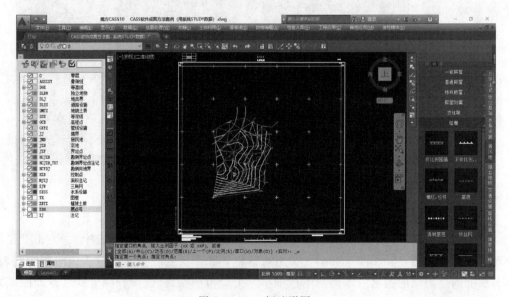

图 7 - 66 一幅地形图

#### 7.3.4.6 地形图的验收

验收的主要依据是技术设计书和国家相应规范。遵循"两级检查、一级验收"的要求，作业组 100% 的过程检查，项目部检查和单位质检人员检查，验收由用户或其委托单位组织，包括概查和详查。

### 7.3.5 无人机地形图测绘

传统的大比例尺地形图测绘多采用内外业一体数字化测图的方法，即首先采用静态 GNSS 测量技术布设控制网，然后采用 RTK 或全站仪方法进行碎部测量。可以看出，传统的地形测量方法，需要测量人员抵达每一个碎部点，在碎部点上采集坐标等信息，可称之为点测量模式，其测量效率较低，而且每站的测量范围受地形、地势的限制，因此在大范围地形测量中会受到一定的限制。近年来，无人机低空摄影技术的发展和成熟，为大比例尺地形图测量提供了一种新方法。

#### 7.3.5.1 无人机地形图测绘简介

无人机测绘属于低空航空摄影的范畴，一般是指通过无人机搭载数码相机获取目标区域的影像，同时在目标区域通过传统方式或 GNSS 测量方式测量少量控制点，然后应用数字摄影测量系统对获得的数据进行全面处理，从而获得目标区域三维地理信息模型的一种技术。对获取的地表航空遥感数字影像经过摄影测量数据处理后，能够提供指定区域的数字高程模型（Digital Elevation Model，DEM）、数字正射影像图（Digtal Orthophoto Model，DOM）、数字线划图（Digital Line Graphic，DLG）和数字表面模型（Digital Surface Model，DSM）等 4D 测绘成果。

航空摄影按相片倾斜角可分为垂直摄影和倾斜摄影。无人机既可以进行垂直摄影测量，也可以进行倾斜摄影测量。倾斜摄影技术是测绘领域近些年发展起来的一项高新技术，它打破了以往正射影像只能从垂直角度拍摄的局限，通过在同一飞行平台上搭载多台传感器，可以同时从垂直、侧视、前后视等多个不同的角度采集影像，获取到测量对象顶面及侧视的高分辨率纹理，通过先进的定位、融合、建模等技术，生成真实的测区三维模型，可以大大降低三维模型数据采集的费用和时间。相比于全站仪、RTK 的大比例尺地形图测绘方式，无人机测绘技术具有成本低、效率高、机动性及灵活性高、云下超低空飞行而不受云层遮挡、精度高等优势，目前已经广泛用于应急保障、数字城市建设、地理国情监测、大比例尺地形图测绘等领域。

无人机低空摄影测量大比例尺地形图的工作可以分为技术设计、外业航空摄影、内业数据处理、成果检查与评价四个步骤。

#### 7.3.5.2 无人机地形图测绘技术设计

进行无人机测绘地形图之前，应首先收集资料，了解项目背景和航测要求，进行实地踏勘，全面了解测区，并确立航测技术方案。无人机航测技术设计的内容包括：阐述测区概况及测区范围、选用合理的无人机、确定航高、取定相片重叠度、规划航线、确定拍摄日期及无人机起降的具体位置等；为确保航测的顺利进行及无人机低空飞行安全，需按照相关规定向航空管理部门申请测区空域的飞行许可。

无人机航测技术设计中的重要内容，是依据测区的实际情况和低空数字航空摄影规范的相关规定，对航摄技术参数进行设置，以保证无人机按照规定的轨迹飞行，具体包含以下几个方面。

1. 确定航高

根据航摄成图不同比例尺的要求，结合测区的地形条件及影像用途，依据测图比例尺，确定影像的地面分辨率（表 7-4），根据式（7-4）计算航高。

$$H = \frac{f \times GSD}{a_{SIZE}} \tag{7-4}$$

式中　$H$——摄影航高；

$f$——物镜镜头焦距；

$a_{SIZE}$——像元尺寸；

$GSD$——航摄影像地面分辨率。

**表 7-4　测图比例尺与地面分辨率对照表**

| 测图比例尺 | 地面分辨率/cm |
| --- | --- |
| 1∶500 | ≤5 |
| 1∶1000 | 8～10 |
| 1∶2000 | 15～20 |

2. 取定像片重叠度

航空摄影主要有按航线摄影和按区域摄影两类。按航线摄影指沿一条航线，对地面的狭长地区或沿线状地物（铁路、公路等）进行的连续摄影称为航线摄影。按区域摄影指沿数条航线对较大区域进行连续摄影，这要求各航线互相平行。为了使航线上相邻像片的地物能互相衔接以及满足立体观察的需要，相邻像片间需要有一定的重叠，称为航向重叠；相邻航线间的像片也要有一定的重叠，这种重叠称为旁向重叠。依据《低空数字航空摄影规范》（CH/Z 3005—2010），像片重叠应该满足：航向重叠度在通常情况下应该为 60％～80％，不得小于 53％；旁向重叠度在通常情况下应该为 15％～60％，不得小于 8％。

3. 规划航线

无人机航测技术设计的重要内容之一就是进行航线规划，以使无人机按照预定路线飞行并完成测区的航拍任务，目前有不少成熟的软件可以完成航线规划工作。如图 7-67 所

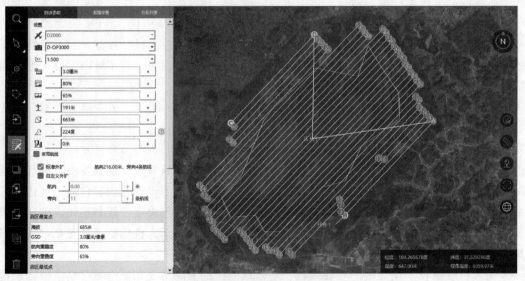

图 7-67　航空摄影规划的航线

示，在某航测项目上，采用无人机管家软件，在 Google Earth 上勾绘出航测范围后，输入航线的各参数，由软件自动规划出的航线。

航线设计在无人机航空摄影测量中起着重要的作用，其直接决定了整个航测工作的工作量、精准度，其需要对作业范围、地形地貌特点、摄影测量参数以及摄影测量的结果进行综合设定。现有的航线设计软件，可以依据航高、相片重叠度、地面分辨率等参数，完成航线设计工作。

### 7.3.5.3 无人机地形图测绘外业测量

采用无人机技术进行大比例尺地形图测量工作的外业测量，主要包括控制点测量、无人机低空航空摄影测量、地物信息调绘、地物信息补绘等。

航空摄影测量是对目标区域进行测量，获取目标区域的地理信息，这需要地面控制点的坐标信息。航空摄影测量中控制点也被称为像控点，像控点有两个方面的作用，其一是作为定向点，用于求解像片成像时的位置和姿态；其二是作为检查点，用于检查生产成果的精度。

像控点分三种：像片平面控制点（简称平面点），只需控制点的平面坐标；像片高程控制点（简称高程点），只需控制点的高程；像片平高控制点（简称平高点），需要控制点的平面坐标和高程。目前 RTK 技术已经非常成熟，从测量结果来看其不仅可以满足像控点对平面坐标和高程的精度要求，而且效率高，与传统像控点测量方法相比具有较大的优越性，实际作业中普遍采用 RTK 技术测量，可以同时获得像控点的平面坐标和高程，即全部是平高点。

像控点布设的不规范或者不合理，对航测数据的后处理影响很大，甚至需要返工补测像控点。像控点的布点，要遵循如下原则：

（1）像控点一般按航线全区统一布点，可不受图幅单位的限制。

（2）布在同一位置的平面点和高程点，应尽量联测成平高点。

（3）相邻像对和相邻航线之间的像控点应尽量公用。当航线间像片排列交错面不能公用时，必须分别布点。

（4）位于自由图边或非连续作业的待测图边的像控点，一律布在图廓线外，确保成图满幅。

（5）像控点尽可能在航测前布设地面标志，以提高刺点精度，增强像控点的可取性。

（6）点位必须选择在像片上的明显目标点，以便于正确地相互转刺和立体观察时辨认点位。

无论是何种像控点，均要求选择在相对空旷、四周无遮挡或者较少遮挡、避开有阴影区域且坡度小、受破坏的可能性小的明显目标点上。所谓明显目标点，就是在航摄像片上的影像位置可以明确辨认的点。因此，在外业应选择航摄像片上满足影像清晰、目标明显的像点作为像控点，如等级道路上限速数字尖点与拐点、斑马线拐角、平顶房屋角或围墙角等接近正交的线状地物交点或固定的点状地物上。

对于地面目标稀少的航摄区域或对像控点精度要求较高时，宜采用先在实地布设标志的方法确定像控点，像控点实地布设标志可以用喷漆及靶标的方法。在一般水泥路、沥青路等乡村道公路上，可利用油性喷漆划"十"字形标记，注意标记一定要够宽，以便内业时可在像片上精确地刺点。标靶为黑白颜色相间的 $60cm \times 60cm$ 左右的标志，如图 7-68 所示。标靶像控点用钉子固定在平地上，飞机航测后可回收再次使用。采用喷漆及靶标的方法布设完像控点后，在其旁边标记上点号，并拍 2～4 张不同角度的照片，最好有参照物，以便内业处理找点方便。

像控点选点完成后多采用 RTK 进行测量其平面坐标和高程。

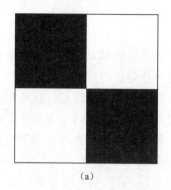 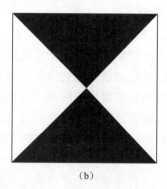

（a）　　　　　　　　　　　　　　　　（b）

图 7-68　靶标样式

#### 7.3.5.4　无人机地形图测绘内业数据处理

无人机航空摄影测量内业数据处理工作包括影像定向、DEM 生成、正射影像生成、测图等内容。

影像定向就是要获取影像的位置和姿态，影像的位置和姿态称为外方位元素。影像本质是空间的一个平面，影像定向就是要求解出这个平面的位置。每张影像的定向至少需要 3 个控制点，而一个航测项目所拍摄的影像较多，难以通过野外测量来满足所有影像对控制点的数量需求，其解决办法就是通过空中三角测量。

空中三角测量是用摄影测量解析法确定区域内所有影像的外方位元素及待定点的地面坐标，其利用少量控制点的像方和物方坐标，求解出未知点的坐标，使得区域网中每个模型的已知点都增加到 4 个以上，然后利用这些已知点求解所有影像的外方位元素。在进行空中三角测量时，先将所有影像进行相对定向，形成自由网，然后再用地面控制点进行绝对定向，最终求解出每张影像的位置和姿态。在空中三角测量过程中需要加入一些连接点，将影像相互连接成一个整体，当空中三角测量完成后，这些连接点的地面坐标被求解了出来，变为了已知影像位置和坐标的点，在后续的工作中可以当作控制点用，这些通过空中三角测量处理生成的控制点称为加密点。空中三角测量过程中包含的已知点由少到多，所以空中三角测量又称为空三加密。

数字高程模型（Digital Elevation Model，DEM）是测绘学从地形测绘角度来研究数字地面模型，一般仅把基本地形图中的地理要素，特别是高程信息作为数字地面模型的内容，通过储存在介质上的大量地面点空间坐标和地形属性数据，以数字形式来描述地形地貌。对无人机航摄的影像进行空三加密后，通过摄影测量基本原理中同名点前方交会得到地面点坐标的方法，进行密集匹配，经过各种匹配算法获得测区密集点云；然后对密集点云进行飞点滤除、噪声滤除、非地面点滤除，生成 DEM，最后通过人工对 DEM 进行检查、编辑，得到最终的 DEM 产品。

进行航空摄影过程中，无法保证摄影瞬间航摄像机处于绝对水平，因此得到的影像是一个倾斜投影的像片，像片各个部分的比例尺不一致；而相机成像时是按照中心投影方式成像的，因此高低起伏的地表在像片上就会存在投影差。为使影像具有地图的特性，就需要对影像进行倾斜纠正和投影差改正，经改正、消除各种变形后，得到的平行光投影的影像就是数字正射影像 DOM（Digital Orthophoto Model）。在前述 DEM 生成后，即可进行数字正射影像的生成工作。正射影像制作最根本的理论基础是构像方程，就是摄影中心、影像点及其对应地面点位于一直线的关系式，根据这个关系式，摄影范围内的任何地面点都可以在影像上找到对应的像点。正射影像制作过程就是一个微分纠正的过程。现在无人机航测直接获取数字影像，使用数字影像处理技术、数字微分纠正技术，根据有关的参数与数字地面模型，基于相应的构像方程式，或按一定的数学模型用控制点解算，从原始非正射投影的数字影像获取正射影像。

在建立了目标区域三维地理信息模型后，对目标区域中的地物信息、地貌信息都采用矢量线进行描述，由这些矢量线组成的图就称为数字线划地图（Digital Line Graphic，DLG）。DLG 生产需要在专业立体环境中进行，系统先将获取的影像两两组成立体像对，然后将数据放入由专业立体显示设备和立体观测设备组成的立体环境中，作业人员在立体环境中，对准目标、跟踪绘制出其三维矢量线，这个过程称为测图。测图是一个立体采集的人机交互过程，需要作业人员对影像中的目标逐个描出来并赋予属性；对于立体模型上无法判定其性质的地物或其他因遮挡而无法采集完整的地物，要辅助进行外业调绘和地物补测来解决。最后对 DLG 进行检查、编辑，生成最终的 DLG 成果。

#### 7.3.5.5 无人机地形图测绘成果的检查与评价

对无人机地形图测绘成果的检查与评价，可以从外业、内业两大部分工作进行。

对外业工作的检查与评价，可以侧重从航线的检查与评价（检查、评价航线是否合理，包括航高、重叠度、测区覆盖情况）、航空摄影获取的影像数据的检查与评价（检查、评价影像数据描述是否规范，通过测区快拼图评判影像覆盖是否合理、随机检查影像质量是否合格等）进行。

对内业工作的检查与评价，可以针对内业成果进行。对 DEM 质量的检查与评价，可以利用 DEM 获取控制点坐标，将其与控制点原始坐标进行对比，来评价、检验 DEM 的精度。对正射影像的检查与评价，可以侧重从平面位置精度、接边方面进行。采用量取正射影像图上明显地物点坐标，与数字化地形图上同名点坐标相比较，或者通过野外 GPS/RTK 采集明显地物点，与影像同名地物点相比较，以评价其平面位置精度；采用量取相邻两数字正射影像图重叠区域处同名点的坐标，检查同名点的较差是否符合限差，来评价接边精度；通过计算机目视检查接边处影像的亮度、反差、色彩是否基本一致，是否有明显失真、偏色现象，评价接边处影像。对 DLG 成果的检查与评价，可从 DLG 数据是否完整、各地物形状和属性是否按规范采集进行检查与评价。

#### 7.3.6 CASS_3D 软件

随着倾斜摄影测量技术的成熟，越来越多的地形图测绘（尤其是测区内房屋建筑较多的测绘项目）采用无人机进行倾斜摄影测量、内业借助专业软件来完成地形图的成图工作。这种倾斜摄影测量的内业成图，关键是构建好倾斜三维模型后，如何快速进行地物、地貌信息的采集。CASS_3D 是无人机测量内业工作中成熟的基于倾斜三维模型、裸眼 3D 绘图的专业软件，被广泛应用于大比例尺地形图的测绘工作中。

**7.3.6.1　CASS_3D 软件简介**

CASS_3D 软件是由广东南方数码科技股份有限公司研发，采用挂接式安装至 CASS 平台，支持 CASS 平台下加载、浏览 DSM（数字地表模型），并基于 DSM 采集、编辑、修补 DLG 的三维测图软件。CASS_3D 直接在 CASS 平台展开三维场景，同时命令提示拓展三维采集快捷键，实现视角快速切换、缩放、快速采集等；同时结合新型三维数据空间特点，采用智能绘房技术，实现三维空间建筑智能辨识，自动提取模型高程、定位信息，并将其矢量化边界成图于界面，做到采集高效、便捷、精确、智能。CASS_3D 支持倾斜三维模型，采用裸眼 3D 技术，无须佩戴专业设备，即可同步在三维窗口采集、二维窗口生成 DLG 数据；该软件支持 CASS6.1 至 CASS10.1 所有版本，在嵌入安装到 CASS 后，会出现 CASS_3D 工具条，在加载模型后，其界面如图 7-69 所示，软件具备采集高程点、绘制建筑物和等高线等功能，能快速生成数字化地形图。

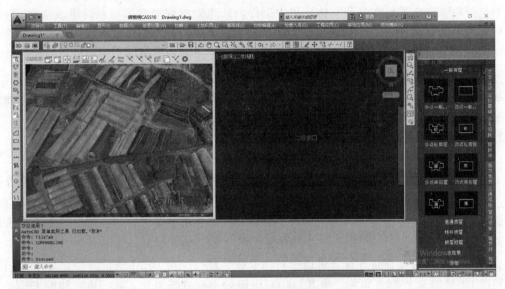

图 7-69　CASS_3D 操作界面

CASS_3D 详细的功能介绍、操作步骤、技术交流、软件下载，可到广东南方数码科技股份有限公司南方数码生态圈网站查阅相关资料，CASS_3D 基础版，可以一直免费使用。这里简要介绍采用 CASS_3D 的内业成图基本操作步骤。

**7.3.6.2　加载倾斜三维模型**

点击菜单"打开 3D 模型"，在下图对话框中，选择和瓦片数据同路径下的模型数据（*.xml、*.osgb 等），点击"打开"，进行倾斜三维模型的加载，如图 7-70 所示。倾斜三维模型数据，一般由无人机采集，再由建模软件完成倾斜三维模型数据生成。

打开倾斜三维模型数据文件后，模型即加载到软件中，如图 7-71 所示，其左侧三维模型显示区域即显示出加载的三维模型。

图 7 - 70　加载模型数据对话框

图 7 - 71　加载后的三维模型

#### 7.3.6.3　地物绘制

地物绘制中，房屋的绘制是倾斜三维模型采集的重要内容，CASS_3D 软件提供直角绘房、智能绘房等多种采集模型。

直角绘房快速提取房屋直角边，生成房屋边线。操作步骤：在右侧地物绘制面板，选择多点混凝土房屋，双击符号→在命令行输入 w，进入直角绘房模式→选择三维模型中的房屋，在第一条边的墙面采集两个点，完成定向；接着按住左键顺序旋转模型，按顺序在其他墙面各采集一个点→采集完成，命令行输入 C 闭合，如图 7-72 所示，即绘制完成了该栋房屋的二维平面图。

图 7-72　直角绘房

智能绘房，双击即可自动识别并提取房屋边线成图。操作步骤：点击菜单：CASS_3D-设置→设置"智能绘房"的参数。勾选"双击左键启用"和绘房编码，如图 7-73 所示。

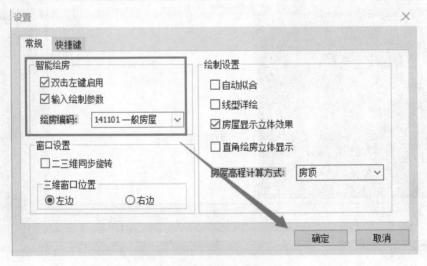

图 7-73　智能绘房设置

在三维模型上，选择符合智能提取条件的房屋，双击房屋的任意一点。在模型左下角生成缩略图，转动鼠标滚轮，调整提取的范围线，调整到正确位置后，回车确认房屋边线，完成智能绘房，其结果如图 7-74 所示。

#### 7.3.6.4　等高线绘制

CASS_3D 软件提供指定高程绘制等高线、闭合区域提取等高线两种方式，实现等高线快速绘制。

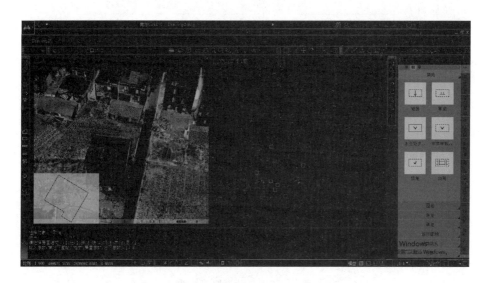

图 7-74 智能绘房

指定高程绘制等高线方法的操作步骤：点击菜单，绘制等高线，按命令行提示，设置等高距和固定高程值，在左侧三维窗口逐点绘制等高线，绘制完成按 C 键闭合，并选择拟合方式，如图 7-75 所示。

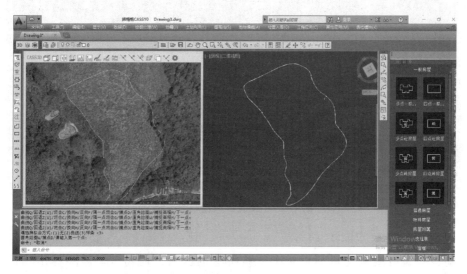

图 7-75 指定高程绘制等高线

闭合区域提取等高线方法的操作步骤：在命令行输入 pl 回车，在三维窗口绘制提取范围线，按 C 键闭合→点击菜单"CASS_3D-自动提取等高线"，选择前一步骤绘制完成的范围线，并在弹出的下图对话框中设置绘制参数，点击"确定"，如图 7-76 所示。

最后即可自动提取生成前述绘制的范围线内的等高线，如图 7-77 所示。

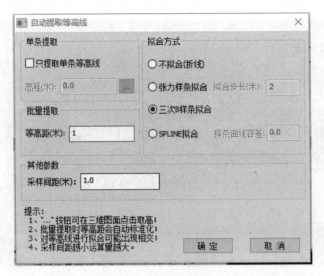

图 7-76　自动提取等高线

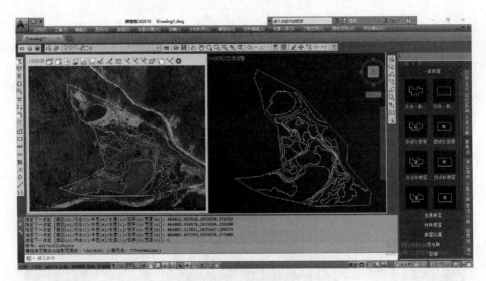

图 7-77　闭合区域提取等高线

### 7.3.6.5　高程值采集

地物、等高线绘制完成后，对于一些特殊的区域、地物等，需要标出其高程值。CASS_3D 软件提供单点绘制、线上提取高程点、闭合区域提取高程点三种方式，在倾斜三维模型中采集指定点位的高程值。

1. 单点绘制

单点绘制高程点的操作步骤如下：在命令行输入 DRAWGCD，回车→在左侧三维窗口，用鼠标点击三维模型中要采集的高程点→右侧二维窗口，自动同步生成高程点。结果如图 7-78 所示。

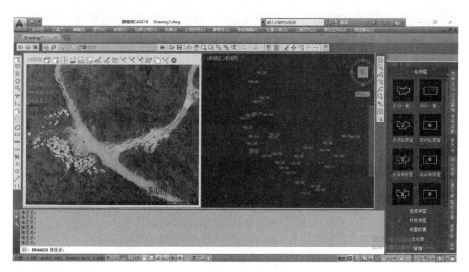

图 7 - 78　单点绘制

2. 线上提取高程点

线上提取高程点的操作步骤：点击菜单"CASS_3D -线上提取高程"→在左侧三维窗口，选择待提取的线要素→在弹出对话框中设置提取参数，点"确定"→自动提取线上节点处高程点。结果如图 7 - 79 所示。

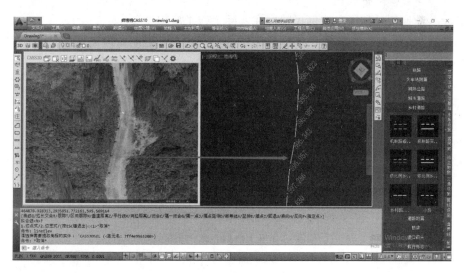

图 7 - 79　线上提取高程点

3. 闭合区域提取高程点

闭合区域提取高程点的操作步骤：在命令行输入 pl，回车。在左侧三维窗口绘制提取范围线，按 C 闭合→点击菜单"CASS_3D -闭合区域提取高程点"，选择前一步骤绘制的范围线，在弹出对话框中，设置提取参数，并点击"确定"，软件即在范围线内自动生成高程点。结果如图 7 - 80 所示。

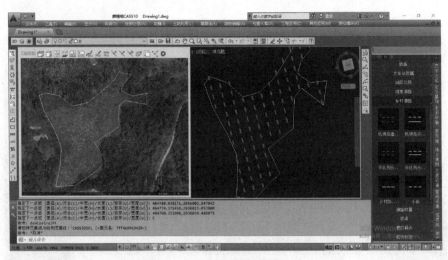

图 7-80   闭合区域提取高程点

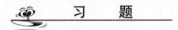 习   题

1. 地形图上地物、地貌分别用什么方法表示？

2. 如何理解比例符号、非比例符号、线形符号、地物注记？

3. 等高线有哪些特性？

4. 什么是比例尺精度？比例尺精度在实际工作中有何意义？

5. 什么是等高距、等高线平距和地面坡度？它们三者之间有何关系？

6. 简述全站仪进行野外测图一测站的操作过程。

7. 如图 7-81 所示，图中两控制点位于山包顶，实线为山脊线、虚线为山谷线，根据图中各碎部点的高程及地性线，完成等高线的勾绘（等高距取 0.5m）。

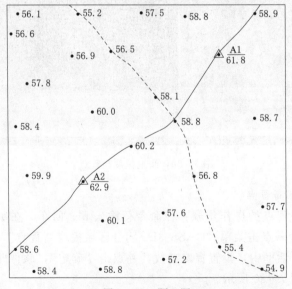

图 7-81   题 7 图

# 第8章 地形图的阅读与应用

对于绝大多数的工程建设者，涉及地形图的问题，不是在于如何测绘，而是如何读懂地形图、如何使用地形图。在一项工程的规划、设计阶段，工程涉及的范围可能比较大，设计人员首先就要解决工程项目的范围或地址在哪一幅或哪几幅地形图范围内的问题，即应掌握地形图的分幅与编号方面的知识，然后读懂地形图上工程项目所在地的地形、河流、交通设施等信息，再进行工程的选址、布置、工程量计算等具体的地形图应用。

## 8.1 概　　述

地形图是工程建设中必不可少的基础性资料。在每一项工程建设之前，都要先进行地形图测量工作，以满足设计、施工、管理的使用。在地形图上可以确定拟建建筑物的位置、点与点之间的距离与方位、建设工程的开挖及回填工程量、隧洞的长度、水库修建好后的库容、库区的集雨面积，等等，所以工程建设离不开地形图，设计、管理等人员必须要掌握识图、用图的基本技能。

## 8.2 地形图的分幅与编号

地形图的分幅有两种方法：一种是依据规定的一幅图对应的经差、纬差进行分幅，即经纬度分幅法；另一种是按坐标格网分幅的矩形分幅法。

我国基本比例尺地形图的分幅及编号都是在 1∶100 万比例尺地形图的基础上进行的。

### 8.2.1 经纬度分幅法

**8.2.1.1　1∶100 万地形图的分幅与编号**

1∶100 万地形图的分幅采用国标 1∶100 万地图分幅标准，每幅 1∶100 万地形图范围的经差为 6°、纬差为 4°；纬度 60°～76° 为经差 12°、纬差 4°；纬度 76°～88° 为经差 24°、纬差 4°。其分幅方法为从经度为 180° 的经线开始，自西向东每经差 6° 为一列，将整个地球表面分成 60 列，依次用阿拉伯数字（数字码）1、2、3、…、60 表示其相应列号；由赤道向两极直到 88° 为止，每纬差 4° 为一行，至南纬、北纬 88° 各分为 22 行，依次用大写拉丁字母（字符码）A、B、C、…、V 表示其相应行号。由所述经差、纬差对应的经纬线围成一个梯形区域，该区域即为一幅 1∶100 万地形图的范围。

1∶100 万比例尺地形图的编号由行数对应大写拉丁字母（字符码）与列数对应的阿拉伯数字（数字码）组成，字母写在前，数字写在后。国际 1∶100 万地形图的编号第一位分别用 N、S 符号表示南、北半球，我国的领土全部在北半球，编号省略注记 N。我国

领域内某地所在 1：100 万比例尺地形图图幅的编号计算公式为

$$
\left.
\begin{aligned}
行数 &= \mathrm{Int}\left(\frac{纬度}{4°}\right) + 1 \\
列数 &= \mathrm{Int}\left(\frac{经度}{6°}\right) + 31
\end{aligned}
\right\}
\tag{8-1}
$$

式中　Int——取整函数。

如我国甲地的纬度为 39°22′30″、经度为 114°33′45″，则其所在 1：100 万比例尺地形图的图幅编号为 J50。

**8.2.1.2　1：50 万～1：500 地形图的分幅与编号**

1：50 万～1：500 地形图的分幅与编号是在 1：100 万地形图的基础上进行的，其编号方法是在其所在 1：100 万地形图的编号后依次加上比例尺代码、该幅地形图在 1：100 万地形图中的行号、列号而成。1：50 万～1：2000 比例尺地形图编号的构成如图 8-1 所示。

图 8-1　1：50 万～1：2000 比例尺地形图编号构成

编号的前三位是该幅地形图所在 1：100 万地形图的编号，第四位是该幅地形图比例尺的代码，第五～第七位表示该幅地形图在 1：100 万地形图中的行号（共三位），第八～第十位表示该幅地形图在 1：100 万地形图中的列号（共三位），其编号共计十位。1：1000、1：500 的地形图在 1：100 万地形图中的行号、列号都是四位，因此其编号共计十二位。

比例尺的代码如表 8-1 所示。

表 8-1　　　　　　　　　　　　　比 例 尺 代 码

| 比例尺 | 1：50 万 | 1：25 万 | 1：10 万 | 1：5 万 | 1：2.5 万 | 1：1 万 | 1：5000 | 1：2000 | 1：1000 | 1：500 |
|---|---|---|---|---|---|---|---|---|---|---|
| 代码 | B | C | D | E | F | G | H | I | J | K |

一幅 1：100 万比例尺地形图分成其他比例尺地形图的图幅数、每幅其他比例尺地形图的图幅范围见表 8-2。

表 8-2　　　　　　一幅 1：100 万比例尺地形图分成其他比例尺地形图分幅情况

| 比例尺 | 1：100 万 | 1：50 万 | 1：25 万 | 1：10 万 | 1：5 万 | 1：2.5 万 | 1：1 万 | 1：5000 | 1：2000 | 1：1000 | 1：500 |
|---|---|---|---|---|---|---|---|---|---|---|---|
| 行列数 | 1×1 | 2×2 | 4×4 | 12×12 | 24×24 | 48×48 | 96×96 | 192×192 | 576×576 | 1152×1152 | 2304×2304 |
| 图幅数 | 1 | 4 | 16 | 144 | 576 | 2304 | 9216 | 36864 | 331776 | 1327104 | 5308416 |
| 经差 | 6° | 3° | 1°30′ | 30′ | 15′ | 7′30″ | 3′45″ | 1′52.5″ | 37.5″ | 18.75″ | 9.375″ |
| 纬差 | 4° | 2° | 1° | 20′ | 10′ | 5′ | 2′30″ | 1′15″ | 25″ | 12.5″ | 6.25″ |

若要确定某地所在的某一比例尺地形图图幅的编号，首先依据式（8-1）确定出该地所在 1：100 万地形图图幅的编号，再确定该幅 1：100 万地形图左上角的经纬度，最后依据该比例尺地形图一幅图的图幅经纬差，确定其在 1：100 万地形图中的行列数。对行列

的排定，是该幅地形图位于其所在的 1∶100 万图幅左上角的行、列号均为 1，向东，列号增加；向南，行号增加。

我国疆域内一幅 1∶100 万地形图左上角的纬度 $\phi_角$、经度 $\lambda_角$ 的计算式为

$$\left.\begin{array}{l} \phi_角 = 行数 \times 4° \\ \lambda_角 = (列数 - 31) \times 6° \end{array}\right\} \tag{8-2}$$

查表 8-2 中对应比例尺一幅图的纬差 $\phi_0$、经差 $\lambda_0$，代入式（8-3）中计算该幅图在所在 1∶100 万地形图中对应的行号、列号。

$$\left.\begin{array}{l} 行号 = \text{Int}\left(\dfrac{\phi_角 - \phi}{\phi_0}\right) + 1 \\ 列号 = \text{Int}\left(\dfrac{\lambda - \lambda_角}{\lambda_0}\right) + 1 \end{array}\right\} \tag{8-3}$$

若计算得到一幅地形图在 1∶100 万图幅中的行、列数不够 3（4）位，则在其前面补 0，填足 3（4）位。

**【例 8-1】** 有某地，经纬度分别为东经 $115°18'20''$、北纬 $39°54'20''$，计算其所在 1∶1 万地形图的图幅编号。

**解**：先求所在 1∶100 万地形图图幅的行列数：

$$行数 = \text{Int}\left(\frac{39°54'20''}{4°}\right) + 1 = 10$$

$$列数 = \text{Int}\left(\frac{115°18'20''}{6°}\right) + 31 = 50$$

其在对应 1∶100 万地形图的图幅的编号为 J50，1∶1 万地形图的代码为 G。

求其在对应 1∶100 万地形图的图幅左上角的经纬度：

$$\phi_角 = 行数 \times 4° = 10 \times 4° = 40°$$

$$\lambda_角 = (列数 - 31) \times 6° = (50 - 31) \times 6° = 114°$$

计算相应行、列号：

$$行号 = \text{Int}\left(\frac{\phi_角 - \phi}{\phi_0}\right) + 1 = \text{Int}\left(\frac{40° - 39°54'20''}{2'30''}\right) + 1 = 3, 取\ 003$$

$$列号 = \text{Int}\left(\frac{115°18'20'' - 114°}{3'45''}\right) + 1 = 21, 取\ 021$$

该地所在 1∶1 万地形图的编号为 J50G003021。

### 8.2.2 矩形分幅法

工程建设中使用的 1∶2000、1∶1000、1∶500 比例尺地形图，根据用图需要，可以采用正方形分幅，其编号可以采用坐标编号法、流水编号法和行列编号法。

#### 8.2.2.1 坐标编号法

采用坐标法进行编号时，根据图廓西南角的坐标，采用 $x$ 坐标（公里数）在前，$y$ 坐标（公里数）在后，中间用连字符"-"相连起来的形式表示。1∶2000、1∶1000 地形图取至 0.1km（如 10.0-21.0）；1∶500 地形图取至 0.01km（如 10.25-27.75）。

#### 8.2.2.2 流水编号法

带状测区或小面积测区可按测区统一顺序编号，一般从左到右，从上到下用阿拉伯数

字 1、2、3、4、…编定，如图 8-2 所示。图 8-2 中灰色区域所示图幅编号为 XX-8（XX 为测区代号）。

### 8.2.2.3 行列编号法

行列编号法一般采用以字母（如 A、B、C、D、…）为代号的横行从上到下排列，以阿拉伯数字为代号的纵列从左到右排列来编定，行字母在前、列号在后，并用连字符"-"相连。如图 8-3 所示，图中灰色区域所示图幅编号为 A-4。

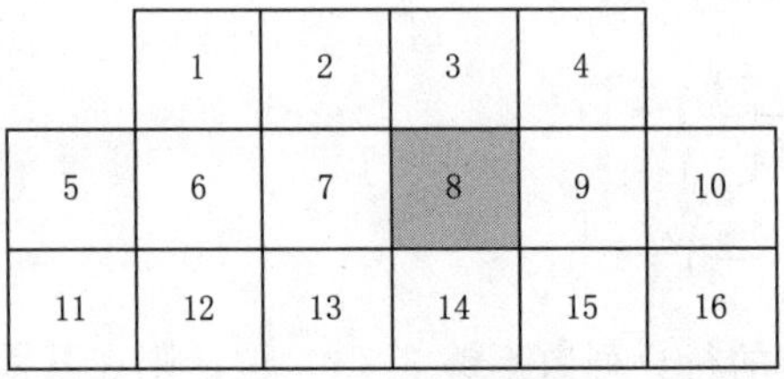

| 1 | 2 | 3 | 4 |
|---|---|---|---|
| 5 | 6 | 7 | 8 | 9 | 10 |
| 11 | 12 | 13 | 14 | 15 | 16 |

| A-1 | A-2 | A-3 | A-4 | A-5 | A-6 |
|---|---|---|---|---|---|
| B-1 | B-2 | B-3 | B-4 | | |
| | C-2 | C-3 | C-4 | C-5 | C-6 |

图 8-2　流水编号法 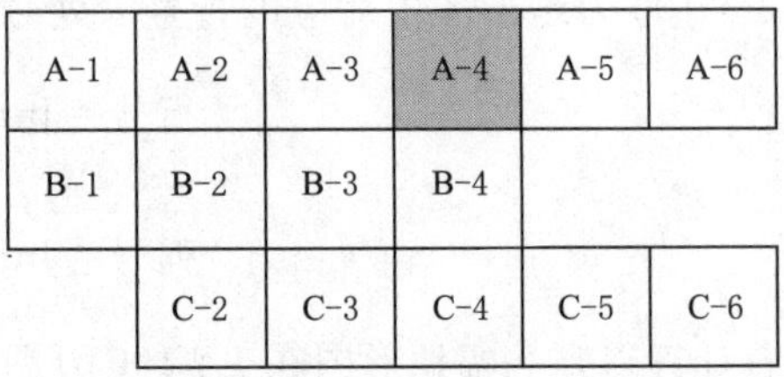　　　　　图 8-3　行列编号法

## 8.3　地形图阅读

为了正确应用地形图，首先要能读懂地形图上包含的信息。地形图是用规定的地形图图式来反映各种地物、地貌的，通过对地形图上涉及的这些符号的判读，可使纸质（电子的）地形图，成为陈列在使用者前的实地立体模型，易于判读图上体现出的地物的相互关系及自然地表起伏形态。

判读地形图的顺序为先图外后图内、先地物后地貌、先主要后次要、先注记符号后其他符号。现以图 8-4 所示李庄子地形图为例，说明读图的一般方法。

### 8.3.1　图外注记判读

首先了解测图单位及测图时间，以判定地形图的现势性；然后看图的比例尺、坐标系统、高程系统、等高距以及接图表。本图为李庄子 1∶1000 地形图，施测于 2008 年 5 月，采用 1980 国家坐标系、1985 国家高程，基本等高距为 1m。

### 8.3.2　地物判读

判读图幅中的居民地、交通情况、水系等情况。该图中居民地为李庄子，有一条铁路从图幅东北角进入、经过李庄子西侧、从西南角出图幅，居民地东南侧有赤河，可通过人渡过河。有两控制点分别位于西北侧山头和西南角铁路旁小山包，有两水准点位于铁路边。有一条等外公路从居民地西北角出，走向西北；有一条小路从西边进入图幅，经过居民地边，过人渡，从东南角出图。

### 8.3.3　地貌判读

图幅内西北部是山地，东北及南侧较低，为稻田区，整个地貌走势是西北高、东南低。

由于现在城乡建设发展较快，实地的地物、地貌也很可能发生变化。进行地形图判读，除了从成图时间来判定地形图的现势性外，还要到实地勘察、对比，以真实了解工程建设区地形、地貌。

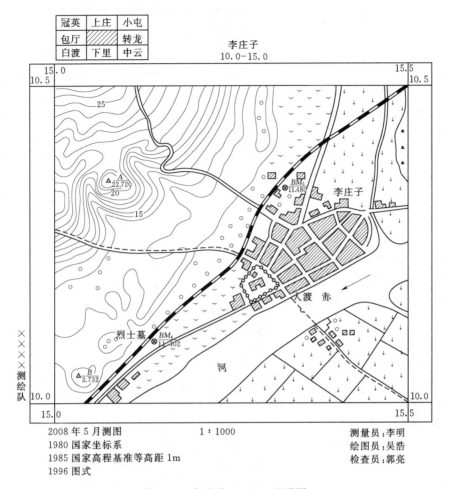

| 冠英 | 上庄 | 小屯 |
|---|---|---|
| 包厅 | | 转龙 |
| 白渡 | 下里 | 中云 |

李庄子
10.0-15.0

2008 年 5 月测图　　　　　　1 ∶ 1000　　　　　　测量员：李明
1980 国家坐标系　　　　　　　　　　　　　　　　　绘图员：吴浩
1985 国家高程基准等高距 1m　　　　　　　　　　　检查员：郭亮
1996 图式

图 8 - 4　李庄子 1 ∶ 1000 地形图

# 8.4　地 形 图 的 应 用

### 8.4.1　确定图上某点坐标

如图 8 - 5 所示，为 1 ∶ 1000 地形图，现求 $A$ 点坐标。其方法为先确定其所在方格的西南角坐标，由 $A$ 点所在方格 $abcd$ 可知其西南角点 $a$ 的坐标为 $x_a = 30100$，$y_a = 15100$。过 $A$ 点作方格网的平行线 $ef$、$gh$，量取 $ag$、$ae$、$ab$、$ad$ 的长度。

若 $ab$、$ad$ 的长度等于方格网的边长 100mm，则 $A$ 点的坐标为

$$\left.\begin{array}{l} x_A = x_a + ag \cdot M \\ y_A = y_a + ae \cdot M \end{array}\right\} \tag{8-4}$$

式中　$M$——比例尺的分母。

若 $ab$、$ad$ 的长度不等于方格网的边长 100mm，即图纸发生了伸缩，则 $A$ 点的坐标为

171

$$x_A = x_a + \frac{ag}{ab} \times l_0 M \\ y_A = y_a + \frac{ae}{ad} \times l_0 M \Bigg\} \quad (8-5)$$

式中 $l_0$——方格网边长的理论值,100mm。

### 8.4.2 确定图上线段长度

如图 8-5 所示,为 1:1000 地形图,现求 $AB$ 段长度,有如下两种方法:

(1) 直接测量。可以利用比例尺的定义,通过量取图上的长度,换算成实地长度,即

$$D_{AB} = d_{AB} M \quad (8-6)$$

式中 $d_{AB}$——图上量得 $AB$ 的长度。

如果发现图纸有变形,必须考虑这一因素对 $AB$ 实地长度的影响,即

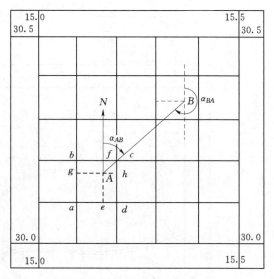

图 8-5 确定图上点的坐标

$$D_{AB} = \frac{l_0}{l} d_{AB} M \quad (8-7)$$

式中 $l$——方格网边长的实际值。

(2) 解析法。通过 8.4.1 介绍的确定图上点的坐标的方法,分别确定出 $A$、$B$ 两点的坐标,然后利用坐标反算公式计算 $AB$ 段的实际长度。

### 8.4.3 确定图上一直线的方向

如图 8-5 所示,现求直线 $AB$ 的方位角,有以下两种方法。

(1) 直接测量。先在图上 $A$、$B$ 两点位置分别作 $x$ 轴的平行线,然后用量角器分别量取直线 $AB$ 的正、反方位角 $\alpha'_{AB}$、$\alpha'_{BA}$,按式 (8-8) 计算直线 $AB$ 的方位角。

$$\alpha_{AB} = \frac{1}{2} \left[ \alpha'_{AB} + (\alpha'_{BA} \pm 180°) \right] \quad (8-8)$$

这种方法量取精度较低。

(2) 解析法。通过 8.4.1 介绍的确定图上点坐标的方法,分别确定出 $A$、$B$ 两点的坐标,然后利用坐标反算公式计算 $AB$ 段方位角,计算公式见式 (4-8)。

### 8.4.4 确定图上点的高程

如图 8-6 所示,确定图上点的高程,分两种情况。

(1) 点在等高线上,如 $p$ 点所示,则其高程就等于其所在等高线的高程值 27m。

(2) 点在两等高线之间,这种情况下用内插法来确定点的高程。如图中 $k$ 点,过 $k$ 点作直线基本垂直于其相邻的两等高线,得交点 $m$、$n$,量取 $mk$、$mn$ 的长度 $d_{mk}$、$d_{mn}$,用式 (8-9) 计算 $k$ 点高程。

$$H_k = H_m + \frac{d_{mk}}{d_{mn}} \times h \quad (8-9)$$

### 8.4.5 确定图上两点的坡度

两点间的坡度就是两点间高差与其水平距离的比值,一般用百分数或千分数来表示。

如图 8-6 中，欲求 $A$、$B$ 两点的坡度，可用 8.4.4 介绍的方法，分别确定 $A$、$B$ 两点的高程，则其高差为 $h_{AB} = H_B - H_A$；然后利用 8.4.2 介绍的方法，确定出 $A$、$B$ 两点间的水平距离 $D_{AB}$，则 $A$、$B$ 两点的坡度为

$$i = \frac{h_{AB}}{D_{AB}} \qquad (8-10)$$

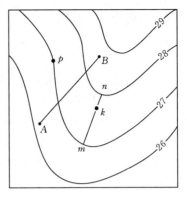

这里求得的 $A$、$B$ 两点的坡度是空间上直线连接 $A$、$B$ 两点的坡度，不是 $A$ 点到 $B$ 点的地表坡度。

图 8-6 确定图上点的高程

### 8.4.6 确定图上图形的面积

在进行工程设计时，常需要确定一定区域的面积，比如求集雨区的面积、水库淹没面积、断面面积等。若地图是电子地图，则测算图上面积非常简单，用成图软件上相应的功能即可。这里简要讨论纸质地形图的面积量算办法。

（1）几何图形法。若地形图上的图形是多边形，可将多边形分解成三角形，分别计算各三角形对应实地的面积，求其总和，即可得到所求图形的面积。为了保证计算结果的正确性，对多边形图形要采用不同的分解方法计算两次。两次计算结果要符合精度要求，取平均值作为最终结果。

（2）透明方格纸法。在透明纸上绘制好方格网（边长为 2mm、5mm 或 10mm）。如图 8-7 所示，测量图形面积时，将透明方格纸覆在图纸上并固定，统计出欲量测区域内的完整方格数，对边界上不够整方格的小区域，逐一目估其占整方格的比值，然后将所有不足整方格求和，并加上完整的方格数，用汇总得到的总方格数乘以该地形图比例尺下 1 个方格对应的实地面积，即得图形的实地面积。同样为了保证计算结果的正确性，将透明纸和图纸的相对位置挪动一下，再计算一次。两次计算结果要符合精度要求，取平均值作为最终结果。

（3）平行线法。如图 8-8 所示，先在透明纸上绘出间距 $h$ 为 1mm、2mm 或 5mm 的平行线组，将绘有平行线组的透明纸覆盖在图形上，则欲测图形就划分为若干个高为平行线间距 $h$ 的梯形。设欲测图形区域内各平行线的长度分别为 $l_1$、$l_2$、$l_3$、$\cdots$、$l_n$，则图形

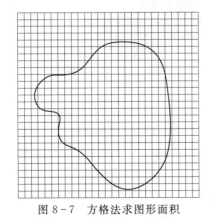

图 8-7 方格法求图形面积

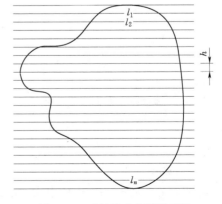

图 8-8 平行线法求图形面积

的纸上面积为

$$S = \frac{l_1 + l_2}{2}h + \frac{l_2 + l_3}{2}h + \cdots + \frac{l_{n-1} + l_n}{2}h = \frac{l_1 + l_n}{2}h + h\sum_{i=2}^{n-1} l_i \qquad (8-11)$$

最后根据图的比例尺将图上的面积折算为实地面积。

（4）坐标解析法。如图 8-9 所示图上五边形，各点均可从图上量取坐标，则该五边形的面积 $S$ 等于五个梯形面积的代数和，即

$$S = S_{122'1'} + S_{233'2'} - S_{33'4'4} - S_{44'5'5} - S_{55'1'1}$$

各梯形的面积为五边形上两相邻点的 $y$ 坐标之差乘以其 $x$ 坐标的平均值，则五边形的面积为

$$S = (y_2 - y_1)\frac{x_2 + x_1}{2} + (y_3 - y_2)\frac{x_3 + x_2}{2} - (y_3 - y_4)\frac{x_3 + x_4}{2}$$

$$- (y_4 - y_5)\frac{x_4 + x_5}{2} - (y_5 - y_1)\frac{x_5 + x_1}{2} = \frac{1}{2}\sum_{i=1}^{5} x_i(y_{i+1} - y_{i-1})$$

类似的推理可得 $n$ 边形的坐标解析法计算面积的公式为

$$S = \frac{1}{2}\sum_{i=1}^{n} x_i(y_{i+1} - y_{i-1}) \qquad (8-12)$$

利用坐标解析法计算面积首先对多边形各点进行顺时针逐一编号，每点的 $x$ 坐标乘以前、后两点 $y$ 坐标之差，求和，然后除以 2。在进行编号时，也可以逆时针进行编号。按照式（8-12）算得面积如果是一个负数，则取绝对值即可。

（5）求积仪法。求积仪是专门用于测定图纸上图形面积的仪器，其特点是效率高、操作简便，能测定任意形状图形的面积。

如图 8-10 所示，电子求积仪主要由动极部、显示部、跟踪部三大部分组成，使用时先设定单位及图纸比例尺，然后将跟踪放大镜中心瞄准图形边界上一点，绕图形一圈，即得图形的实地面积。

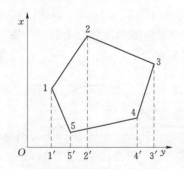

图 8-9　坐标解析法量测图形面积

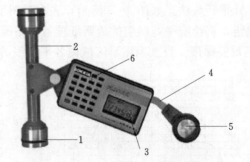

图 8-10　电子求积仪主要组成部分
1—动极；2—动极轴；3—显示屏；4—跟
踪臂；5—跟踪放大镜；6—功能键

### 8.4.7　绘制断面图

道路、渠线、管道等工程设计中需了解沿中心线方向地面的起伏状态。如图 8-11 所示，有一局部地形图，比例尺为 1∶1000，要绘制点 $A$ 到点 $B$ 的断面图，首先要确定出

点 $A$ 到点 $B$ 经过的与各等高线交点的高程及水平距离，然后据此按照一定比例尺绘制成断面图。

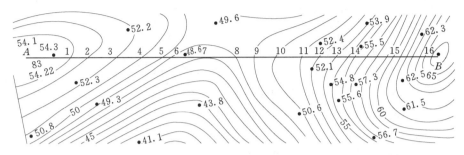

图 8-11 断面图的绘制

绘制断面图的步骤如下：

（1）绘制水平轴和高程轴。按照用图要求规定的水平轴和高程轴比例尺绘制水平轴和高程轴，一般水平轴的比例尺小于高程轴的比例尺。高程轴的起始高程要比点 $A$ 到点 $B$ 沿线经过的最低点的高程要低。

（2）量取数据。确定出点 $A$ 到点 $B$ 沿线经过的与各等高线交点的高程及实地水平距离。

（3）将各点按照水平轴和高程轴的比例尺，展点到对应位置。

（4）将各点用折线连接起来。

（5）标记各特征点及相应里程。

完成的断面图如图 8-12 所示。

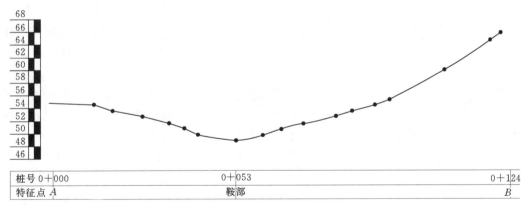

图 8-12 断面图

### 8.4.8 确定集雨区域

在山谷、河流上修建大坝、桥梁、涵洞，都需要知道上游多大面积的降雨流经工程区域，这个对应区域就称为集雨区。集雨区是一个封闭区域，其边界根据山头、分水岭来确定。如图 8-13 所示，在 $AM$ 处要修建一座桥梁，必须考虑河谷上游洪水流量，以在设计桥梁时留下足够的过水孔洞，因此就需要知道该桥梁处的集雨区。其确定办法是先定出分水岭的各山头，然后从桥梁两端垂直于等高线到达附近山头，然后从山头，通过分水岭，经过鞍部，到达另一山头，从而形成一封闭区域。该封闭区域范围内所降雨水形成的洪水都将从 $AM$ 处流出。

### 8.4.9　计算水库库容

在进行水库设计时，需要计算各蓄水位对应的水库库容，即水库水位-库容关系曲线，其是水库水深-水域面积关系曲线的积分曲线。计算方法为先计算坝前上游库区从库底高程向上各等高线与大坝形成的封闭区域的面积 $S_1$、$S_2$、$S_3$、…，然后计算相邻两等高线间水层的体积 $V_i$，然后从库底向上，将各层水体体积相加，即得各水位对应的库容。各层水体的体积按式（8-13）计算。

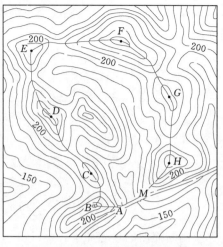

图 8-13　确定集雨区

$$V_i = \frac{1}{3}(S_i + \sqrt{S_i S_{i+1}} + S_{i+1})h \qquad (8-13)$$

式中　$V_i$——该层水体的体积，$m^3$；

　　　$h$——该层水体的厚度，m；

$S_i$、$S_{i+1}$——该层水体下、上水位对应的水面面积，$m^2$。

### 8.4.10　地形图上确定土坝坡脚线

土坝坡脚线就是拟修建土坝的坝坡与地面的交线，用于确定两岸边坡及河床的清理范

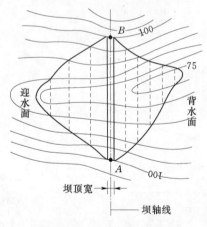

图 8-14　确定土坝坡脚线

围。如图 8-14 所示坝区地形图，比例尺为 1：5000，等高距为 5m，拟修一土坝，坝顶高程为 100，坝顶宽 5m，迎水面设计坡比为 1：3，背水面设计坡比为 1：2。确定坡脚线的过程为依据设计的坝轴线上 $A$、$B$ 两点的坐标，将其标定在地形图上对应位置，然后分别向上、下游画 2.5m，即为坝顶面在图上的位置；由等高距可知相邻等高线高差为 5m，按上游、下游坝坡面坡比分别计算出高差为 5m 所对应的平距，即 15m、10m；在图上按实地距离 15m、10m 从坝顶线开始向上游、下游分别绘坝坡面等高线，得出其与两岸的对应等高线的系列交点，最后将交点用折线连接起来，就是土坝的坡脚线。

### 8.4.11　图纸上道路选线

如图 8-15 所示，有一条公路从山下经过，山上有居民地 $B$ 点，拟从 $A$ 点修建一条公路到居民地。该局部地形图比例尺为 1：5000，考虑到运输货物，道路纵向坡度取定为 $i=5\%$，道路从 $A$ 点到达 $B$ 点，实际就是经过一系列等高线的问题。图上等高距为 5m，实地上公路通过相邻两根等高线，所需要的最短水平距离为 100m，对应图上为 2cm，则从 $A$ 点开始，以 2cm 为半径，画圆弧，交高程为 55m 的等高线于点 $1'$、$1$；后面逐一以

各交点为圆心、2cm 为半径画圆弧，得与上一等高线交点。将两不同方向的各点用折线相连，即规划出了坡度为 5%道路的位置。最后到实地勘察，结合沿线的地质情况、占地、拆迁、工程量等各方面来最终确定经济合理的道路路线。

### 8.4.12 利用地形图整理地面

在工程建设中，常遇到将场地平整成水平面或倾斜面的情形。

#### 8.4.12.1 地面整理成水平面

地面整理成水平面的一个重要问题就是确定地面整理好后的高程，若城镇规划建设上已对该区域的建设地面设计高程有所规定，可以直接使用；没有规定的情况下，确定一区域的地面平整设计高程值，理想情况下就是高于地面平整设计高程的区域所挖土石方，恰好回填到比地面平整设计高程低的区域，此种情况下土地平整的步骤如下：

（1）布设方格网。在土地平整区布设方格网，依据对工程量精度的要求，可以布设成 10m×10m、20m×20m、50m×50m 不同规格的方格网，如图 8-16 所示，在各格点钉木桩，采用视线高法测定各格点的地面高程。

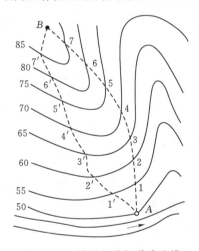

图 8-15　图纸上进行道路选线

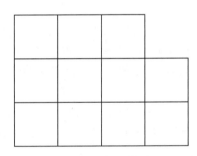

图 8-16　土地平整方格网布设

（2）求设计高程。平整地面的设计高程，也就是平整范围的平均高程。可以按式（8-14）进行计算：

$$H_{设}=\frac{\sum H_{角}+2\sum H_{边}+3\sum H_{拐}+4\sum H_{中}}{4n} \tag{8-14}$$

式中　$n$——区域方格总数；

$H_{角}$——方格网中处于角点的格点的高程，m；

$H_{边}$——方格网中处于边点的格点的高程，m；

$H_{拐}$——方格网中处于拐点的格点的高程，m；

$H_{中}$——方格网中处于中心点的格点的高程，m。

（3）求各格点开挖、回填深度。各格点开挖还是回填，以及开挖、回填的深度，由格点高程与地面平整的设计高程来决定，计算式为

$$h_i=H_i-H_{设} \tag{8-15}$$

式中　$H_i$——各格点的地面高程，m；

　　　　$h_i$——若为正值，为该格点开挖深度；若为负值，为该格点回填高度，m。

（4）计算工程量。各方格的开挖、回填工程量按式（8-16）计算：

$$V_i = \frac{\sum h_角}{4} S_i \qquad (8-16)$$

式中　$h_角$——方格的四角格点填、挖深度，m；

　　　　$S_i$——该方格的面积，m²。

计算工程量时，将土地平整区内高程恰好等于平整设计高程的点，亦即既不开挖也不回填的点确定出来，这些点称为施工零点，将相邻的施工零点用光滑曲线连接起来，这条线称为施工零线。对于施工零线所穿过的方格，既有开挖，也有回填，应分别计算。

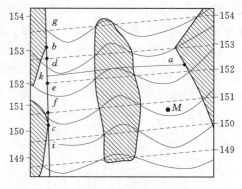

图 8-17　土地整理成倾斜面

### 8.4.12.2　地面整理成倾斜面

有些工程建设中的土地平整工程，需要将地表整理成具有一定坡度的倾斜面。如图 8-17 所示为一局部局域地形图，要求将地表整理成由 $a$、$b$、$c$ 所决定的倾斜面，三点的高程分别为 152.3m、153.6m、150.4m。

其土地整理步骤如下。

**1. 确定三点所形成的倾斜面**

由于要整理成倾斜面，而倾斜面的等高线是等距的平行直线。先连接 $b$、$c$ 点，内插出高程为 151m、152m、153m 的 $f$、$e$、$d$ 点，再在 $b$、$c$ 点间内插出与 $a$ 点等高的 $k$ 点，连接 $ak$，过 $f$、$e$、$d$ 点分别作 $ak$ 的平行线，并在图幅内作等间距的平行线，如图中虚线所示。这些虚线表示的就是拟平整好土地的等高线。

**2. 确定施工零点**

第 1 步中所绘拟平整好土地的等高线与原有等高线的同高程值等高线的交点，就是施工零点，如图中虚线与等高线的交点。将施工零点用光滑曲线连接起来，就得到施工零线，如图 8-17 中，画斜线的区域为回填区域，其余区域为需要开挖的区域。

**3. 计算工程量**

可以在每条拟平整好土地的等高线的位置上，绘制剖面，剖面上标明原有地表线及平整好的地表线，原有地表线比平整好的地表线高的区域就需要开挖，反之需要进行回填。可用求积仪对每个断面上的开挖面积、回填面积进行量算，并据此进行相应开挖方量、回填方量的计算。

## 8.5　CASS 软件在工程建设方面的应用

现在工程建设一般要求提交数字化地形图，在工程建设中，借助有关软件，利用数字化地形图，可以辅助设计、施工，从而提高利用地形图解决实际工程问题的效率。CASS

软件由广东南方数码科技股份有限公司基于 AutoCAD 平台技术研发，在工程建设勘察阶段的地形成图及地籍成图、空间数据建库和更新等领域应用十分广泛，支持利用测量数据绘制地形图、绘制断面图、计算方量等，功能十分强大且高效。CASS 软件在测绘单位使用非常普遍，在工程建设的设计、施工单位使用也较多。

CASS 软件在工程应用方面的功能较多，对该软件工程应用功能全面的介绍，可进广东南方数码科技有限公司的南方生态数码生态圈网站查阅、下载相关资料。这里简要介绍其进行工程建设中的道路曲线设计、断面图绘制、土方计算功能。

### 8.5.1　道路曲线设计

如 9.2.5 中放样曲线，要依据确定的转弯起点位置及转弯半径、转角、曲线形式（圆曲线或缓和曲线）等，计算出切线长、曲线长、曲线上一定间距细部点的坐标（是在曲线起点上建立的坐标系里的坐标，不是地形图的测量坐标系里的坐标），据此进行放样，计算上很烦琐、也很不方便放样。借助于 CASS 软件的"公路曲线设计"功能，就能按道路设计的要求，快速地计算出曲线上一定间距的特征点、细部点在地形图坐标系上的坐标，然后就可以使用 RTK，直接进行快速放样。

如有一段道路曲线要设计，要求得出沿中线间隔 20m 的坐标。点击"工程应用"菜单→公路曲线设计→单个交点处理，调出"公路曲线设计"对话框，依次点击该道路上起始直线段上一点（坐标为 $X=3679570.762$m，$Y=560307.779$m）、点击道路两端直线段延长后的交点位置（坐标为 $X=3679521.420$m、$Y=560354.182$m）、输入点击的起始点里程（为 K0＋000）、输入偏角（后一段直线相对前一段直线左偏 60°）、输入曲线半径（100m）、选择曲线类型（圆曲线）、输出采样间隔（20m，即曲线上相邻细部点的间距）、输出采样点坐标文件（即存储设计后道路中线上间隔里程各主点、细部点的坐标），如图 8-18 所示。点击"开始"，即可得到道路设计成果。

图 8-18　道路曲线设计参数

（1）设计的道路曲线图。软件完成曲线设计后，自动绘制出该段线路，如图 8-19 所示。

（2）道路曲线要素。软件完成圆曲线设计后，自动完成该段圆曲线的各要素计算，如图 8-20 所示。

（3）道路中线坐标。软件完成圆曲线设计后，按确定的间距，计算出道路中线各主点、细部点对应的里程、坐标，如图 8-21 所示。实地放样出各里程点，相邻点相连，即可得到设计的道路曲线。

### 8.5.2　断面图绘制

某些工程，特别是一些如道路、隧洞、渠道、管道等线性工程，在其平面位置确定

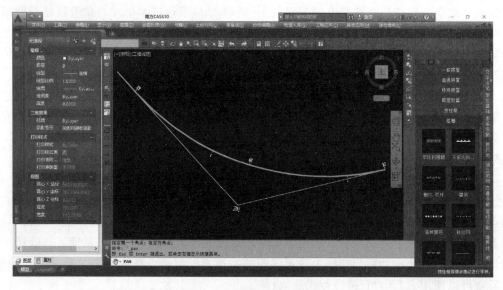

图 8-19 道路曲线设计图

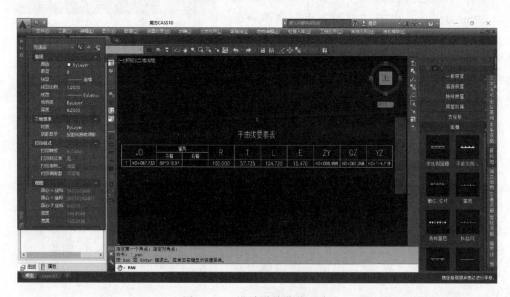

图 8-20 设计道路曲线要素

后，通常需要绘制出沿中心线的纵断面图，看其设计的建筑物与原地表的情况；一些道路、河堤等，通常也要绘制横断面图，以用于计算其工程量，工程设计中，常利用 CASS 软件绘制断面。CASS 软件绘制断面有多种方法，这里利用 CASS 软件自带的碎部点数据 Dgx. dat，简要介绍其利用绘制的等高线进行断面图绘制的方法。

1. 确定线性工程中心线

在采用等高线进行断面图的绘制时，先进行等高线的绘制，这部分内容如 7.3.4 中所介绍，然后在图上绘制出线性工程的中心线（命令行输入 pl，回车，然后依次在设计点位点击鼠标），如图 8-22 中粗虚线所示。

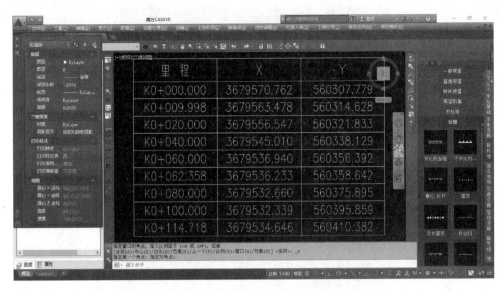

图 8-21 道路曲线中线坐标

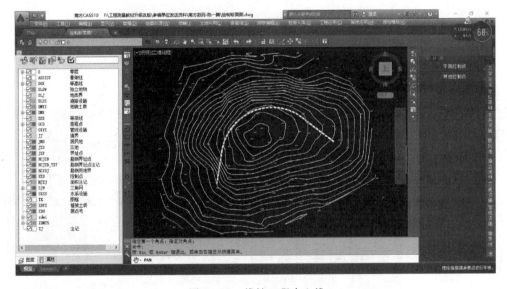

图 8-22 线性工程中心线

2. 断面参数确定

点击"工程应用"→绘断面图→根据等高线→按提示选择"步骤 1 中绘制的中心线"，调出断面参数输入框→分别输入或确定断面图纵横轴比例尺、断面图位置、起始里程、里程注记、仅在结点画，然后点击"确定"，如图 8-23 所示，即完成断面参数的确定。

3. 断面图

点击"确定"后，即按步骤 2 中确定的断面参数，绘制出沿中心线的断面，即表示出地表沿线性工程中心线起点开始在中心线上的高低起伏变化，如图 8-24 所示。

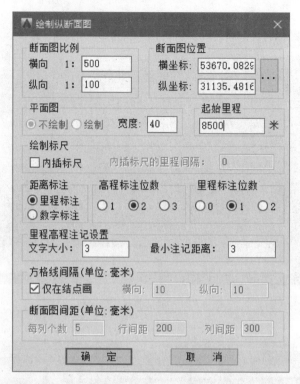

图 8-23　断面参数

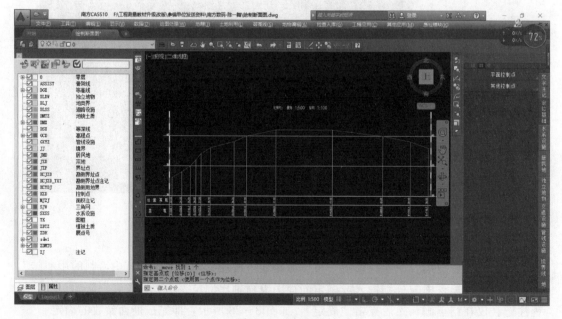

图 8-24　断面图

### 8.5.3　土石方计算

　　CASS 软件提供的土方计算功能，能快速进行指定范围内的土方计算，其中方格网法、三角网法、断面法应用最为广泛。这里简要介绍方格网法进行土方计算。

用方格网法进行土方计算，事先在需要计算的区域内，按方格网上的格点间距，生成方格网，然后根据实地测定的地面碎部点坐标和设计高程，计算各方格的各个格点的地面高程和设计开挖高程，两者相减，即得开挖或回填的高度，得出一个方格的四个格点的开挖或回填高度的平均值，乘以该方格平面积，即得该方格范围内的开挖或回填方量，累计得到指定范围内填方和挖方的土方量，最后绘出填挖方分界线。这种方法设计的平整面，可以是平面、斜面，也可以是不规则面，其操作步骤如下。

1. 确定计算区域

确定计算区域，即是将计算区域内的碎部点展点出来，展点方法同 7.3.4 中所介绍相同，本例采用软件自带的 Dgx.dat 数据，选择展高程点，并将所有测点的周边用一条多段折线封闭起来，如图 8-25 所示。

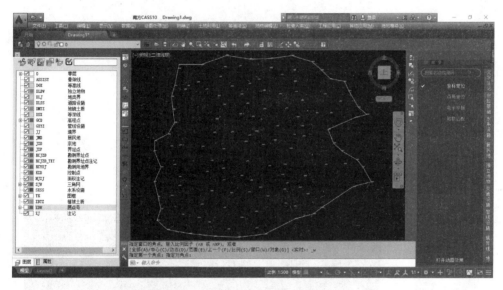

图 8-25 计算区域

2. 选择计算方法

点击"工程应用"菜单→方格网法→方格网土方计算，按提示，选择第（1）步中绘制的多段封闭折线，调出"方格网土方计算"对话框，依次选择土方计算的方式（由数据文件生成，选择数据文件 Dgx.dat）、选择设计平面（底部为高程值为 33m 的平面）、输入方格宽度（50m），点击"确定"，如图 8-26 所示。

3. 土方计算

完成第（2）步后，按提示，确定方格的起始位置，直接回车，选择缺省设置，即得计算结果，如图 8-27 所示。

计算结果显示出每个方格的编号、四个格点上的地表高程与设计高程及对应的开挖/回填高度、各格网的开挖（用 W 表示）/回填方量（用 T 表示）、开挖边界线，如图 8-28 所示，该方格范围内开挖 1449.29m³，回填 2419.14m³，图中方格内的斜线，即为开挖、回填的分界线。

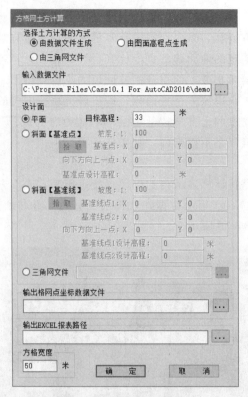

图 8-26　方格网计算方案

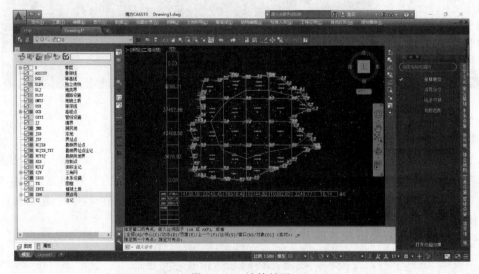

图 8-27　计算结果

在计算结果图中，在计算区域左侧竖直绘制一列方格，各格内填上对应行方格的累计开挖方量；在计算区域下方竖直绘制一行方格，各格内填上对应列方格的累计回填方量；将开挖/回填方量汇总表示在左侧列方格、下方行方格交会处，即得出该区域内的总开挖/回填方量，如图 8-29 所示。

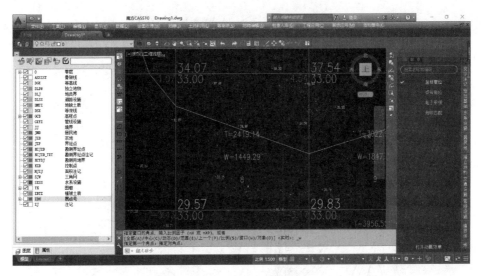

图 8 - 28　单个方格计算结果

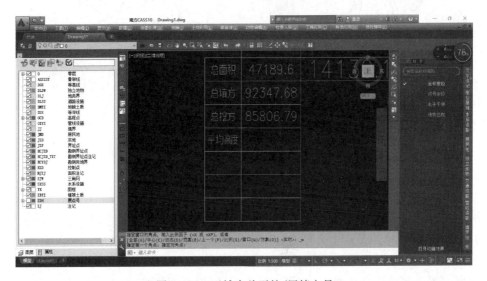

图 8 - 29　区域内总开挖/回填方量

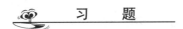

## 习　题

1. 如何在地形图上判读地貌?

2. 简述地形图的分幅、编号方法。

3. 有某地,经纬度分别为东经 $110°18'40''$、北纬 $40°55'20''$,计算其所在 $1:2.5$ 万地形图的图幅编号。

4. 有地形图如图 8 - 30 所示,拟修水库于 $AB$ 处,试在图上用线绘制出水库对应的集雨区域。

图 8-30　题 4 地形图

5. 如何确定地形图上两点间的坡度？

6. 若要将一场地地面平整为水平面，如何确定地面的设计高程？

7. 如何依据地形图及水工大坝坝轴线的位置，计算水库的库容？

8. 如图 8-31 所示，有局部地形图，比例尺为 1∶2000，等高距为 2m。绘制从 A 到 B 的纵断面图，要求横轴比例尺为 1∶2000，高程轴比例尺为 1∶200。

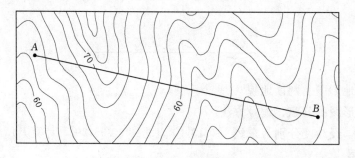

图 8-31　题 8 地形图

# 第9章 施 工 测 量

把设计图纸上工程建筑物的平面、高程位置，用一定的测量仪器和方法测设到实地的工作称为施工放样。测图工作是利用控制点测定地面上的地形特征点，然后缩绘到图上；施工放样是根据设计建筑物特征点的坐标、高程值，确定出其与控制点之间位置的几何关系，即距离、角度、高差等放样数据，然后在实地上标定出其实际点位。施工放样与地形图测量是一对相反的操作过程，但是施工放样同样要遵循"先控制，后碎部"的测量原则，在进行施工放样前，要建立起放样工作的依据点位，即建立施工控制网。

## 9.1 施 工 控 制 测 量

### 9.1.1 概述

在施工阶段所进行的测量工作称为施工测量。施工测量的任务就是把图纸上设计的建筑物平面位置和高程，按设计和施工的要求放样到相应的位置，作为施工的依据，并在施工过程中进行一系列测量工作，为施工各阶段、各工种的工作服务，为工程的计量提供依据，为工程的竣工验收提供相应测量资料。

施工测量按照工程建设的进展阶段，其主要内容如下：

（1）工程施工前，建立满足施工需要的施工控制网。这里的施工控制网，既有可能是由于原有测量控制网控制点间距较大，或者距离施工地点较远，不方便使用而进行的控制网加密工作，其加密方法已在6.3节中介绍；也有可能是在进行建筑物设计时，为更好地表示建筑物的轴线关系，或者更好描述建筑物的设计曲线，而对某一建筑物建立新的坐标系，对此建筑物施工时，就要按照设计上建立的坐标系，在该拟建建筑物附近布设控制点，为满足该建筑物施工需求而建立施工坐标系，这样就涉及某一个点在测图坐标系与施工坐标系之间的坐标换算关系。

（2）施工期间建筑物的放样及设备、构件、机组等的安装放样工作。

（3）检查验收阶段。对每道工序完成后，均要进行检查测量，以检核实际位置、高程与设计值的差异，并根据施测资料绘制竣工图，作为竣工验收阶段鉴定工程质量以及后期的工程事故处理、改扩建的依据。

（4）工程投产期的变形监测工作。工程运营期要加强对建筑物及周边边坡的变形、沉降监测工作，对异常情况，采取针对措施，避免造成损失。

### 9.1.2 平面控制网

依据建筑物施工对控制点的需求，施工用平面控制网，可布设成施工坐标系、建筑基线、建筑方格网等形式。

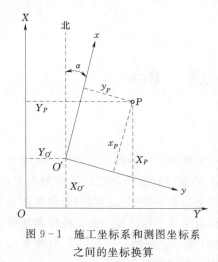

图 9-1 施工坐标系和测图坐标系
之间的坐标换算

### 9.1.2.1 施工坐标系

设计上为更好地表示建筑物的轴线关系，或者更好描述建筑物的曲线函数，而对某一建筑物建立单独的坐标系。为满足该建筑物的施工需求，就有必要建立施工坐标系。这就涉及同一个点，在两个坐标系里的坐标相互转换的问题。

如图 9-1 所示，$XOY$ 为测图坐标系，$xO'y$ 为施工坐标系，施工坐标系的原点 $O'$ 在测图坐标系里的坐标为 $(X_{O'}, Y_{O'})$、施工坐标系的坐标纵轴 $x$ 在测图坐标系中的方位角为 $\alpha$，点 $P$ 在测图坐标系和施工坐标系里的坐标分别为 $(X_P, Y_P)$、$(x_P, y_P)$。则 $P$ 点在施工坐标系的坐标，换算为测图坐标系里的坐标，换算公式为

$$\left.\begin{array}{l} X_P = X_{O'} + x_P \cos\alpha - y_P \sin\alpha \\ Y_P = Y_{O'} + x_P \sin\alpha + y_P \cos\alpha \end{array}\right\} \tag{9-1}$$

$P$ 点在测图坐标系里的坐标，换算为施工坐标系的坐标，换算公式为

$$\left.\begin{array}{l} x_P = (X_P - X_{O'})\cos\alpha + (Y_P - Y_{O'})\sin\alpha \\ y_P = (Y_P - Y_{O'})\cos\alpha - (X_P - X_{O'})\sin\alpha \end{array}\right\} \tag{9-2}$$

### 9.1.2.2 建筑基线

建筑基线是在建筑场地布置的一条或几条轴线，用于建筑场地内的平面控制，这种平面控制形式适用于建设区域比较小、地势比较平坦、建筑物布置比较简单的建筑场地。

1. 建筑基线的布置形式

建筑基线的布置要以方便使用为原则，根据建筑物的分布、轴向、施工场地来进行布置，如图 9-2 所示，其通常采用的形式有 3 点 "一" 字形、3 点 "L" 形、5 点 "十" 字形、4 点 "T" 形等。

2. 布设建筑基线的注意事项

建筑基线的布设要依据 "方便使用、确保安全" 的原则，具体布设时要注意如下几方面：

(1) 建筑基线应尽可能靠近拟建主要建筑物，并与其主要轴线平行，以便放样。

(2) 建筑基线上的基线点应不少于三个，以便相互检核。

(3) 建筑基线应尽可能与施工场地的建筑红线相联系。

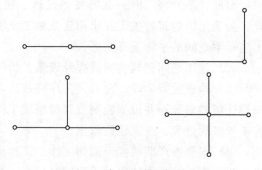

图 9-2 建筑基线的不同形式

(4) 基线点位应选在通视良好、不易被破坏的地方，为能长期保存，要埋设永久性的混凝土桩。

3. 建筑基线的布设方法

根据施工现场已有的测量资料不同，建筑基线有根据建筑红线和根据已有测量控制点来进行布设的两种方法。

(1) 根据建筑红线布设建筑基线。建筑红线是城市道路两侧控制沿街建筑物或构筑物（如外墙、台阶等）临街面的界线。如图 9-3 所示，$AB$、$AC$ 为建设部门划定的建筑红线，拟布设建筑基线 312，步骤如下：

首先在 $A$ 点架设全站仪，分别瞄准 $AB$、$AC$ 方向，并放样出 $d_2$、$d_1$ 长平距，定出 $P$、$Q$ 两点。然后在 $P$、$B$ 两点分别架设全站仪，瞄准 $PB$、$BA$ 方向，转 $90°$，放样 $d_1$ 长平距，放样出 1、2 两点；然后在 $C$ 点架设全站仪，瞄准 $CA$ 方向，转 $90°$，放样 $d_2$ 长平距，放样出点 3；最后在点 1 上架设全站仪，检核 $\angle 213$，其与 $90°$ 之差，不应超过规范相应的限值。

(2) 根据已有测量控制点布设建筑基线。如图 9-4 所示，在拟布设建筑基线点 1、2、3 附近有已有测量控制点 $A$、$B$，布设的步骤如下：

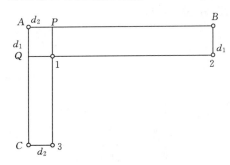

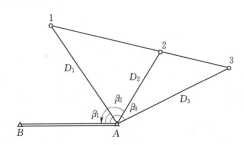

图 9-3　根据建筑红线布设建筑基线　　　图 9-4　根据已有测量控制点布设建筑基线

首先依据拟布设基线点 1、2、3 及已有测量控制点 $A$、$B$ 的坐标，分别计算出点 $A$ 到基线点 1、2、3 的水平距离 $D_1$、$D_2$、$D_3$ 及如图示角度 $\beta_1$、$\beta_2$、$\beta_3$，然后在点 $A$ 架设全站仪，依据计算出的上述数据，实地放样出点 1、2、3；最后检查三点是否在一条直线上，即测量 $\angle 123$，其与 $180°$ 之差，不应超过规范相应的限值。

### 9.1.2.3　建筑方格网

对于小区域建筑工地，采取布设建筑基线即可满足使用。对于大型厂区建设，则应布设建筑方格网才能满足使用。如图 9-5 所示，规划中的厂区建筑物的轴线相互平行或垂直，这时将方格网布设成其主轴线与拟修建主要建筑物的轴线相垂直或平行的形式。即图中 $M—O—N$ 及 $C—O—D$ 为主轴线，在主轴线上按距离、$90°$ 放样其他格点，严格检查其他轴线与主轴线的夹角是否满足垂直关系，其与 $90°$ 之差，应不超过规范相应的限值。

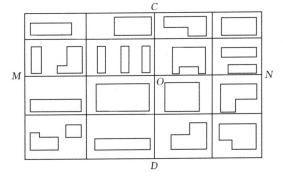

图 9-5　布设建筑方格网

### 9.1.3 高程控制网

施工场地的高程控制主要是加密高程点，并采用与测图相一致的高程系统，建立的方法一般采用水准测量，布设的水准点主要是基本水准点和施工水准点。

基本水准点主要是在施工区周边、土质坚实、便于施测、不受施工活动影响的位置，埋设固定水准点，也可以与平面控制网的基线点、格网点共用，采取布设成附合或闭合水准路线形式，并与已知水准点联测，等级不得低于四等；对于高程精度要求比较高的，比如生产车间机组安装、管道安装等，应按施工要求的精度进行。施工控制点一般直接选定在拟建建筑物旁，用于施工放样高程。

建筑物的设计是以室内地坪高作为零点标高±0.000，以此为高程起算面来表述地面上或地面下楼层、建筑的标高。施工时，为了施工测设标高方便，常选定稳定建筑物的墙、柱的侧面，放样出±0.000标高对应的高程位置，绘制顶部为水平的"▼‾‾"符号，其顶部位置即是标高为±0.000。

# 9.2 施工测量的基本工作

### 9.2.1 放样高程

放样已知高程值的高程点，依据拟放样高程点与已知点高差不同，可以采用视线高法和钢尺传递法放样高程。

#### 9.2.1.1 视线高法放样高程

如图 9-6 所示，已知水准点 $A$ 的高程值为 $H_A$，拟在附近 $B$ 点所钉的木桩上放样高程值为 $H_B$ 的位置。放样时，将水准仪立在与水准点 $A$ 和 $B$ 点距离大致相等的地方，水准点上立水准尺，假设读数为 $a$，则此时视线高程为 $H_A+a$，计算 $B$ 点处所立水准尺的理论读数 $b$：

$$b=(H_A+a)-H_B \tag{9-3}$$

此时指挥 $B$ 点处所立水准尺上下移动，使得水准尺上刻划为 $b$ 的位置刚好位于水准仪中丝高度处，然后在水准尺底部画一横线，这一横线就表示拟放样的高程位置。放样完毕，对放样位置采用变换仪器高法检核其高程值，拟放样高程值不得超过规范限值。

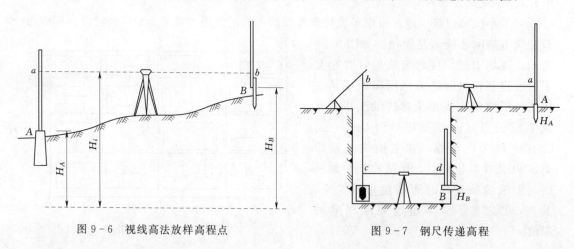

图 9-6　视线高法放样高程点　　　　　　图 9-7　钢尺传递高程

#### 9.2.1.2　钢尺传递法放样高程

当拟放样高程点与附近已知高程点间高差相差较大时，可采用悬挂钢尺来辅助放样。如图9-7所示，拟将高程引测到开挖的基坑内，而附近有一已知水准点 $A$，其高程为 $H_A$，可采取在基坑边悬挂长钢尺，下端悬挂一重锤并置于水桶内，避免钢尺摆动。分别在基坑边、基坑内架设水准仪，在已知水准点 $A$ 和未知点 $B$ 处分别立水准尺。如图9-7所示，在水准尺、钢尺上读数，则未知点 $B$ 的高程为

$$H_B=(H_A+a)-(b-c)-d \tag{9-4}$$

#### 9.2.1.3　倒立尺法传递高程

在地下工程建设中，由于排水、石渣运输等，如果在底板上埋设水准点，则不方便使用。因此有时候将水准点埋设在坑道、隧洞的顶部，如图9-8所示。这种情况下顶部水准点所立水准尺需倒立，即水准尺的零点立在顶部水准点上，读数方法与水准尺正立时相同，只是在读数时，所读数前面需加负号，以保证正确计算测站的高差。

### 9.2.2　放样已知水平距离

如图9-9所示，采用全站仪放样水平距离，可以将全站仪显示屏内容调整为显示水平距离（NIKON DTM-452C 全站仪是按 键，选择2/4显示屏，HD后面的数据就是平距），指挥人员在放样距离方向立反射棱镜，初步测量出全站仪至反射棱镜的水平距离，据此前后移动反射棱镜，直至显示的水平距离等于放样的水平距离，在地面定点。如果要求放样的水平距离精度高，可在定点后，精确瞄准反射棱镜，测出视线的竖直角和斜距，求出两点间水平距离，计算出两点的实际水平距离与放样水平距离之差，看是否符合相应工程建设的需求，若不满足，可据此对所定点位进行调整。

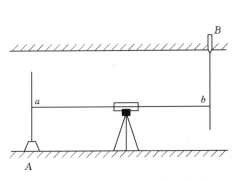

图9-8　水准点在顶部的高程传递

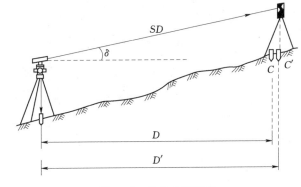

图9-9　放样水平距离

### 9.2.3　放样已知水平角

如图9-10所示，在 $O$ 点架设全站仪，$A$ 点为后视点，欲放样水平角 $\beta$ 于 $OA$ 右侧。全站仪架设好后，先盘左状态精确瞄准 $A$ 点，水平度盘配置稍大于零度的角度后再精确瞄准目标 $A$ 点，然后顺时针转动 $\beta$ 角，在视线上定出一点；然后盘右状态精确瞄准 $A$ 点，记下水平度盘显示的角度值，顺时针转动 $\beta$ 角，又在视线上定出一点；取盘左、盘右分别定出点的中间点作为放样位置 $B$。如果要求放样角度 $\beta$ 的精度高，可以在定出 $B$ 点的位

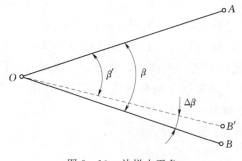

图 9-10 放样水平角

置后，用测回法测出实际放样角度值 $\beta'$ 的大小、测量出 $OB$ 的距离，计算出对放样点的改正距离 $BB'$，计算公式为

$$\Delta\beta = \beta' - \beta \qquad (9-5)$$

$$BB' = OB\tan\Delta\beta \approx OB\,\frac{\Delta\beta''}{\rho''} \qquad (9-6)$$

若 $\Delta\beta > 0$，则从 $B$ 点向角度内垂直于 $OB$ 量取 $BB'$，定出点 $B'$，作为最终放样位置；若 $\Delta\beta < 0$，则从 $B$ 点向角度外垂直 $OB$ 量取 $BB'$，定出点 $B'$，作为最终放样位置。

### 9.2.4 放样已知坡度直线

在交通道路工程、管道工程、地下隧道工程中，要求隧洞底板、管道、路面等具有一定的坡度。在施工时，利用全站仪放样具有设计坡度的直线，非常方便。如图 9-11 中，$A$ 点为已知点，要求从 $A$ 点开始，向 $B$ 点方向放样出具有设计坡度 $i$ 的倾斜直线。假设设计坡度 $i = -1.5\%$，可将全站仪显示屏调为 3/4 显示屏，如图 9-12 所示，倾斜望远镜，使显示坡度值为设计坡度值，此时视线的坡度为放样的坡度；也可将设计坡度 $i = -1.5\%$ 换算为竖直角，即 $\delta = -0°51'34''$，盘左显示角度为 $90°51'34''$，如图 9-13 所示，此时视线的坡度即为 $i = -1.5\%$。量取仪器高 $i$，在 $B$ 点上立水准尺，上下移动水准尺并保持水准尺竖直，当望远镜的横丝在水准尺上的读数为仪器高 $i$ 值时，在水准尺底部划线。此时 $A$ 点标志的顶部到 $B$ 点上的画线处连线，即为坡度为 $i = -1.5\%$ 的倾斜直线。实际工作中可以两点间拉直线来确定两点间其他点的设计高程位置，也可以采用确定 $B$ 点的高程位置的办法逐一确定其他点的高程位置。采用这种方法放样转度时，对全站仪的竖盘指标要求较高。

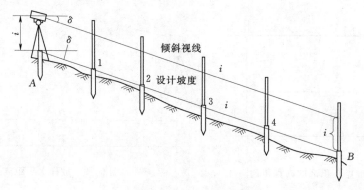

图 9-11 放样已知坡度线

### 9.2.5 放样曲线

对于高速路、引水隧洞、铁路等工程，当前进方向从一个方向转变到另一个方向时，两方向需要用曲线来连接；水利上的拱坝，其上下游面在某一高程平面上可呈二次曲线形式。依据工程的不同，平面上起连接作用的曲线有圆曲线、缓和曲线、回头曲线等多种形式，如图 9-14 所示。缓和曲线是连接直线与圆曲线或连接不同半径的圆曲线的曲率半径

图 9-12 坡度法放样已知坡度直线

图 9-13 垂直角法放样已知坡度直线

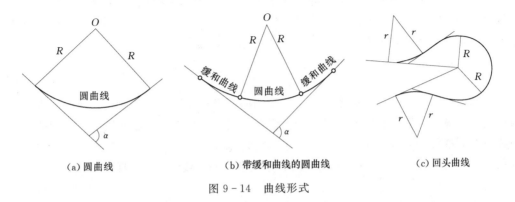

（a）圆曲线　　　　　　　（b）带缓和曲线的圆曲线　　　　　（c）回头曲线

图 9-14 曲线形式

由∞逐渐过渡到 $R$ 或曲率半径由 $R_1$ 逐渐过渡到 $R_2$ 的变曲率曲线。竖曲线是在竖直方向上坡度变化段用曲线来连接不同坡度的曲线。

#### 9.2.5.1 放样圆曲线

圆曲线的放样步骤包括圆曲线要素计算、圆曲线主点放样、圆曲线细部点放样。

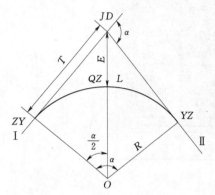

图 9-15 圆曲线要素图

(1) 圆曲线要素计算。如图 9-15 所示，$JD$ 为两直线的交点；$ZY$ 为直圆点，是按线路前进方向由直线进入圆曲线的分界点；$YZ$ 是按线路前进方向由圆曲线进入直线的分界点；$QZ$ 为圆曲线的中点，这些点称为曲线的主点。圆曲线的要素包括圆曲线半径 $R$、线路转角 $\alpha$、切线长 $T$、曲线长 $L$、外矢距 $E$、切曲差 $q$。各曲线要素相互关系为

$$T = R \tan \frac{\alpha}{2} \tag{9-7}$$

$$L = R \pi \frac{\alpha}{180°} \tag{9-8}$$

$$E = R \left( \sec \frac{\alpha}{2} - 1 \right) \tag{9-9}$$

$$q = 2T - L \tag{9-10}$$

渠系、高速公路、隧道等线性工程多用桩号来表示位置，各主点的桩号计算公式为

$$\overline{ZY} = \overline{JD} - T \tag{9-11}$$

$$\overline{QZ} = \overline{ZY} + \frac{L}{2} \tag{9-12}$$

$$\overline{YZ} = \overline{ZY} + L \tag{9-13}$$

(2) 圆曲线主点放样。如图 9-15 所示，在 $JD$ 点上架设全站仪，分别瞄准两直线 Ⅰ、Ⅱ 方向，在直线上分别放样距离 $T$，即得出 $ZY$、$YZ$ 两主点；然后瞄准直线 Ⅰ 或 Ⅱ 方向，放样角度 $\frac{180° - \alpha}{2}$，即瞄准圆曲线的中点 $QZ$ 方向，在中点 $QZ$ 方向上放样距离 $E$，即得圆曲线的中点 $QZ$。

(3) 圆曲线细部点放样。由于圆曲线的主点一般间距比较远，不能满足现场施工曲线的需要，因此除放样主点外，还需要放样位于曲线上的一定间距的细部点来更好用折线段代替圆曲线。圆曲线细部点的放样方法见 9.2、9.3。

#### 9.2.5.2 放样带缓和曲线的圆曲线

1. 缓和曲线

缓和曲线是设置在不同曲率半径曲线间的曲率半径连续渐变的曲线，起到曲线间过渡的作用，在高速公路、铁路等交通工程上广泛使用，包括直线与圆曲线间、不同曲率半径的圆曲线间的缓和曲线。缓和曲线的曲率半径是连续渐变的，直线与圆曲线间的缓和曲线上任意一点的曲率半径 $R$ 与缓和曲线的起点到该点的曲线长度 $l$ 成反比，即

$$c = Rl \tag{9-14}$$

式中 $c$ 的大小，决定缓和曲线的曲率半径 $R$ 随曲线长度 $l$ 变化的快慢。

以缓和曲线起点为原点，切线方向为 $y$ 轴正方向、圆心方向为 $x$ 轴的正方向建立直角坐标系，该坐标系上缓和曲线点的坐标计算公式是一个无穷级数展开式，这里仅取前两项，即

$$\left.\begin{array}{l} x=\dfrac{l^3}{6c}-\dfrac{l^7}{336c^3} \\[3mm] y=l-\dfrac{l^5}{40c^2} \end{array}\right\} \qquad (9-15)$$

2. 曲线的要素

如图 9-16 所示，$JD$ 为两直线的交点；$ZH$ 为直缓点，是按线路前进方向由直线进入缓和曲线的分界点；$HY$ 为缓圆点，是按线路前进方向由缓和曲线进入圆曲线的分界点；$QZ$ 为圆曲线的中点；$YH$ 为圆缓点，是按线路前进方向由圆曲线进入缓和曲线的分界点；$HZ$ 为缓直点，是按线路前进方向由缓和曲线进入直线的分界点。这些点称为曲线的主点。曲线的要素包括切线长 $T$、曲线长 $L$、外矢距 $E$、切曲差 $q$。

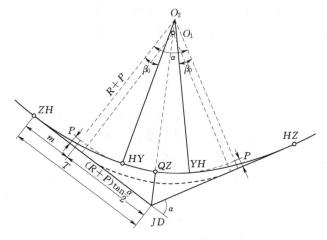

图 9-16 带缓和曲线的圆曲线

各曲线要素的计算公式为

$$T=m+(R+P)\tan\frac{\alpha}{2} \qquad (9-16)$$

$$L=2l_0+R\pi\frac{\alpha-2\beta_0}{180°} \qquad (9-17)$$

$$E=(R+P)\sec\frac{\alpha}{2}-R \qquad (9-18)$$

$$q=2T-L \qquad (9-19)$$

式中　$\alpha$——首尾两直线转角；

　　　$R$——圆曲线半径；

　　　$l_0$——缓和曲线长；

　　　$m$——切垂距；

　　　$P$——内移距；

　　　$\beta_0$——缓和曲线段对应角度。

$m$、$P$、$\beta_0$ 是缓和曲线的常数，按下式计算：

$$m = \frac{l_0}{2} - \frac{l_0^3}{240R^2} \qquad (9-20)$$

$$P = \frac{l_0^2}{24R} - \frac{l_0^4}{2688R^3} \qquad (9-21)$$

$$\beta_0 = \frac{l_0}{2R} \qquad (9-22)$$

**3. 曲线主点放样**

如图 9-16 所示，在 $JD$ 点上架设全站仪，分别瞄准两直线方向，在直线上分别放样距离 $T$，即得出 $ZH$、$HZ$ 两主点；然后瞄准一直线方向，放样角度 $\frac{180°-\alpha}{2}$，即瞄准圆曲线的中点 $QZ$ 方向，在中点 $QZ$ 方向上放样距离 $E$，即得圆曲线的中点 $QZ$。再以缓和曲线的函数式（9-15），代入缓和曲线长 $l_0$，计算得到 $HY$、$YH$ 两主点在各自 $ZH$、$HZ$ 点上建立的坐标系里的坐标（$x_0$，$y_0$）。分别在 $ZH$、$HZ$ 点上沿切线方向，在切线上放样 $y_0$ 距离，定出垂足点，再在垂足点上缓和曲线侧放样切线的垂线方向，在垂线方向上放样 $x_0$ 距离，即得 $HY$、$YH$ 两主点的位置。

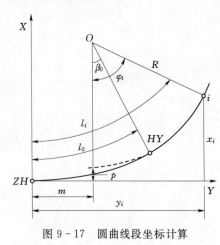

图 9-17 圆曲线段坐标计算

**4. 曲线细部点放样**

同圆曲线需要放样细部点一样，需要放样曲线上更多间距更小的细部点，用点间折线段来更好代替曲线。两段缓和曲线 $ZH \sim HY$、$YH \sim HZ$ 的细部点坐标计算在各自坐标系里按式（9-15）分别计算。如图 9-17 所示，对于圆曲线段的细部点放样，采用在 $ZH$ 点上建立的测量坐标系，其坐标计算式为

$$\left. \begin{array}{l} x = P + R(1-\cos\varphi_i) \\ y = m + R\sin\varphi_i \end{array} \right\} \qquad (9-23)$$

式中 $\varphi_i = \beta_0 + \frac{180°}{\pi R}(l_i - l_0)$。

计算得到各点坐标后，即可用 9.3 介绍的方法进行放样。

**9.2.5.3 放样竖曲线**

**1. 竖曲线的概念**

交通工程中，在道路的纵断面上不可避免的有上坡、下坡和平坡。两相邻坡段的交点称为变坡点，在两相邻坡段之间应设置竖曲线以实现坡度逐渐过渡。如图 9-18 所示，竖曲线按顶点的位置可分为凸形竖曲线和凹形竖曲线。按性质又可分为圆曲线型竖曲线和抛物线型竖曲线。

坡度表示斜坡的倾斜程度，是倾斜直线上两点间的高差 $h$ 和水平距离 $D$ 的比值，以 $i$ 表示。坡度在数值上等于倾斜直线与水平面夹角的正切值，即

$$i = \tan\alpha = \frac{h}{D}$$

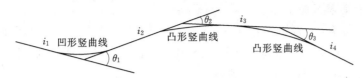

图 9 - 18 不同竖曲线的形式

上坡的坡度为正，下坡的坡度为负。相邻坡段的坡度代数差是考虑到坡度符号后的差数。

2. 竖曲线要素计算

竖曲线的要素包括曲线长 $L$、切线长 $T$、外矢距 $E$。以图 9 - 19 所示的圆竖曲线为例，说明竖曲线要素的计算。

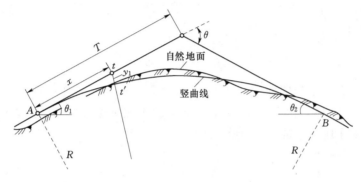

图 9 - 19 圆竖曲线要素计算

由图 9 - 19 可得

$$
\left.
\begin{aligned}
T &= R \tan \frac{\theta}{2} \\
L &= R\theta \\
E &= R \left( \sec \frac{\theta}{2} - 1 \right)
\end{aligned}
\right\}
\tag{9 - 24}
$$

式中 $\theta$——转坡角度，rad。

由于 $\theta$ 很小，可得

$$
\tan \frac{\theta}{2} = \tan \frac{1}{2}(\theta_1 + \theta_2) = \frac{\tan \frac{\theta_1}{2} + \tan \frac{\theta_2}{2}}{1 - \tan \frac{\theta_1}{2} \tan \frac{\theta_2}{2}} \approx \tan \frac{\theta_1}{2} + \tan \frac{\theta_2}{2} = \frac{1}{2}(i_1 + i_2) = \frac{1}{2}\Delta i
$$

因此式（9 - 24）可转化为

$$
\left.
\begin{aligned}
T &= R \tan \frac{\theta}{2} = \frac{1}{2} R \Delta i \\
L &= R\theta \approx 2T \\
E &= \frac{T^2}{2R}
\end{aligned}
\right\}
\tag{9 - 25}
$$

3. 竖曲线的放样数据

如图 9-19 所示，$t$ 为切线上的一点，$t'$ 为 $t$ 点与竖曲线圆心连线与竖曲线的交点，$t$ 和 $t'$ 点至竖曲线起点的水平距离均可看作为 $x$。竖曲线的放样数据就是竖曲线上任意一点 $t'$ 到起点的距离 $x$ 及其高程 $H_{t'}$。其高程计算式为

$$H_{t'} = H_t \pm y_t \qquad (9-26)$$

竖曲线为凸形曲线时，$y_t$ 取负号，反之取正号。在圆竖曲线中，$y_t$ 的值可按下式计算

$$y_t = \frac{x^2}{2R} \qquad (9-27)$$

$t$ 点的高程 $H_t$ 可由变坡点的设计高程 $H_0$ 和坡度线的坡度 $i$ 来确定，即

$$H_t = H_0 \pm (T - x_t)i \qquad (9-28)$$

由变坡点到 $t$ 点为下坡时，$(T - x_t)i$ 前取负号，为上坡时，取正号。综合式 (9-26)、式 (9-27)、式 (9-28) 可得

$$H_{t'} = H_0 \pm (T - x_t)i \pm \frac{x^2}{2R} \qquad (9-29)$$

【例 9-1】 有一凸形竖曲线，$i_1 = 1.5\%$，$i_2 = -1.5\%$，变坡处桩号为 30K+400，高程为 518.600，竖曲线半径为 3000m，试计算竖曲线元素及起点、终点的桩号和高程，并求竖曲线上每隔 10m 建筑整桩的设计高程。

解：竖曲线元素为

$$T = \frac{1}{2}R\Delta i = \frac{1}{2} \times 3000 \times (1.5\% + 1.5\%) = 45.0\text{m}$$

$$L = 2T = 2 \times 45.0 = 90.0\text{m}$$

$$E = \frac{45.0^2}{2 \times 3000} = 0.338\text{m}$$

竖曲线起点桩号：30K+400−$T$ = 30K+400−45 = 30K+355

终点桩号：30K+400+$T$ = 30K+400+45 = 30K+445

起点高程：518.600−45.0×1.5% = 517.925

终点高程：518.600−45.0×1.5% = 517.925

竖曲线上各桩号的设计高程见表 9-1。

表 9-1 竖曲线各桩号设计高程计算表

| 桩 号 | 至竖曲线起点或终点的平距 $x$ /m | 纵距 $y$ /m | 坡道高度 /m | 竖曲线高程 /m | 备注 |
|---|---|---|---|---|---|
| 30K+355 | 0.0 | 0.000 | 517.925 | 517.925 | |
| 30K+360 | 5.0 | 0.004 | 518.000 | 517.996 | |
| 30K+370 | 15.0 | 0.038 | 518.150 | 518.112 | 上坡段 $i = 1.5\%$ |
| 30K+380 | 25.0 | 0.104 | 518.300 | 518.196 | |
| 30K+390 | 35.0 | 0.204 | 518.450 | 518.246 | |
| 30K+400 | 45.0 | 0.338 | 518.600 | 518.262 | 变坡点 |

续表

| 桩 号 | 至竖曲线起点或终点的平距 $x$ /m | 纵距 $y$ /m | 坡道高度 /m | 竖曲线高程 /m | 备注 |
|---|---|---|---|---|---|
| 30K+410 | 35.0 | 0.204 | 518.450 | 518.246 | |
| 30K+420 | 25.0 | 0.104 | 518.300 | 518.196 | |
| 30K+430 | 15.0 | 0.038 | 518.150 | 518.112 | 下坡段 $i=-1.5\%$ |
| 30K+440 | 5.0 | 0.004 | 518.000 | 517.996 | |
| 30K+445 | 0.0 | 0.000 | 517.925 | 517.925 | |

# 9.3 放样点位的基本方法

### 9.3.1 全站仪坐标放样法

全站仪坐标放样法目前使用较为普遍，其实质就是极坐标放样法，通过全站仪自动计算出全站仪照准已知控制点方向到拟放样点位方向的两方位角差及全站仪点到拟放样点间的水平距离，从而进行放样的方法。如图 9-20 所示，$A$、$B$ 为已知点，拟放样点 $P$，则由三点的坐标，分别计算出 $A$ 到 $B$、$P$ 的方位角 $\alpha_{AB}$、$\alpha_{AP}$ 及 $A$ 到 $P$ 的距离 $D_{AP}$，放样角度为

$$\beta = \alpha_{AP} - \alpha_{AB} \tag{9-30}$$

放样步骤如下：

（1）在 $A$ 点架设全站仪，瞄准 $B$ 点，完成建站的相应工作。

（2）由全站仪计算出照准部旋转的角度 $\beta$ 大小并将照准部旋转到 $\alpha_{AP}$ 方向上，$P$ 点即在视线上。

（3）在 $A$ 到 $P$ 的方向上放样水平距离 $D_{AP}$，即得 $P$ 点位置。

采用全站仪坐标放样法进行放样，根据已知点及拟放样点的坐标，全站仪自动计算出拟放样点所在方位及全站仪到拟放样点的水平距离，然后全站

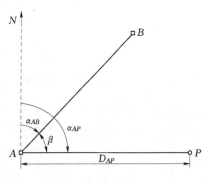

图 9-20 极坐标法放样点位

仪操作人员依据全站仪屏幕上的提示旋转照准部，瞄准拟放样点所在方向；立反射棱镜人员在该方向上立上棱镜，测量后全站仪屏幕上会提示立反射棱镜人员应该向哪一方向进行移动以靠近放样点的位置，直到测量后屏幕上显示立反射棱镜人员向前后、左右移动的距离都为零（或小于规范规定的限值要求），此时放样完成，棱镜杆所在位置即为放样点位。

下面以 NIKON DTM-452 C 全站仪为例，介绍全站仪坐标放样的主要操作过程。

【例 9-2】 现有已知控制点 $A(647.43,634.52,4.50)$、$B(913.46,748.63,6.45)$，在 $A$ 点上架设全站仪，放样点 $C(697.52,600.41)$。

**解：**操作步骤如下：

（1）放样之前首先要创建项目、建站，这一步的操作方法见 7.3.2，这里不再赘述。

（2）按 [S-O／DEF／8] 键，调用放样功能，选择"2.XYZ"，按 [REC/ENT] 键。

（3）输入放样点 $C$ 的坐标存储到全站仪里的点号，按 [REC/ENT] 键。显示如图 9-21 所示，显示内容的意思是照准部应逆时针旋转 $57°28'13''$，$C$ 点在该方向上距离全站仪 60.6012m。

图 9-21　全站仪显示放样数据

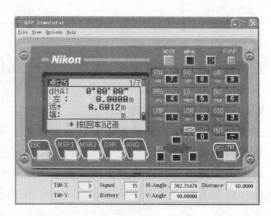

图 9-22　全站仪显示立反射棱镜人员移动距离

（4）全站仪操作人员逆时针旋转照准部，使得第一行的 dHA 尽量接近为 $0°00'00''$，然后指挥立棱镜人员在该方向上离全站仪大致 60m 的位置立上反射棱镜，按 [MSR1] 键，全站仪屏幕显示如图 9-22 内容。第二行显示"左：0.0000m"的意思是 $C$ 点在全站仪到反射棱镜之间的连线上。第三行显示"远 0.6021m"的意思是要放样的点位于反射棱镜人员身后 0.6012m 处，立反射棱镜的人员还应后退 0.6021m。

图 9-23　全站仪放样点位完成

（5）全站仪操作人员按照屏幕提示告知立反射棱镜人员的移动方向和移动距离后，再次按 [MSR1]，直至屏幕上第二、三行的数据均为零（只要达到规范要求的精度就可以，不一定需要为零），反射棱镜杆所在位置为放样点 $C$ 的位置，即如图 9-23 所示。

## 9.3.2　RTK 放样法

工程上需要放样建筑物的轮廓、中心线等，有直线、抛物线、圆曲线、缓和曲线等多种形式。无论何种形式的曲线，工程上都是采用放样出曲线上间隔一定距离的点，用相邻点连成的折线段来代替曲线。

利用 GNSS 的动态定位技术（RTK）进行放样，相比全站仪放样，可以快速实现点位的放样，其显著的优势是不需要基准站与流动站的通视，而且作业半径可以更远，在高速公路这样的工程上更能发挥其优势。采用 RTK 技术进行放样前，要进行基准站、移动站的设置，其设置方法见 7.3.3 中介绍的 RTK 进行碎部点测量中的内容，这里仅介绍基准站、移动站设置完成后的放样操作方法，其基本步骤为选择放样功能→输入放样坐标→选择目标→进行放样，下面以放样 Pt1（2564765.354，440300.865，66.3）和 Pt2（2564780.630，440320.946，56.1）两个点为例进行介绍。

1. 选择放样功能

操作：测量→点放样，进入放样界面，如图 9-24 所示。

2. 输入放样点坐标

操作：点击"目标"，文件导入或者手动输入拟放样点的坐标，如图 9-25 所示。

3. 选择放样目标

操作：点击"目标"，选择需要放样的点，点击"点放样"，如图 9-26 所示。

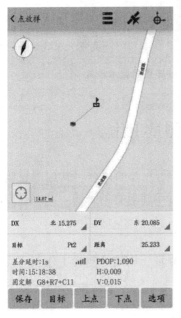

图 9-24　点放样主界面

图 9-25　输入放样点坐标

图 9-26　选择放样点

4. 进行放样

操作：选择好放样目标之后，点击"选项"，选择"提示范围"，选择 1m，如图 9-27 所示；在放样过程中，当移动站距离放样点位在"提示范围"以内时，会进行语音提示，同时，在放样主界面上会显示离目标点在 DX、DY 和 DH 方向上的距离，如图 9-28 所示，根据指示的距离向放样点的目标位置靠近，直至放样出目标点。

在后续放样下一点的操作中，如拟放样点与当前放样完成点在放样点库里相邻（如图

9-26 中的 Pt1、Pt2），则可以不用进入放样点库，点击"上点"或"下点"，根据提示选择即可。

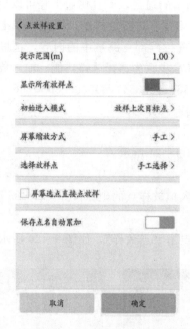

图 9-27　放样点的提示设置

图 9-28　放样点的提示设置

## 9.4　工业与民用建筑施工中的测量工作

工业与民用建筑施工前要进行场地平整，具体方法见 8.4、8.5 的内容，其施工控制网一般布设成建筑基线、建筑方格网的形式，基线、网线平行于建筑物的轴线，其放样方法见 9.1。本节主要介绍工业与民用建筑物的放样方法。

### 9.4.1　民用建筑施工中的测量工作

民用建筑施工测量的主要内容有建筑物放线、基础施工测量、砌墙身测量工作。

#### 9.4.1.1　建筑物放线

建筑物放线是指依据建筑物主轴线交点桩来详细放样建筑物各轴线的中心桩，然后根据各中心桩确定开挖边界。其各项步骤如下：

（1）放样中心桩。在建筑物主轴线交点桩确定后，将钢尺零点位于交点桩上，沿各主轴线拉钢尺，按各轴线与主轴线的设计距离，放样出各中心桩的位置，并做好各交点桩、中心桩的保护工作。

（2）保护各轴线。在建筑物各轴线桩放样完成后，要进行地基基础的开挖，这必然要破坏各个桩位。为了基础施工时恢复各轴线的位置以指导施工，常采用龙门板法和轴线控制桩法。

轴线控制桩设置在各轴线的延长线上、不受施工影响的位置，钉入木桩并用小铁钉在木桩顶准确标志出轴线的位置，作为基础开挖后恢复各轴线的依据。

在一般民用建筑中，常采用龙门桩和龙门板来作为建筑物各轴线的依据。如图 9 - 29 所示，龙门桩和龙门板设置的步骤如下：

1）在各角桩、中心桩外侧不受施工影响位置打入两根木桩（称为龙门桩），桩要钉得深、牢固、竖直，并保证桩的外侧面与建筑轴线平行。

2）用水准仪将建筑物设计标高±0.000 的位置引测到各龙门桩上，并用红油笔作标记。

3）在两相邻龙门桩上钉木板（称为龙门板），保证龙门板上边缘与±0.000 标记齐平。

4）如图 9 - 29 所示，在角桩 I 上架设经纬仪，对中、整平，瞄准角桩 F，水平制动照准部，稍微上抬望远镜，在所瞄准的龙门板上望远镜竖丝位置钉铁钉（称为轴线钉）；倒转望远镜，瞄准 I 点附近的龙门板，钉轴线钉；同样的方法将各轴线引测到各龙门板上并钉入轴线钉。

（3）确定开挖边界。如图 9 - 29 所示，根据各龙门板上轴线钉，拉细线。细线位置就是各轴线的位置，对轴线间距离、角度检查是否满足施工精度的要求。然后依据细线位置、基础的设计开挖宽度、开挖放坡等确定出开挖边界并撒白灰线表示。

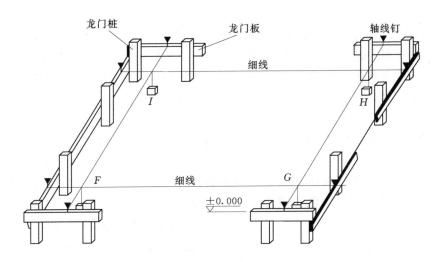

图 9 - 29　龙门桩和龙门板

### 9.4.1.2　基础施工测量

建筑物的基础施工测量内容包括控制开挖深度、投测轴线和基础顶高控制。

（1）控制开挖深度。将要开挖到基础设计标高时，用水准仪在开挖槽壁及拐角处每隔一定距离在槽壁上放样一个水平桩（见图 9 - 30，放样方法见 9.2 内容），使木桩顶到基础槽开挖的设计位置为一个固定值（如为 0.5m），用水平桩来控制基础的开挖深度。为了方便施工，可在开挖槽壁上各水平桩上表面位置处弹水平墨线，用墨线来控制轴线基础的开挖。

（2）投测轴线。基础垫层打好后，根据龙门板上的轴线钉恢复轴线，在轴线相交的地方挂垂球，将角桩、中心桩投影到垫层上，并用墨线弹出墙体中心线及基础边线，以指导基础墙体施工，如图 9－31 所示。

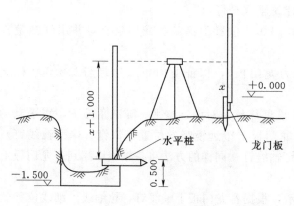

图 9－30 开挖基础高程控制

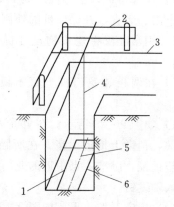

图 9－31 轴线投测

1—垫层；2—龙门板；3—细线；

4—投测垂线；5—轴线；

6—基础边线

（3）基础顶高控制。基础墙体可以采用砌砖、砌条石、浇筑混凝土等形式，但要保证基础顶面的标高符合设计要求。砌砖可以采用基础皮数杆来控制，砌条石可以将高出基础顶面标高部分打掉并保证其顶面水平；浇筑混凝土可以采用将基础顶面设计标高位置标记到模板上，以所做标记来控制基础混凝土浇筑的高度。

### 9.4.1.3 砌墙身测量工作

多层建筑在砌筑过程中，测量的工作主要有轴线投测和高程传递。

1. 轴线投测

轴线投测一般是用挂垂球的办法来将轴线向上传递，保证不同楼层上的轴线的平面位置相同。但如果有风，或者建筑物本身比较高，垂球线摆动，使得不易确定出轴线位置，这时可以借助经纬仪向上传递轴线。具体方法是将经纬仪安置在轴线延长线上，照准底部已有轴线位置，分别用正、倒镜向上一层楼板边缘投测，取中点作为轴线位置。

2. 高程传递

高程传递可采用 9.2 中介绍的方法，也可以采用皮数杆来传递高程。

如图 9－32 所示，皮数杆是砌墙时掌握各部分高程的工具，绘有砖的层数、门窗口、过梁、预留的空洞等所在高度位置，一

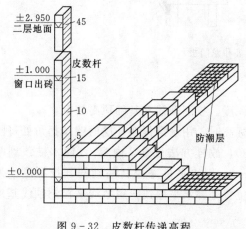

图 9－32 皮数杆传递高程

般立在建筑物的拐角处。

## 9.4.2　工业建筑施工中的测量工作

工业厂房施工测量中的柱列轴线与柱基放样工作可依据建筑基线、建筑方格网，采用9.3介绍的方法完成，这里简要介绍装配式结构柱吊装过程中的测量工作，其主要内容有柱基础施工测量、柱子安装测量、垂直度校正。

### 9.4.2.1　柱基础施工测量

柱基础的施工测量内容主要有柱基底层抄平、柱基浇筑、杯口抄平、柱基中心投点。

（1）柱基底层抄平。在每个柱将开挖到设计基础标高时，可采用图9-30的方法在柱基坑四壁放样出水平桩，用以修整坑底。

（2）柱基浇筑。基坑修整到设计标高后，即可打垫层。依据各柱的定位桩，在垫层面上放出柱基中心线，并据此安设柱基模板、浇灌混凝土。

（3）杯口抄平。如图9-33所示混凝土基础，施工是将柱子插入到杯口内，调整好高度及中线位置后浇灌二次混凝土。为了保证柱子按照设计标高安装，柱基混凝土拆模后，在杯口内侧壁放样出比杯口设计标高低一定高度的标高位置，并画"▼"标志，标明标高数字。依据此标高点来修整杯底，使其达到设计标高。

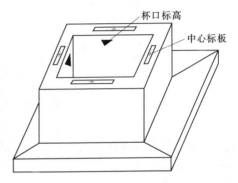

图9-33　杯口式基础抄平

（4）柱基中心投点。柱子吊装前，还需要找出基础的中心。先对所有的轴线点进行全面检查，无误后进行投点，即将轴线精确投到埋设在杯口顶面的中心标板上，并做"十"字标志。

### 9.4.2.2　柱子安装测量

柱子安装前要检查预制的柱子尺寸是否符合设计要求，如图9-34所示，将柱子各面中心弹出墨线，并由牛腿面按设计标高向下量出"±0.000"位置，然后再以"±0.000"位置为准量出柱子四角的标高，与基础标高相比较，据此对基础面进行修正。由于加垫板升高基础面比铲低基础面容易，因此一般要求基础底面应比设计高度略低。

柱子检查完、基础地面满足柱子吊装后，将柱子吊起、插入杯口内，使柱身上的中心线与基础面上的轴线对齐、现场实地放样的"±0.000"位置与柱身上的"±0.000"位置相吻合，用钢楔调整固定柱子。

### 9.4.2.3　垂直度校正

如图9-35所示，两台经纬仪架设在相互垂直的轴线上，同时进行垂直度校正。经纬仪与柱子的距离应足够远，先照准柱子底部中心线，缓慢向上抬望远镜，照准柱子顶部，检查中心线是否偏离望远镜的竖丝。如果发现偏离，立即用牵拉柱子的钢丝绳上的紧缩器调整，并同时调整底部的楔子。直到两部经纬仪在各自轴线上同时正倒镜反复检查，柱子的中心线均满足垂直度的要求为止。

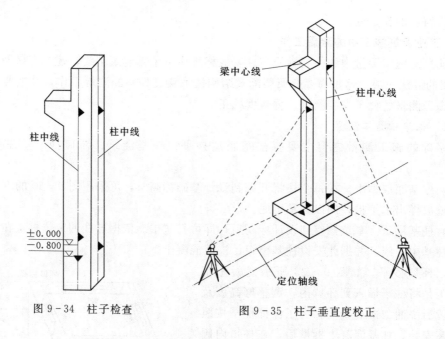

图 9-34　柱子检查　　　　　　　　图 9-35　柱子垂直度校正

# 9.5　隧　洞　放　样

隧洞工程广泛存在于水利工程、交通工程、地下矿山开采工程等。锦屏二级电站 4 条洞径达 13m、平均长约 16.6km 的引水隧洞主体工程和辅助工程占了总投资近 1/4，是世界上综合规模最大的水工隧洞工程，其顺利地开挖贯通对工程建设的工期、投资控制起着至关重要的作用。因此隧洞施工中的工程测量工作，是保障工程建设的顺利投产、做好建设投资控制中的重要手段。

隧洞施工的测量工作主要包括控制测量、中心线的放样（为隧洞开挖方向指向）、开挖坡度的放样（开挖过程中的高程控制）以及开挖断面（掌子面）的放样。

## 9.5.1　隧洞控制测量

为了确保隧洞的准确贯通，必须建立洞外施工控制网，在隧洞的设计进、出口及施工支洞口位置附近必须设置平面控制点和水准点，施工控制网必须与测图的控制网相联测，以保证坐标系的统一。若上述位置有满足精度要求的测图控制点，也可以使用，但用于隧洞开挖的所有控制点在使用前必须全部进行复核，以检查是否有移位情形。

水利工程、交通工程的平面控制可以采用 GNSS 技术，也可布设成导线的形式，高程控制可以采用水准测量，也可以采用三角高程技术，控制网的等级依据工程建设规模按相应规范确定。地下矿山开采工程的控制测量还包括地面与地下的联系测量及高程传递，这里不再讲述。

## 9.5.2　隧洞中心线的放样

如图 9-36 所示，1、2、3、…、6 是施工控制点，虚线 $A \to B \to E \to C$ 是设计的隧洞中心线位置，$A$、$C$ 是隧洞进、出口。隧洞中心放样时，可采用极坐标法先放样出设计的

隧洞进口 $A$ 点，待进口位置开挖完毕、挂口完成后，精确放样 $A$ 点，并在实地埋设桩位。然后利用点 1、$A$、$B$ 的坐标，采用极坐标法，放样 $B$ 点，这里 $B$ 点不能直接放样出其位置，但 $A$ 点架设的全站仪能指向 $B$ 点的方向，该方向就是该段隧洞的开挖方向。

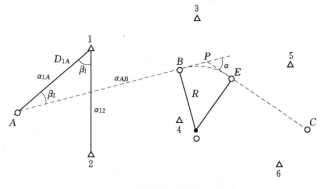

图 9 - 36 隧洞开挖方向指向

当隧洞每次放炮、出渣完毕，都要重新放样中心线，指示隧洞的开挖方向。每开挖一段距离，就要在中心线上埋设中心桩，以方便延伸中心线。在中心桩上放样中心线时，可以在中心桩位置架设经纬仪，后视已开挖段埋设的中心桩，再倒镜瞄准掌子面，即放样出中心线。

由于掘进是逐段延伸的，埋设的中心桩存在误差积累。因此当隧洞掘进了一定长度后，就需要从洞外控制点，向洞内布设支导线，可以选用埋设的中心桩作为洞内支导线点。然后根据测量所得支导线点的坐标，计算其中心桩偏移隧洞中心线的距离，据此改正中心桩的点位，以确保掘进方向正确。支导线的布设要随着开挖掘进的进度随时跟进，并做好支导线点的保护及复测工作。

对于断面比较大的隧洞，可以将隧洞内的导线点与洞外的控制点组成闭合导线或主副导线环的形式。测量放样的点位布设在隧洞中心上，会影响隧洞内的交通，因此可将指示隧洞掘进方向的点布设在离隧洞边一定距离上，即隧洞边线，这种情况就要注意对向开挖的隧洞两端布设的隧洞边线间的间距问题。

### 9.5.3 隧洞开挖坡度的放样

隧洞掘进过程中，要跟随隧洞的掘进进度，及时引进水准点，以控制掌子面的高程放样。一般选择放样中心线所埋设的中心桩作为水准点，将高程引测到水准点上。隧洞内的水准测量，一定要进行往返观测，以保证测量成果的准确性。隧洞内的水准点，也可以埋设在隧洞顶板上，但尺子应倒立，所读数前应加负号。

放样掌子面高程时，可以直接利用掌子面附近的水准点，也可以采用腰线来进行放样。腰线是放样在隧洞边壁上、比隧洞底地坪的设计高程高出 1m 的平行线。假设掌子面前有一点 $A$ 已经放样出腰线，现要放样出掌子面处 $B$ 点的腰线，可根据两点间平距 $D$ 及隧洞的设计坡度 $i$，计算两点间高差：

$$h_{AB} = Di \qquad (9-31)$$

在 $A$、$B$ 两点间架设水准仪，读取立在 $A$ 处腰线上水准尺的读数 $a$，则 $B$ 点处水准

尺立在腰线上的理论读数为

$$b=a\pm Di \qquad (9-32)$$

式中：正负号依据由 $A$ 到 $B$ 的设计坡度的符号来确定。

上下移动 $B$ 点处水准尺，使其读数为 $b$，此时在 $B$ 点处水准尺底部画线，即是腰线位置。然后过 $A$、$B$ 两点的腰线位置弹墨线，用墨线与掌子面相交点来控制掌子面的开挖高程。在最开始放样腰线时，要注意隧洞底板的衬砌厚度。

### 9.5.4 隧洞开挖断面的放样

在隧洞中线、腰线放样到掌子面上后，即可依据隧洞的设计断面形式、尺寸来进行放样开挖边界。如图 9-37（a）所示，放样出中线 $AB$ 所在位置后，可根据隧洞的设计开挖宽度，放样出两侧的开挖边壁；放样出腰线位置后，考虑底板衬砌厚度，即可放样出底板的开挖位置，结合设计起拱高、顶拱高，即可放样出起拱线。如图 9-37（b）所示，可根据放样出的腰线、中线位置、隧洞尺寸确定出掌子面上隧洞的中心位置，在其水平直径上每隔一定距离 $b$，放样出隧洞的开挖高度点，各点相连即得隧洞的开挖边界。

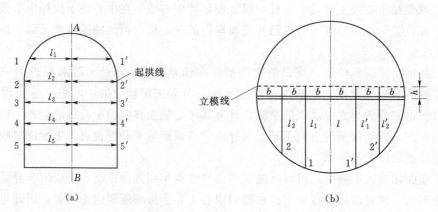

图 9-37　开挖断面放样

# 9.6　道 路 工 程 测 量

道路工程测量的主要工作有选线、控制测量、带状地形图测绘、中线放样、纵断面测绘、横断面测量、工程量计算。

### 9.6.1　选线

依据拟修道路的等级、运输能力、坡度、转弯半径等要求，在小比例尺地形图上确定初步的可行路线，然后到实地结合地质等条件来确定路线的大致走向和大概位置。

### 9.6.2　控制测量

道路的平面控制测量常采用 GNSS 定位技术，其等级依据公路的建设等级来相应确定。由于 GNSS 点间距一般较远，为满足地形图测量、施工放样的需要，可以在 GNSS 点间布设附合导线，对控制网进行加密。

道路的高程控制测量称为基平测量,是沿选定的道路埋设水准点并测定其高程,并要求水准路线达到一定长度时须与国家水准点进行联测一次。为方便使用,每隔一定距离须埋设一个水准点,而且距离线路不得超过 100m,在有重要施工地段,比如桥梁、隧洞、车站等处,还应加埋水准点。基平测量也可以采用三角高程测量代替,导线点也可选作水准点。

中平测量是道路上的转点、百米桩、曲线桩、加桩、控制桩等的高程测量工作。

### 9.6.3 带状地形图测绘

在完成选线、控制测量工作后,即可进行沿线大比例尺带状地形图测量,依据设计的需要,比例尺可选定为 1:2000~1:5000,宽度应包括线路两侧施工可能影响到的建筑物、对工程量影响较大的陡坡、沟渠等,一般为 100~250m。线路有比较方案的情况下,带状地形图施测范围应包含各方案,或在比较方案段对各方案线路单独施测。

### 9.6.4 中线放样

中线放样的任务是把初步设计的线路放样到实地,并根据现场的具体情况改善线路的具体位置。道路的中线放样首先是在平面上确定出交点、转点、缓和曲线和圆曲线的主点,这些主点称为线路控制点;除须放样主点外,较长的直线段还须按一定距离设置加密标桩,缓和曲线和圆曲线还须按一定间距进行放样并埋桩。中线放样多采用 RTK 技术,作业效率快、精度高。

### 9.6.5 纵断面测绘

纵断面就是对应沿线路中心线地表高低起伏变化的竖直剖面图,其外业的工作内容就是测量中线放样工作的各标桩及中心线上须反映出的地形变化点的高程及其桩间距,然后内业绘制成纵断面图,设计人员就可据此确定道路的设计坡度及桥梁、隧洞、涵洞等工程的相关参数。

线性工程一般是采用里程(或桩号)的方法来说明某一点位在线路上的位置,其意思是从线路起点沿中心线到该点的距离,其表示形式是如 30K+257.12(K 也可以省略不写),K 前面的数值是千米数,"+"后面的数值是不足千米的米数。从里程起点开始,累加桩间距,即得某一桩位置处的里程。

得到各桩位的地面高程及里程后,即可绘制纵断面图。纵断面图以线路的里程为横坐标、以高程为纵坐标。里程比例尺一般采用 1:5000、1:2000 或 1:1000,为了更明显表示地表起伏变化,高程轴比例尺一般是里程轴比例尺的 10 倍。

如图 9-38 所示,纵断面图应反映以下内容:

(1)直线或曲线。该段路线是直线还是曲线,此栏预留,由道路设计人员填写。

(2)桩号。从桩号起点开始,填入各桩的桩号。

(3)挖深与填高。挖深是设计道路的高程位置低于原始地表的深度,填高是设计道路的高程位置高于原始地表的高度。这两栏数据由道路设计人员完成填写。

(4)地面高程。即测得各桩所在的地面高程,填写在各桩所在桩号对应地面高程栏位置,画竖线到对应高程位置,将各桩号在断面图上的地面高程位置用折线连接起来,就是原始地面线。

(5)设计高程。道路各处的设计高程由道路设计人员填写。

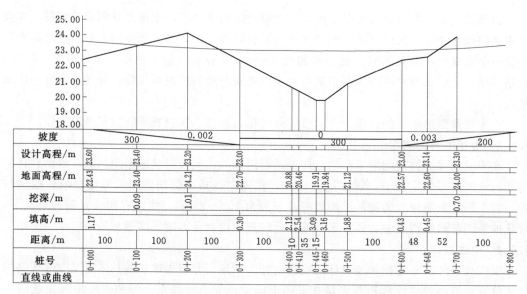

图 9-38 道路纵断面示意图

（6）坡度。斜线或水平线上的数值为坡度数，线下的数为对应坡度段的水平长度。这栏数据也由道路设计人员填写，并按道路沿线设计坡度、高程等，将设计的道路中心线绘制在图上。

### 9.6.6 横断面测量

横断面测量的主要内容就是测量各桩号处垂直于道路中心方向的地面起伏点的高程及间距，可以采用经纬仪、水准仪、全站仪进行。通过测定横断面上地形变化点的三维坐标，可借助成图软件快速生成横断面图。很多线性工程，如道路工程、堤防工程、农田水利沟渠建设等，常采用抬断面方法测量横断面。

如图 9-39 所示，抬断面法测量横断面时，将一根断面尺零点置于中心桩处地表并垂直于道路中心线水平放置，再将另一根断面尺竖直立于断面一侧的第一个地表变化点处，在两断面尺交点处读取两地形变化点的水平距离和高差，接着再测量第一个和第二个地表变化点间的平距、高差，如此逐段测完设计要求的横断面宽度。每两点间的测量数据采用分数形式记录，分子表示从道路中心线向外两地形变化点间的高差，分母表示平距。记录格式见表 9-2。

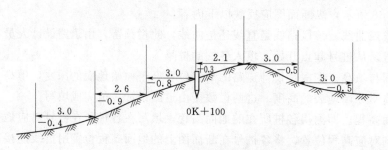

图 9-39 抬断面测量横断面示意图

表 9 - 2                        抬断面法横断面记录表

工程名称_____ 观测员_____ 记录员_____ 日期_____

| 横 断 面 左 侧 | 桩 号 | 横 断 面 右 侧 |
|---|---|---|
| ⋮ | ⋮ | ⋮ |
| $\dfrac{-0.4}{3.0}$, $\dfrac{-0.9}{2.6}$, $\dfrac{-0.8}{3.0}$ | 0K+100 | $\dfrac{+0.3}{2.1}$, $\dfrac{-0.5}{3.0}$, $\dfrac{-0.5}{3.0}$ |
| ⋮ | ⋮ | ⋮ |

横断面的绘制与纵断面的绘制方法稍有所不同，为了方便计算面积，横断面的高程和距离轴比例尺都取一致，常用的比例尺为 1∶100、1∶200。如图 9-40 所示为 0K+100 桩号的横断面，原地面线（图中实线）根据测量数据绘制，然后将该桩号处的设计断面（图中虚线）按设计高程、道路中心位置套在原地面线横断面上，设计断面与原地面线所围成的封闭区域，即得该桩号处的填、挖方面积。

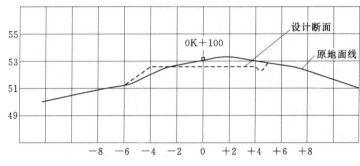

图 9 - 40   横断面示意图

### 9.6.7 工程量计算

道路的土石方开挖、回填工程量计算采用平均断面法进行，即两相邻桩号间的工程量为

$$V_i = \frac{1}{2}(A_i + A_{i+1})D_{i,i+1} \tag{9-33}$$

式中    $A_i$、$A_{i+1}$——两相邻断面的各自挖方面积或填方面积；

           $D_{i,i+1}$——两相邻断面的距离，用两桩号相减得到。

此种计算工程量的方法精度很大程度上受横断面的布设间距影响。在计算时，各断面的开挖、回填面积单独量算；断面间的开挖、回填量分别计算。在实际工程中很可能遇到两相邻断面，一断面为挖方，而另一断面为填方的情形，应在纵断面上找出不挖、不填的"零点"，将该两桩号间分成两部分计算；也要注意在两横断面处为填方，而在中间出现挖方的情形，这是在野外布设横断面时，漏掉了地形变换点，需要到实地补测横断面。

所有相邻横断面间的开挖、回填工程量计算出来后，将所得数据累加，即得该工程的开挖、回填工程量。

# 9.7 水利工程施工测量

大坝是常见的水工建筑物，有土石坝、重力坝、拱坝等多种坝型，各种不同大坝在施工阶段的测量内容有所不同。

## 9.7.1 土石坝施工测量

土石坝施工阶段的测量内容主要有建立施工控制网、坝轴线放样、清基开挖线放样、坡脚线放样、坝坡面的控制等。

### 9.7.1.1 建立施工控制网

为进行大坝施工放样、验收、计量等，在大坝施工前必须建立测量控制网。这里建立的施工控制网主要是为大坝的施工服务，平面控制网和高程控制网一般共点使用。平面网多布设成导线形式；对于高程控制，由于现在水利工程的放样工作大多采用全站仪进行，而且大坝两岸较陡，不便于进行水准测量，因此一般采用三角高程技术建立高程控制网。在进行控制网的布点时，要注意一般将较多点位选在坝下游、地质条件好、不受施工影响的位置，并尽可能考虑随着筑坝高度的增加对测量控制点的需求而在不同高度的位置要有控制点，以方便使用。

施工过程中，可以根据施工进度，采取由建立的施工控制网点向作业面内引测临时控制点，以方便放样使用。施工期间必须经常检查复核控制点，特别是引测的临时控制点，避免受施工影响而发生移位。

### 9.7.1.2 坝轴线放样

建立好施工控制网后，可以从施工图纸上得到坝轴线两端点的坐标，采取全站仪极坐标法实地放样出坝轴线的位置。坝轴线端点位置确定后，应埋设固定标志，为防止其在施工过程中遭到破坏，一般还要沿轴线向山坡上设立埋石点。

### 9.7.1.3 清基开挖线放样

在进行坝体施工前，要进行清基工作，就是将坝体范围内松软的自然表土、杂草等全部清除，以保证坝基与地面紧密结合。清基开挖线的放样，就是找出坝体和自然地面的交线，确定清基范围。确定土坝清基范围的精度要求不高，可以采用图解法，即采用在坝区大比例尺地形图上垂直于坝轴线，按一定间距剖一系列横断面，然后将设计的坝体横断面套绘在各横断面上，就可以量出各横断面上、下游坝坡面与地面的交点至坝轴线的距离（如图 9-41 中 $d_1$、$d_2$），然后在坝区地形图上对应横断面的位置处按上述距离确定出两交点在图上的位置，即可获得其坐标，在现场即可采用全站仪极坐标法将其放样到实地。由于清除的松软层有一定厚度，两侧开挖均要留一定边坡，实际清基开挖线要向外扩大 1~2m。因此按上述量得坝坡面与地面的交点坐标进行放样后，应向坝外延 1~2m 撒白灰标明实际开挖边界。

### 9.7.1.4 坡脚线放样

坝基清理完后，即可进行坝体的填筑，但首先必须确定出坝体填筑的边界线，即坝脚线。坝脚线的确定仍可采用套设计坝体断面的方法来确定，但坝脚线要求的精度高，需要对开挖、清基完成后的坝区地形图重新测绘，这一方面用作开挖的竣工资料、开挖工程量

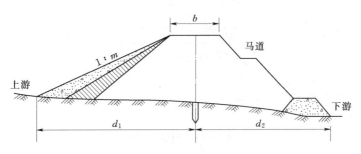

图 9-41　清基开挖线的确定

的计算需要；另一方面就是确定坡脚线。按照确定开挖基线的类似方法，现场放样出断面上的坡脚线点后，要对其是否满足边坡进行检查。

如图 9-42 所示，对设计坝顶高程为 $H_{顶}$、坝顶宽为 $b$、坝坡为 $1:m$ 的一坝体设计横断面，测得放样出的坡脚点 $S$ 的高程为 $H_S$，若断面上 $S$ 点为正确的坡脚点，则其到坝轴线的水平距离 $d_S$ 应为

$$d_S = \frac{b}{2} + (H_{顶} - H_S)m \qquad (9-34)$$

若不满足式（9-34），则应内外移动 $S$ 点的位置，直至其为准确的坡脚点。

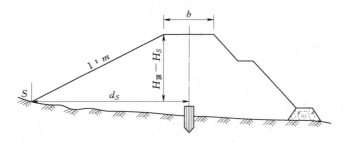

图 9-42　坡脚线的确定

### 9.7.1.5　坝坡面的控制

坡脚线放样后，即可在坝体范围内填筑。土料是分层进行填筑、碾压的。由于所上土料是松散的，而碾压后是密实的，因此要求边坡处的上料必须留有一定厚度，即余坡 $h$。

如图 9-43 所示，实线是下一层已经碾压好的土层边界线，虚线是上一层松散土的边界线，按设计边坡 $1:m$ 及坝顶宽，可计算出虚线高程处左侧坝坡面到坝轴线的距离为 $D$，为保证 $CA$ 段坡面边坡为设计值 $1:m$，应在水平方向上多上料 $\delta$，则 $\delta$ 与余坡 $h$ 的关系为

$$\delta = h\sqrt{1+m^2} \qquad (9-35)$$

计算出 $\delta$ 值后，加入虚线高程处左侧坝坡面到坝轴线的距离 $D$，即得该高程处上料位置到坝轴线的距离，用这种多填料 $\delta$ 宽的办法来控制坝坡面的坡度。

大坝填筑到一定高度、坡面压实后，坝坡面还须进行坡面修正，以达到设计坡度。采用经纬仪来指示坡面修整，非常简便、直观。

如图 9-44 所示，在坝体某高程位置，精确定出该高程左侧坝坡面的设计位置，在

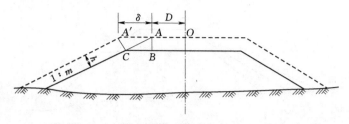

图 9 - 43  坝坡面放样

该处架设经纬仪，量取仪高 $i$，沿垂直坝轴线的方向向坡下望，调整望远镜的竖直角，使其为坝坡面的设计坡度（如坝坡面坡度为 $1:2.6$，对应竖直角为 $-21°02'15''$）。此时视线平行于设计的坡面。在视线上立水准尺，读取中丝读数 $v$，则该点的修坡厚度为 $i-v$。采用这种方法需要注意的是视线应垂直坝轴线，以保证视线平行于设计坝坡面。

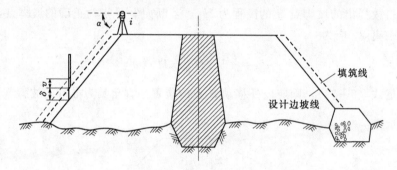

图 9 - 44  坝坡面修正

### 9.7.2  混凝土坝施工测量

混凝土坝施工阶段的主要测量内容有建立施工控制网、坝轴线放样、基础开挖线放样、坝体立模放样以及细部结构放样等。建立施工控制网、坝轴线放样、细部结构放样等的方法与土坝中介绍的一致，这里简要介绍混凝土坝施工中的基础开挖线放样、坝体立模放样的工作方法。

#### 9.7.2.1  基础开挖线放样

混凝土坝的清基工作是要挖去坝基范围内的表土层、风化的岩石，达到设计要求的清基高程。

确定开挖边界点的步骤如下：

（1）在坝区大比例尺地形图上，沿坝轴线，每隔一定距离剖一横断面，并将坝体设计断面套绘在横断面上，如图 9 - 45 所示，在坝区横断面 $P$ 上，由设计资料可得出坝体与基岩的交点 $A$ 的高程 $H_A$。

（2）按设计的开挖边坡坡度 $1:m$，过点 $A$ 作一条坡度为 $1:m$ 的斜线，与断面上的原地面线相交于点 $B$，点 $B$ 即为该断面上的一个开挖边界点，量得点 $B$ 到坝轴线的距离 $D_B$。

（3）在坝区地形图上，从 $P$ 点向坝轴线左侧量取距离 $D_B$，即得点 $B$ 在图上位置，量取点 $B$ 的坐标。

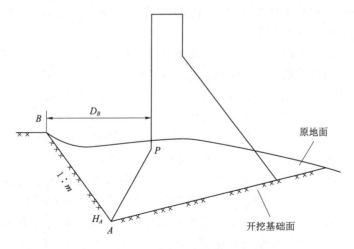

图 9 - 45　趋近法确定基坑开挖边界点

（4）类似办法获取各断面上的开挖边界点的坐标。

（5）在控制点上，采用全站仪极坐标法放样出点 $B$ 在实地的位置，最后测量出点 $B$ 的三维坐标，算出点 $B$ 和 $A$ 之间的高差和平距，检查点 $B$ 到 $A$ 的边坡坡度是否满足设计要求，若不满足要求，则点 $B$ 作前后移动，直到其边坡坡度符合要求。

（6）同样办法定出各断面上的开挖边界点，将这些开挖边界点连起来，即得基础开挖边界线。

#### 9.7.2.2　坝体立模放样

除碾压混凝土坝大多采用通层浇筑外，混凝土坝的浇筑施工大多采用分层、分块的分仓位浇筑方法，即分成各个相对比较小的仓位进行浇筑，如图 9 - 46 所示。因此每一仓位（一层、一块）就需要放样一次，以保证坝体的外型。

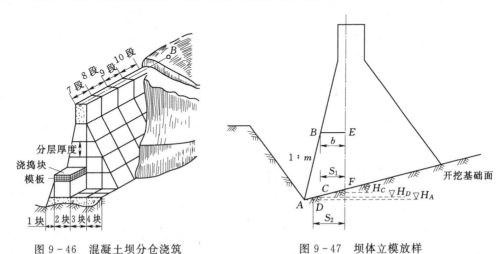

图 9 - 46　混凝土坝分仓浇筑　　　　图 9 - 47　坝体立模放样

坝体的外型控制从基础混凝土浇筑的立模开始，首先就要找出坝坡面与基础岩石表面的交点。如图 9 - 47 为坝体的一横断面，先要确定出坡脚点 $A$ 的位置，步骤如下：

（1）浇筑第一层混凝土，如图中块 $ABEF$，在设计图上查出第一层层面，即 $B$ 点的高程、到坝轴线的距离 $b$ 及坡面坡度 $1:m$。

（2）为有利于坝体的稳定，基础面一般设计开挖成倾向上游，在该横断面上靠近坡脚的地方找一点 $C$，测出其高程 $H_C$ 及其到坝轴线的距离 $D_{CF}$，计算点 $C$ 到坝轴线间的距离 $S_C = b + (H_B - H_C)m$，若实测的距离 $D_{CF}$ 等于 $S_C$，则点 $C$ 为坡脚点；否则前后移动点 $C$ 的位置，逐步趋近，以得到坡脚点 $A$ 的位置。

（3）用同样的方法，确定其他坡脚点，相邻坡脚点连线即得坡脚线。

（4）沿坡脚线按 $1:m$ 立模，并用垂球随时进行检查。

对于坝体内部水平面上的分块，可以按照设计资料，找出分块边界点的坐标，按坐标进行放样。放样完毕后，为方便立模及对模板的检查，在分块的内侧距离边界一定位置处弹出分块线的平行线。对于坝体内部竖直面上的分层，一般引测临时高程控制点到仓位，然后在模板上放样出若干个该层混凝土的顶面高程位置，对该高程位置弹水平墨线，用于对混凝土浇筑过程中的高程控制。

## 习 题

1. 水利工程上的坝轴线是如何进行放样的？

2. 在工业与民用建筑中，如何标定龙门桩、龙门板？

3. 民用建筑中，如何控制基础的开挖高程？

4. 隧洞开挖工程中，如何控制隧洞的开挖方向及开挖高度？

5. 简要说明建筑基线相比平面控制网在放样方面的简便性。

6. 简述放样圆曲线的方法。

# 第 10 章 变 形 监 测

建筑物的变形是指建筑物在荷载作用下产生的形状或位置变化的现象，可分为沉降和位移两大类。沉降指竖向的变形，包括下沉和上升；而位移为除沉降外其他变形的统称，包括水平位移、倾斜、挠度、裂缝、收敛变形、风振变形和日照变形等。

## 10.1 概 述

### 10.1.1 变形监测的目的

变形是研究对象在外来因素作用下产生位置、形状和尺寸改变的过程，包括研究对象自身的伸缩、错动、弯曲、扭转等形变和研究对象发生的整体平移、整体转动、整体升降、整体倾斜的刚体位移。一般将前者称为形变，后者称为变形。变形监测就是利用测量仪器或专门设备对监测对象的变化过程进行监测的测量工作，获得布设在监测对象上有代表性监测点的位置随时间变化的过程并分析其发生该变形过程的原因。

变形监测的目的在于严密监测各种工程建（构）筑物和地质构造的变形幅度和速率，结合力学和结构的相关知识，对变形产生的影响进行评价，并在监测对象出现异常变形情况下发出预警，同时变形监测是对建筑物进行安全鉴定、检验施工质量的重要手段，也是更好理解变形的机理、验证现行工程设计理论、发展更为切合实际的结构分析和设计理论的根本途径。

### 10.1.2 变形监测的对象

监测对象大可到整个地球，小可到一栋建筑物。变形监测对象可分为如下三类：

（1）全球性变形监测。包括监测地球的地极移动、各大板块运动、地球旋转速率变化等。

（2）区域性变形监测。包括地壳形变监测、城市地面沉降监测等。

（3）局部性变形监测。包括工程建（构）筑物三维变形监测、不良地质构造及高边坡等处的滑坡体滑动监测、矿区地下采空区的地面沉降监测等。本教材所介绍的变形监测就是局部性变形监测，监测对象主要为高层建筑物、大坝、桥梁、隧道、边坡（滑坡体）、矿区地表等。

### 10.1.3 变形监测的特点

变形监测虽然主要采用测量仪器，但与地形测量、施工测量相比，其有如下显著的特点：

（1）观测频次高。地形测量、施工测量所涉及的点位，可能测量、放样一次即可，但变形监测对监测点需要进行重复观测，并且要求每次观测方案都要尽量一致；在监测时间安排上要及时进行，否则不能及时反映监测对象的变形情况，从而可能失去预警作用。

（2）精度要求高。为了充分反映出建筑物的变形，变形监测的典型精度要求达到1mm，否则可能建筑物已经发生了大的变形，但所监测结果含有较大误差，变形值在监测结果中无法真实反映出来。

（3）测量技术综合使用。各种测量仪器、技术都有其自身的局限性，变形监测应根据变形体的实际情况，综合利用空间测量、摄影测量等各种技术，从而保证变形监测的精度和可靠性。

（4）结果解释严密。针对变形监测结果的分析，经常要结合多学科的知识，对变形体发生的变形值进行合理的几何分析和物理解释。

### 10.1.4 变形监测的内容

变形监测主要获取变形体的几何量和物理量。

变形体的几何量指监测点位的空间位置变化，包括水平位移、垂直位移、倾斜、挠度、扭转、裂缝等。水平位移是监测点在水平面上的移动；垂直位移是监测点在铅垂方向上的变化；倾斜也可以通过水平、垂直位移测量反映出来；挠度可看作为沿某一方向发生位移。变形监测的物理量包括应力、应变、水位、渗流、扬压力等。

### 10.1.5 变形监测的方法

对建筑物的变形监测，应根据所需监测的变形类型、精度要求和现场作业条件来选择相应的观测方法，一个监测项目可组合使用多种监测方法。对有特殊要求的变形测量项目，可同时选择多种监测方法相互校验。常用的变形监测方法有水准测量、静力水准测量、三角高程测量、全站仪测量、卫星导航定位测量、激光测量、近景摄影测量等。当变形监测需采用特等精度时，应对所用测量方法、仪器设备及具体作业过程等进行专门的技术设计、精度分析，还可结合试验进行验证。

## 10.2 变形监测方案设计

### 10.2.1 基本要求

建筑变形测量工作开始前，应收集相关的地质和水文资料、工程设计图纸，根据建筑地基基础设计的等级和要求、变形体的特点及变形类型、测量目的、任务要求以及测区条件进行施测方案设计。依据确定的变形测量的内容、精度级别、基准点与变形点布设方案、观测周期、仪器设备及检定要求、观测与数据处理方法、提交成果内容等，编写技术设计书或施测方案。

各观测周期的变形观测，应保证观测方案尽量一致，具体应满足如下要求：

（1）在较短时间内完成。

（2）采用相同的观测路线和观测方法。

（3）使用同一仪器、设备，观测人员相对固定。

（4）记录有关的环境因素，包括荷载、温度、降水、水位等。

（5）采用统一基准处理数据。

当建筑变形观测过程中发生下列情况之一时，必须立即报告委托方，同时应及时增加观测次数或调整变形测量方案：

（1）变形量或变形速率出现异常变化。

（2）变形量达到或超出预警值。

（3）周边或开挖面出现塌陷、滑坡。

（4）建筑本身、周边建筑及地表出现异常。

（5）由于地震、暴雨、冻融等自然灾害引起的其他变形异常情况。

对于一般的小型工程，对变形监测资料的分析应包括如下几方面：

（1）观测成果的可靠性分析。

（2）变形体的累计变形值和两相邻观测周期的相对变形量分析。

（3）相关影响因素（荷载、应力应变、气象、地质等）的作用分析。

### 10.2.2　监测精度要求

变形监测的等级及精度要求取决于变形体设计时确定的变形允许值大小和变形监测的目的。一般认为，如果变形监测的目的是体现建筑物的变形，当变形过大的情况下能及时、准确做出预警，确保工程安全，其监测中误差应小于变形允许值的 $1/10\sim1/20$；如果变形监测的目的是研究变形的过程，监测的精度还要更高。

《建筑变形测量规范》（JGJ 8—2007）规定了建筑变形监测的等级、精度及适用范围，见表 10-1。

表 10-1　　　　　　　　　建筑变形监测的等级、精度及适用范围

| 等级 | 沉降观测 | 位移观测 | 主 要 适 用 范 围 |
| --- | --- | --- | --- |
| | 观测点测站高差中误差/mm | 观测点坐标中误差/mm | |
| 特级 | ±0.05 | ±0.3 | 特高精度要求的特种精密工程的变形监测 |
| 一级 | ±0.15 | ±1.0 | 地基基础设计为甲级的变形测量；重要的古建筑和特大型市政桥梁等变形测量等 |
| 二级 | ±0.5 | ±3.0 | 地基基础设计为甲、乙级建筑的变形测量；场地滑坡测量；重要管线的变形测量；地下工程施工及运营中变形测量；大型市政桥梁变形测量等 |
| 三级 | ±1.5 | ±10 | 地基基础设计为乙、丙级的建筑的变形测量；地表、道路及一般管线的变形测量；中小型市政桥梁变形测量等 |

### 10.2.3　监测网的布设

变形监测网由基准点、工作基点、变形观测点三类点组成。

#### 10.2.3.1　基准点

基准点是变形监测的基准，应设置在变形区域以外、位置稳定、易于长期保存的地方，每个工程至少应布设 3 个基准点，并定期复测。大型工程的变形观测，其水平位移基准点应采用观测墩，垂直位移基准点应采用双金属标或钢管标。基准点的标石、标志埋设后，应达到稳定后方可开始观测。稳定期应根据观测要求与地质条件确定，不宜短

于 1.5d。

#### 10.2.3.2 工作基点

工作基点是直接测定观测点的控制点，应选在比较稳定且方便使用的位置，在一个周期变形监测过程中应保持稳定，布设在工程施工区域内的水平位移监测工作基点宜采用观测墩，垂直位移监测工作基点可采用钢管标。对于施工影响区域小的工程，可以不布设工作基点，直接在基准点上观测变形观测点。

#### 10.2.3.3 变形观测点

变形观测点也称为目标点、变形点，应布设在变形体的地基、场地、上部结构等处最能反映变形监测内容的敏感位置。当有工作基点时，每期变形观测时均应将其与基准点进行联测，然后再对观测点进行观测。

《建筑变形测量规范》（JGJ 8—2007）对各项监测内容变形点的布设均做了要求，如对建筑沉降观测，要求变形点按如下位置布设：

（1）建筑四角、核心筒四角、大转角处及沿外墙每 10～20m 处或每隔 2～3 根柱基上。

（2）高低层建筑、新旧建筑、纵横墙等交接处的两侧。

（3）建筑裂缝、后浇带和沉降缝两侧、基础埋深相差悬殊处、人工地基与天然地基接壤处、不同结构的分界处及填挖方分界处。

（4）对于宽度大于等于 15m 或小于 15m 但地质复杂以及膨胀土地区的建筑，应在承重内隔墙中部设内墙点，并在室内地面中心及四周设地面点。

（5）邻近堆置重物处、受振动有显著影响的部位及基础下的暗浜（沟）处。

（6）框架结构建筑的每个或部分柱基上或沿纵横轴线上。

（7）筏形基础、箱形基础底板或接近基础的结构部分之四角处及其中部位置。

（8）重型设备基础和动力设备基础的四角、基础形式或埋深改变处以及地质条件变化处两侧。

（9）对于电视塔、烟囱、水塔、油罐、炼油塔、高炉等高耸建筑，应设在沿周边与基础轴线相交的对称位置上，点数不少于 4 个。

对于监测水平位移，变形监测网中的基准点、工作基点应设置观测墩，并现场浇筑，墩面需安置强制对中装置，目的是减小仪器、目标的对中误差，如图 10 - 1（a）所示（顶部为强制对中圆盘）。变形点是监测水平位移的，条件许可的情况下，也可设置成观测墩的形式，也可以采用杆式标志、觇牌标志的形式，如图 10 - 1（b）所示。监测沉降的观测点，可在变形体的墙体、柱位置埋入角钢等金属标志，如图 10 - 1（c）所示。

### 10.2.4 监测频率

监测频率的确定取决于变形值的大小、速率及监测目的，要既能反映出变化的过程，又不能错过变化的重要时刻。变形监测中，变形速率比变形绝对值更重要。

监测频率的确定与变形体的变形特征、变形速率、观测精度、工程等级、施工进度及施工期有关，当变形速率出现显著增加时，应及时增加监测频率。对于应测项目，在无异常和无事故征兆的情况下，《建筑基坑工程监测技术标准》（GB 50497—2019）规定了开挖后的监测频率，可按表 10 - 2 确定。

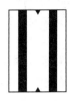

(b)

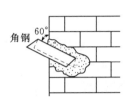
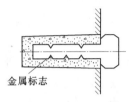

(a)　　　　　　　　　　　　　　　　　(c)

图 10-1　监测网点形式

表 10-2　　　　　　　　　　　　　　基坑工程监测频率

| 基坑设计安全等级 | 施工进程 | | 监测频率 |
|---|---|---|---|
| 一级 | 开挖深度 h | ≤H/3 | 1次/(2~3)d |
| | | H/3~2H/3 | 1次/(1~2)d |
| | | 2H/3~H | 1~2次/d |
| | 底板浇筑后时间/d | ≤7 | 1次/d |
| | | 7~14 | 1次/3d |
| | | 14~28 | 1次/5d |
| | | >28 | 1次/7d |
| 二级 | 开挖深度 h | ≤H/3 | 1次/3d |
| | | H/3~2H/3 | 1次/2d |
| | | 2H/3~H | 1次/d |
| 二级 | 底板浇筑后时间/d | ≤7 | 1次/2d |
| | | 7~14 | 1次/3d |
| | | 14~28 | 1次/7d |
| | | >28 | 1次/10d |

# 10.3　变形监测方法

变形监测是多学科知识的综合运用,其方法主要可分为静态和动态两大类。

## 10.3.1　静态变形监测

1. 常规测量方法

利用常规测量仪器,如经纬仪、水准仪、全站仪、GPS接收机,通过测量角度、距离、高差、坐标来测定变形，测量方法包括测角、测边、交会、测坐标、水准测量、三角高程测量等。常规测量方法是常采用的方法，主要用于布设监测网及后期的周期性监测。

**2. 合成孔径雷达干涉测量方法**

利用微波雷达成像传感器对地面进行遥感成像，经数据处理，从雷达影像中提取地面的形变信息。这种方法覆盖范围大、成本低、可以获得某一区域连续的地表变形信息，全天候、不受云层等气候的影响。

**3. 准直测量方法**

通过测量变形观测点偏离基准线的距离，来确定某一方向上点位相对基线的位移，包括水平准直和铅垂准直两种。水平准直一般把水平基准线设置为平行于变形体，测量布设在变形体上的变形点偏离水平基准线的微距离；铅垂准直是将垂直基准线设置为经过基准点的铅垂线，测量变形点偏离垂直基准线的微距离。

**4. 液体静力水准测量法**

利用液体静止时其液面为一等势面的原理来传递高程的方法，即利用连通器的原理来测量容器内液面高差的变化，以测定垂直位移。监测过程中将一个观测头安置在基准点，其他测头安置在变形观测点上，测量各测头与液面的高差，即得观测点相对于基准点的高差。这种方法不需要点与点之间的通视，常用于建筑物基础、混凝土坝坝基面、土石坝表面的垂直位移监测。

### 10.3.2　动态变形监测

**1. 实时动态 GNSS 测量方法**

将 1 台 GNSS 接收机安置在变形体外稳固地方作为连续运行的基准站，另外在变形观测点上安置 GNSS 接收机天线，作为流动站进行连续观测。这种方法主要用于测定变形观测点的动态变形，具有连续、实时、自动化的特征。

**2. 近景摄影测量方法**

在变形体周围的稳固点上安置高精度数码相机，对变形体进行摄影，然后通过数字处理技术获得变形信息。这种方法可以同时获得变形体上大批观测点的变形信息；而且影像完整记录了变形体长时期的变化状态，信息量大；外业工作量小，可用于监测不同变形速率的变形；而且监测者不需要直接到监测点，有利于保障监测人员的安全。

**3. 地面三维激光扫描方法**

采用地面三维激光扫描系统以一定时间间隔对变形体表面进行扫描，采集其表面大量三维数据，通过数据处理，获得变形体的变形信息。这种方法的特点是信息全面，有利于对变形体进行整体变形研究。

# 10.4　三维激光扫描技术

三维激光扫描技术（3D Laser Scanning Technology）是一种先进的全自动高精度立体扫描技术，根据激光测距的原理，通过扫描、记录被测物体、区域表面大量密集点的三维坐标、反射率、纹理等信息，将扫描对象的信息完整地采集到电脑中，借助各领域的专业应用软件对多站点所采集到的数据进行拼接、坐标系转换、点云着色、纹理映射以及多种数据的融合等，快速得出被测目标、区域的三维模型及线、面、体等多种信息，进行各种后处理应用。

### 10.4.1 三维激光扫描仪

三维激光扫描系统主要由激光测距系统和测角系统以及其他辅助功能系统构成，通过测距系统获取扫描仪到待测物体的距离，再通过测角系统获取扫描仪至待测物体的水平角和竖直角，进而计算出待测物体的三维坐标信息。在扫描的过程中再利用本身的垂直和水平马达等传动装置完成对物体的全方位扫描，这样连续地对目标或区域以一定的取样密度进行扫描测量，从而得到被测目标物体密集的三维点云数据。

三维激光扫描仪在记录反射激光点三维坐标的同时，也记录反射激光点位置处的反射强度值，即"反射率"；内置的数码相机在扫描过程中同步物体真实的色彩信息，因此在扫描、拍照完成后，点云就包含有 $X$、$Y$、$Z$、Intensity、RGB 等信息。

采用三维激光扫描技术进行建筑物、坡面等的变形监测，主要是采用地面三维激光扫描测量系统进行扫描检测。传统的变形监测是单点测量，布设的控制点和变形监测点组成监测网，对各点上的观测墩进行变形监测；三维激光扫描技术用于变形监测，可以自动、连续、快速地获取目标物体表面的密集采样点数据，即点云，实现了由传统的点监测到海量数据的对象或区域的面测量的跨越，可以快速得到整个变形监测体的变化信息，可更全面、精确掌握变形体的变形过程和变形规律，具有无需事先埋设监测设备、无接触测量、监测速度快、精度高、能够反映监测区域各处的变形情况等特点，现已经广泛用于高边坡与深基坑的监测、地质滑坡与灾害的监测与防治、地下采空区的沉陷监测等领域。

地面三维激光扫描测量系统对物体进行扫描后的空间位置定位是以仪器坐标系为基准的，这种特殊的坐标系通常定义为：坐标原点位于激光束发射处，$Z$ 轴位于仪器的竖向扫描面内，向上为正；$X$ 轴位于仪器的横向扫描面内与 $Z$ 轴垂直；$Y$ 轴位于仪器的纵向扫描面内与 $X$ 轴垂直，$Y$ 轴与 $X$ 轴、$Z$ 轴一起构成右手坐标系。

目前，激光扫描仪的型号众多，无论在功能，还是在性能指标方面都不尽相同，有不同的分类方法。根据三维激光扫描测绘系统的空间位置或系统运行平台来划分，可分为如下四类：①机载型激光扫描系统；②地面激光扫描测量系统；③手持型激光扫描系统；④星载激光扫描仪。要根据使用目的的不同，选择不同型式的三维激光扫描系统。地面三维激光扫描仪的生产厂家众多，有中海达、北科天绘、广州思拓力、奥地利 Riegl、加拿大 Optech、瑞士 Leica、美国 Trimble、日本 Topcon、美国 FARO 等公司。本教材以 FARO 公司的 FARO Focus 350 Plus（图 10-2）产品为例（FARO 公司的系列三维激光扫描仪的更详尽资料，见北京浩宇天地测绘科技发展有限公司网站），简要讲述地面激光扫描仪的有关功能、指标，为工程中扫描仪的选择需要考虑哪些方面的因素提供参考。

图 10-2　FARO Focus 350
Plus 三维激光扫描仪

### 10.4.2 三维激光扫描仪的主要功能

美国 FARO 公司主要从事开发和提供前沿的三维数据获取和分析解决方案，研发三维激光扫描的系列产品。广泛用于地面三维激光扫描的 FARO Focus 350 Plus 三维激光扫描仪，主要有如下功能。

#### 1. 外业数据浏览

可以在外业扫描作业时，利用外业数据浏览功能，直接查看扫描的点云成果，确保获取高质量的扫描数据。通过现场数据的及时检查，也可以对遗漏的区域现场进行补测，避免不必要的返工，可以大大节省项目成本。

#### 2. 双轴补偿

FARO Focus 350 Plus 内置双轴补偿功能，使得外业扫描的方式更加丰富，可以采用导线测量和后方交会方式，从而方便了外业扫描数据的拼接，减少了内业处理的时间，提高了扫描效率。

#### 3. WiFi 无线遥控

可以通过平板电脑或手机实现远程无线遥控，可以保证在危险环境下作业人员的安全，也可以减少在振动环境下由于不当的操作、碰触导致数据不精确。

#### 4. 集成数码相机

扫描仪内置了 7000 多万像素的自动调焦数码相机，可采集纹理用于点云模型及三维模型的贴图，其具备的 Focus HDR 功能，很好地解决了光线影响扫描结果的问题。

#### 5. 适应性强、速度快

扫描速度快，仅需几分钟即可完成任何场地或场景记录。其自定义设置可适应任何场景的数据采集，扫描速度可达 200 万点/s。

### 10.4.3 三维激光扫描技术在变形监测中的应用

对于人员难以达到的高边坡、深基坑、地质滑坡区域等危险地区，采用三维激光扫描技术进行变形监测，具有无比的优势。这里结合一个边坡的变形监测的实际案例，简要讲述三维激光扫描技术用于变形监测的操作步骤。

利用三维激光扫描技术对边坡进行变形监测，就是按需进行周期性观测，求得监测点各次的三维坐标，计算相邻监测次的水平、垂直方向的位移变形量和变形速率，从而得到变形体的范围、大小及位置变化的空间状态和时间特征，为监测对象的稳定性评价、采取处理措施提供依据。基于三维激光扫描技术的变形监测基本流程如图 10-3 所示。

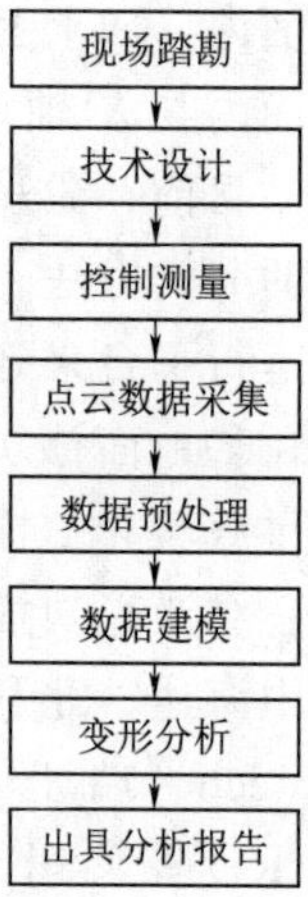

#### 10.4.3.1 标靶点的布设

由于监测区域往往比较大，不可能在一个站点上安置扫描仪就能完成全区域的扫描，通常是设置多个扫描站，各站上分别扫描，并且各站扫描的区域有部分重叠。各站的扫描是依据扫描仪内部固定的仪器坐标系为基准进行的，因此需要将扫描数据统一转换到该工程的坐标系中，就是进行点云拼接，这就涉及坐标转换的问题。实际工作中是设置一定数量的公共点（即标靶点），为计算坐标转换参数提供依据。为了保证转换精度，公共点上要采用特制的标靶，如图 10-4 所示。

现场踏勘

技术设计

控制测量

点云数据采集

数据预处理

数据建模

变形分析

出具分析报告

图 10-3 基于三维激光扫描技术的变形监测基本流程

（a）球形标靶

（b）X形平面标靶

图 10 - 4　标靶型式

多站间的点云数据精确配准依靠共用的标靶来实现，实际工程中标靶的配置通常采取"固定标靶＋临时活动标靶"的方案，并同时为固定标靶、临时活动标靶进行编号。固定标靶编号命名方式为：CT - 001、CT - 002、CT - 003、…；临时标靶编号命名方式为：YT - 001、YT - 002、YT - 003、…。

固定标靶尽可能选定在稳固处，避免标靶受到周围其他因素的影响而发生位移，此外为保证点云的拼接质量，固定标靶布设要尽量避免共线或共面且应有一定的高度差。在选定位置处浇筑固定水泥基桩，并稳固地贴上激光扫描专用反射贴片。测量固定标靶时应选择合适的控制点架设全站仪，通过全站仪免棱镜测量标靶的三维坐标，并定期复测。固定标靶的设置在于无需每次扫描都测量标靶坐标，节省标靶的布设、测量时间。活动标靶根据现场情况临时布设，有活动定轴标靶（图 10 - 5）、活动纸标靶（图 10 - 6）不同型式。

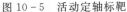

图 10 - 5　活动定轴标靶

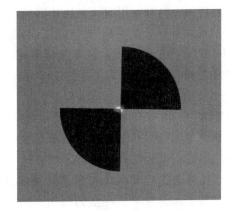

图 10 - 6　活动纸标靶

活动标靶的布设位置要满足三维激光扫描仪和全站仪同时可见的要求，活动定轴标靶应满足三维激光扫描仪测量时标靶正对激光扫描仪的要求，活动纸标靶应满足激光扫描仪及全站仪测量时入测角小于 45°的要求。本案例中，在监测区域内各标靶的布置如图 10 - 7 所示。

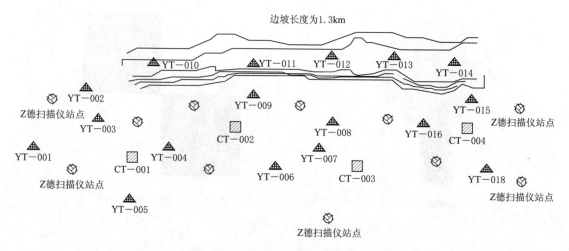

图 10-7　监测站、标靶现场布置图

◈：扫描仪站点；　▲：活动标靶；　▨：控制点

### 10.4.3.2　点云数据采集

采用地面三维激光扫描仪进行扫描时，可以采用如下的三种数据不同采集方法：基于地物特征点拼接的数据采集方法、基于标靶的数据采集方法和基于"测站点＋后视点"的数据采集方法。

1. 基于地物特征点拼接的数据采集方法

如果每测站扫测对象的点云数据重叠区域内有明显的公共特征点，则扫描仪可以架设在任意位置进行扫描，只需要保证相邻两站之间的扫描数据有不小于 30％的重叠区域，而不需要后视标靶进行辅助。数据处理主要通过选择相邻站重叠区域的公共特征点完成相邻两站数据的拼接，然后采用同样方法与第三站进行拼接，最后将测区内各站的数据拼接成一个整体。此方法不需要进行控制测量、不需架设后视或公共标靶，只要求扫描测站之间有 30％以上的重叠区域，外业测量简单灵活。数据处理软件根据点云的重叠度和地物特征进行拼接。此方法适用于具有明显公共特征点、测量精度要求不高的工程。

2. 基于标靶的数据采集方法

基于标靶的点云数据采集方法在待测物体四周通视条件相对较好的位置布设反射标靶，作为任意设置测站的共同后视点。设置测站时，要求测站能同时后视到至少 3 个后视标靶，扫描结束后，再对后视的标靶进行精扫，获取标靶的精确坐标。为达到更好的点云拼接效果，每站最好能获取 4 个以上的标靶数据。后续数据处理中，利用设备配套的软件，按照前述基于地物特征点拼接的数据采集方法中介绍的类似的方法进行点云数据拼接。这种数据采集方法要求相邻测站间要有至少 3 个公共标靶，内业的点云数据拼接简单、效率高，适用于小型、单一物体的扫描。

3. 基于"测站点＋后视点"的数据采集方法

此方法类似于传统的全站仪碎部测量方法。这种方法相比前两种，最大区别是要事先进行控制测量。根据监测区域，采用第六章里面介绍的导线、GNSS 等方法布设控制网。控制测量完成后，即可进行三维扫描测量，其操作步骤为：

（1）在已知控制点上对中整平好三维激光扫描仪。

（2）在另一与测站点通视的后视控制点上对中整平好标靶。

（3）对三维激光扫描仪设置好参数后扫描观测。

（4）精细扫描标靶。

基于"测站点＋后视点"的数据采集方法在扫描前，需要对一个后视标靶进行扫描仪的定向，每站点的云数据之间不需要有重叠区域。这种方法的点云拼接精度高，适用于大区域的三维扫描工作。

**10.4.3.3　内业点云数据预处理**

外业扫描工作完成后，将扫描得到各站的点云数据导入软件中，同时将控制点坐标信息录入到软件中，将点云数据旋转到建立的控制网坐标系中。各站的点云数据通过控制点的配准操作后拼接在一起，就形成了统一的整体数据，完成了扫描数据的预处理。将通过预处理的点云数据，以通用的文本格式输出，以便后期第三方软件调用进行建模使用。

**10.4.3.4　点云数据建模**

点云数据建模采用 Geomagic Warp 软件，依据扫描所得的点云数据创建出扫描对象的多边形模型和网格，最后生成准确的数字模型。将预处理输出的文本格式点云数据调入 Geomagic Warp 软件中，通过对点云数据进行着色、离散点删除、去噪、抽稀、封装、组建三角网模型，然后利用软件的"松弛"功能对三角网模型进一步优化，使三角网模型更加平滑，更为真实地反映监测实体，最后构建成的监测区域 DEM 模型如图 10-8 所示。

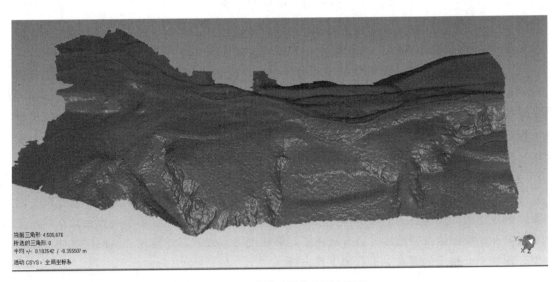

图 10-8　监测区域的 DEM 模型

**10.4.3.5　变形分析**

变形分析采用 Geomagic 公司的 Geomagic Control X 软件。将相邻两期的监测数据处理后得到的模型导入 Geomagic Control X 软件，软件可以准确、快速地检测到两次监测得到的三维数字模型的变形差值，并自动地将比较得到的差值以直观、易懂的色谱图形式显示出来，并可进行变形位差的比较、评估等。

将经过处理得到的两期模型调入 Geomagic Control X 软件中，将第一期数据设置为参考数据，第二期数据设置为测试数据。运用"3D"比较功能，对两次的模型数据进行对比变形分析，可得到两个模型之间的总体比对结果，例如整体模型的数据量、检测的最大公差和最小公差、以及最大上偏差值、最大下偏差值、检测平均偏差值和标准偏差值。生成变形分析报告，如图 10-9 所示。

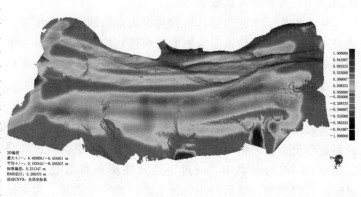

| 参考模型 | 2 |
| --- | --- |
| 测试模型 | 1 |
| 数据点的数量 | 2249321 |
| 体外弧点 | 254272 |

| 公差类型 | 3D偏差 |
| --- | --- |
| 单位 | m |
| 最大临界值 | 1.00000 |
| 最大名义值 | 0.050000 |
| 最小名义值 | −0.050000 |
| 最小临界值 | −1.00000 |

| 偏差 | |
| --- | --- |
| 最大上偏差 | 6.489891 |
| 最大下偏差 | −6.454951 |
| 平均偏差 | 0.183542/−0.355507 |
| 标准偏差 | 0.231347 |

图 10-9　监测分析报告

对监测区域，还可以对监测点的变形值进行汇总统计，得到监测点的偏差分布和标准偏差汇总统计结果，如图 10-10 所示。

为更深入、全面了解监测区域的变形情况，可以提取需要位置处点的偏差值，如图 10-11 所示。

为了解某方向上各处的变形情况，可以在"3D"分析结果基础上，运用软件提供的"2D"比较功能，在监测区域需要的位置上截取剖面，判断剖面上各点的变形情况，如图 10-12 所示。

### 10.4.4　影响因素

三维激光扫描仪通过接收反射回来的激光，结合扫描时激光的方位角、竖直角、测距，确定出激光反射点的三维坐标。仪器、环境、激光反射目标直接影响点云数据的采集质量，从而影响定位的精度。只有获得了足够精度的点云数据才能建立精确的实体三维模型。影响点云精度的因素主要有如下几方面：

#### 1. 仪器方面

扫描仪的轴系应该满足于水平轴垂直于视准轴、水平轴垂直于竖轴、视准轴水平时天顶距读数应为 90°，而且视准轴、水平轴、竖轴应该交于扫描仪中心。如果这些轴系出现偏差并超出容许的范围，则会给角度的测量带来较大的误差。扫描仪距离测量系统中的测距周期性误差、加常数误差、相位不均匀性误差、比例改正误差、幅相误差等，会综合影响测得的距离。

| 偏差分布 | | | |
|---|---|---|---|
| >Min | <Max | # 点 | % |
| -1.000000 | -0.841667 | 1759 | 0.078201 |
| -0.841667 | -0.683333 | 2222 | 0.098785 |
| -0.683333 | -0.525000 | 2355 | 0.104698 |
| -0.525000 | -0.366667 | 2712 | 0.120570 |
| -0.366667 | -0.208332 | 2578 | 0.114612 |
| -0.208332 | -0.050000 | 7111 | 0.316140 |
| -0.050000 | 0.050000 | 574743 | 25.551844 |
| 0.050000 | 0.208332 | 831677 | 36.974580 |
| 0.208332 | 0.366667 | 521871 | 23.201268 |
| 0.366667 | 0.525000 | 254725 | 11.324529 |
| 0.525000 | 0.683333 | 34052 | 1.513879 |
| 0.683333 | 0.841667 | 1265 | 0.056289 |
| 0.841667 | 1.000000 | 1088 | 0.048370 |
| | | | |
| 超出最大临界值 | | 4376 | 0.194548 |
| 超出最小临界值 | | 6787 | 0.301736 |

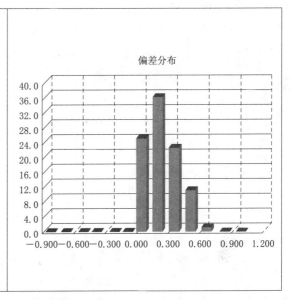

（a）偏差分布

| 标准偏差 | | |
|---|---|---|
| 分布（+/-） | # 点 | % |
| -6* 标准偏差 | 6905 | 0.306982 |
| -5* 标准偏差 | 2806 | 0.124749 |
| -4* 标准偏差 | 3410 | 0.151601 |
| -3* 标准偏差 | 3786 | 0.168317 |
| -2* 标准偏差 | 7658 | 0.340458 |
| -1* 标准偏差 | 1151748 | 51.204252 |
| 1* 标准偏差 | 845691 | 37.597618 |
| 2* 标准偏差 | 216820 | 9.639353 |
| 3* 标准偏差 | 5190 | 0.230736 |
| 4* 标准偏差 | 1546 | 0.068732 |
| 5* 标准偏差 | 1145 | 0.050904 |
| 6* 标准偏差 | 2616 | 0.116302 |

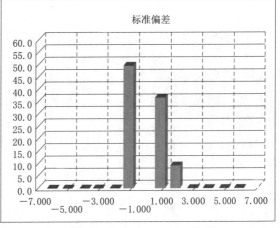

（b）标准偏差

图 10-10 监测点统计分析

注：1. 柱状图中横轴代表偏差量，单位是 m；纵轴代表该范围偏差量的监测点占比（%）；
　　2. 表中 -6* 栏的数据代表偏差量在 -6～-7m 之间的偏差数据及占比（%）。

2. 环境方面

扫描时的环境温度、湿度会影响距离测量的精度，虽然可以依据观测时的气象条件进行改正，但难以获得激光沿途经过路径上的气象参数。

3. 激光反射目标方面

利用激光进行扫描，是发射激光束进行的，则激光束在扫描时就会存在"彗尾"现象，对建筑物拐角点（内角点、外角点）进行扫描时，会存在"角点"现象，使得测得的距离存在较大的偏差。如果激光束不是与物体反射面相垂直，则激光束在物体的反射面上形成一个椭圆形，这种偏差需要采用所有返回激光束的强度进行解决，对测距有一定影响。物体的不同材质、颜色、扫描仪与物体间的距离，都会对测得的距离产生较大的影响。

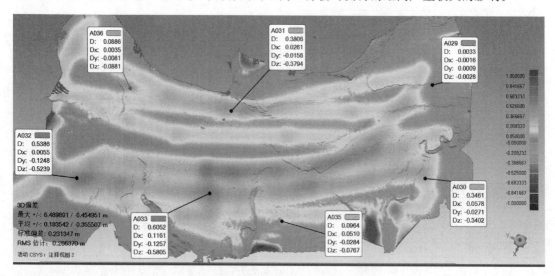

图 10-11 监测区域指定点位的变形情况

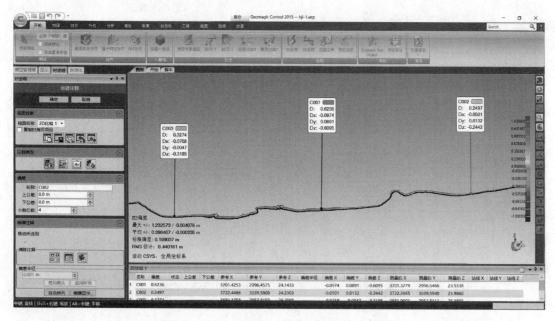

图 10-12 监测区域内某剖面上各点的变形情况

## 10.5 GNSS 变形监测技术

GNSS 定位技术具有无需传统测量上的通视要求、可测定点位的三维坐标、全天候观测、可自动化测量等优势，因此目前被广泛应用于变形监测。根据监测对象范围、监测的不同，GNSS 技术用于变形监测有如下三种不同模式：周期性重复测量、固定连续 GNSS 测站、实时动态。

（1）周期性重复测量模式是使用最普遍的，其监测方法是根据第一次监测中测得的变形测点及基准点上的观测资料，解算变形监测点的三维坐标 $(X_0, Y_0, Z_0)$，并将其作为变形监测中的参考标准；后续监测工作中，按监测的方案设计，采用类似方法进行定期或不定期的复测，若第 $i$ 期复测求得的变形监测点的坐标为 $(X_i, Y_i, Z_i)$，则可根据与第一次或前一次的坐标差（$\Delta X$、$\Delta Y$、$\Delta Z$），计算得到累计变形值、相邻次监测期间的变形速率。

（2）固定连续 GNSS 测站模式是在监测对象或监测区域布设永久 GNSS 观测站，在这些测站上连续观测并进行数据处理。一般而言这种对象的变形缓慢，因此在数据处理时，按监测方案设计，将一定时间段（几分钟甚至几十分钟）内的观测数据作为一次监测，用静态方式处理。这种监测模式主要适用于地质滑坡危险地段、水工大坝等项目的变形监测。

（3）实时动态监测模式是实时监测工程对象的动态变形，这种监测模式采样频次高，可以计算出在每一历元，架设在监测点上的接收机位置，从而实现实时监测。

采用 GNSS 技术进行变形监测，主要要考虑监测网形设计、基准设计、观测方案设计。

### 10.5.1 GNSS 变形监测的网形设计

GNSS 变形监测网由基准站、变形监测点组成，其构成的网形一般有点连接、点边连接、网连接、边点混合连接四种形式。为使网形可靠、平差后各点具有较高的精度、准确反映出监测点位的变形，进行网形设计时，应遵循以下原则：

（1）平差网应由尽可能多的闭合图形组成，要杜绝存在自由基线的情形。

（2）GNSS 网中各点最好有 3 条或更多的基线与其相连，以增加检核条件、提高网的可靠性和点位精度。

（3）按照"每个点至少独立设站观测两次"的原则建网。

（4）构建的监测网，应与监测工程所使用坐标系的地面网至少有两个重合点。如果重合点更多，最好尽量均匀分布在监测区域内并同时作为监测网的基准点。

### 10.5.2 GNSS 变形监测网的基准设计

GNSS 变形监测网的基准，包括位置基准、方位基准和尺度基准。

1. 位置基准设计

GNSS 技术用于地面变形监测，解算出的基线向量是属于 WGS-84 坐标系的，而实际需要的点位坐标可能是国家坐标系，也可能是地方独立坐标系的坐标，甚至是为这个工程单独建立的坐标系。所以在进行监测网的基准设计时，必须首先明确所采用的坐标系统及相应的起算数据，即明确 GNSS 变形监测网所采用的位置基准。

GNSS 变形监测网的位置基准取决于网中"起算点"的坐标和平差方法。位置基准的确定可以采用如下三种方法：

（1）选取网中一个点的坐标，并加以固定或给予适当的权。

（2）网中各点坐标均不固定，通过自由网伪逆平差或拟稳平差确定网的位置基准。

（3）在网中选取若干个点的坐标，并加以固定或给予适当的权。

采用前两种方法进行平差时，在网中引入了位置基准，但没有给出多余的约束条件，因而对网的定向基准和尺度基准都没有影响，称此类网为独立网。采用第三种方法进行平差时，由于给出的位置基准量多于必要的起算数据量，因而在确定网的位置基准的同时也会对网的方向基准和尺度基准产生影响，称此类网为附合网。

2. 方位基准设计

方位基准设计可由网中的起始方位角来提供，也可由网中的各基线向量共同来提供。如果利用重合点中所监测工程原控制网中若干控制点的坐标作为监测网的已知点进行附合网平差，则方位基准由这些已知点的坐标反算方位角来提供。

3. 尺度基准设计

尺度基准是由 GNSS 网的基线来提供，而这些基线可以是地面测距边，也可以是已知点间的固定边。新建控制网可直接由 GNSS 基线向量来提供尺度基准，这样可以充分利用 GNSS 技术的高精度测距特性；对于监测网利用原工程控制网中的控制点作为重合点的情形，重合点在控制网中的边长即可作为尺度基准。

利用 GNSS 技术进行变形监测，要注意高程系统的问题。由于 GNSS 测得的高程为大地高，而沉降监测是要测定出高程的变化。一个监测工程所涉及的地域不大，各点的高程异常数值 $\xi$ 亦相差不大，因此变形监测是可以直接采用 GNSS 技术测得的监测点的大地高来进行沉降分析。如果已知重合点的高程值（正常高），则最好通过不低于四等的水准测量或与其精度相当的方法，对监测点进行高程联测，将 GNSS 所测的大地高转换为正常高，注意联测的高程点应在监测区均匀分布。

### 10.5.3 GNSS 的监测方案设计

利用 GNSS 技术进行变形监测，其监测方案设计的重点是要考虑观测时段、监测周期和监测时间，其可结合影响监测点位精度的因素进行分析，如各点周围的地形情况、多路径效应、卫星分布状况、观测时间、观测时段等因素进行各种分析，确定出满足监测精度要求的最短观测时间、最佳的观测时段。

监测时间和监测周期要从能实现监测目的并进行变形分析的角度来确定，比如高边坡、深基坑开挖前、高层建筑施工前，要及时进行第一期的监测，获得监测点位的初始点位，并随施工推进及时跟进监测；已经处于滑动状态的山体、水库两岸岸坡等，要在导致滑坡体滑移因素发生作用之前、之后进行，比如降雨前后、水库蓄水及泄洪等水位大幅度变化过程中，都要及时进行监测。

### 10.5.4 GNSS 技术用于边坡监测案例

国电大渡河公司的大岗山水电站坝址位于四川省大渡河中游雅安市石棉县挖角乡境内，黄草坪滑坡体位于电站库区内左岸的泸定县得妥乡，其前缘高程约 1115m、后缘高程约 1600m、顺河长度约 160～300m，宽度约 660m，总体量约 150 万 $m^3$。

滑坡体地处川西高原气候区，多年平均年降雨量为 664.4～777.4mm，降雨主要集中于 6—9 月，水库每年汛期（5—10 月）水位一般为 1120～1123m，枯水期（11 月至次年 4 月）水位一般为 1123～1130m。

根据大岗山电站库区地质灾害调研成果显示，黄草坪滑坡体主要由崩坡堆积的块碎石土层组成，在大渡河下切改造后仍能保留较完整的地貌特征，表明黄草坪变形体在原始状态下整体稳定，但受交通公路的开挖切脚、降雨、水库蓄水等不利因素的影响，边坡区域出现开裂变形和局部失稳情形，特别是在 2015 年水库蓄水后，边坡的后坡体边缘出现开裂现象，整个坡体有向库区滑移的趋势。

相关单位对黄草坪滑坡体进行了专题研究，假定黄草坪变形体整体下滑，根据滑坡涌浪分析，在水库水位为 1130m 的情况下，估算涌浪高度传播到泄洪洞进口时约为 1.97～3.11m（未考虑河道转弯），传播到坝址时约为 0.54～1.20m，小于大坝的 5m 超高，虽然不会对大坝的安全产生危害性影响，但存在潜在的交通安全隐患，对电站的运行发电、防洪也有不利的影响。为有效监测滑坡体的滑变情况，为滑坡的预警、治理提供依据，对黄草坪滑坡体采用了 GNSS 技术进行监测。

**10.5.4.1 黄草坪滑坡体 GNSS 监测系统布置**

大岗山黄草坪变形体的监测设施有 GNSS 卫星定位监测桩、测斜孔、测缝计、微芯桩等，GNSS 卫星定位系统采用自动化监测。GNSS 监测点依据滑坡体的实际情况，在上中下、左中右不同位置选点布置，如图 10－13 所示，将滑坡体包括在监测点构成的区域内。

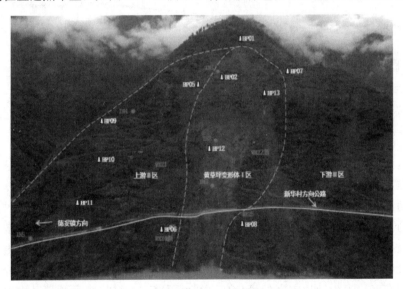

图 10－13 黄草坪滑坡体监测网布置图

**10.5.4.2 黄草坪滑坡体变形情况**

监测方案中监测频次为 1 次/d、数据连续采集、每天解算 1 次。对数据结算后，可以得到监测点的平面、垂直方向的位移。如图 10－14、图 10－15 所示，为黄草坪滑坡体监测点 HP01、HP05 的水平、垂直方向的累计位移过程。

从各监测点的变形数据，可以判定变形体各部位的变形情况。截至 2020 年 9 月，黄草坪变形体各变形监测点均呈现不同程度的发展变化趋势，黄草坪变形体Ⅰ区（垮塌区域）变形呈现缓慢增大趋势，处于等速变形阶段；下游Ⅱ区累计变形呈现缓慢增大趋势，处于等速变形阶段；上游Ⅱ区上部区域累计变形呈现缓慢增大趋势，处于等速变形阶段，总体平稳，正常监视监测。

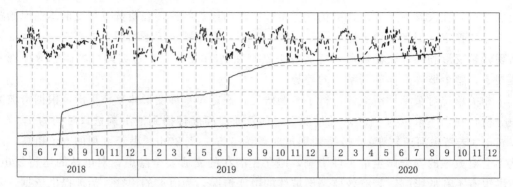

图 10 - 14　监测点 HP01、HP05 水平累计位移过程线

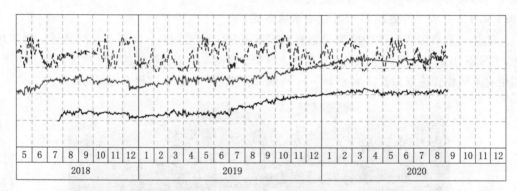

图 10 - 15　监测点 HP01、HP05 垂直累计位移过程线

### 10.5.4.3 黄草坪滑坡体变形分级预警标准

滑坡监测中，事先按照未来 24 小时内地质灾害发生的可能性大小，制定地质灾害预警分级标准，并根据监测数据，进行相应的预警。地质灾害风险预警是指在一定地质环境和人为活动背景条件下，受气象因素的影响，某一地域、地段或地点在某一时间段内发生地质灾害的可能性大小，及采取的对应措施。地质灾害预警等级为四级，即蓝色（Ⅳ级）、黄色（Ⅲ级）、橙色（Ⅱ级）和红色（Ⅰ级）。蓝色预警（Ⅳ级）表示预警区内发生地质灾害的风险较低；黄色预警（Ⅲ级）表示预警区内发生地质灾害的风险较高；橙色预警（Ⅱ级）表示预警区内发生地质灾害的风险高；红色预警（Ⅰ级）表示预警区内发生地质灾害的风险很高。黄草坪变形体分级应急预警标准见表 10 - 3。

表 10 - 3　　　　　　　　　　黄草坪变形体分级应急预警标准

| 预警等级 | 位移速率/(mm/d) | 应 急 响 应 |
| --- | --- | --- |
| Ⅳ | ≤1，或区域内出现新的裂缝时 | 加强观测和巡视 |
| Ⅲ | 1<V≤10，或区域内新裂缝出现较大发展时，或地表裂缝贯通时 | 加强现场观测和巡视，视具体情况启动现场交通管制 |
| Ⅱ | >10，或区域内裂缝出现严重贯通时 | 立即上报应急处置现场指挥部通行组，视具体情况启动现场交通管制 |
| Ⅰ | >240（10mm/h），或区域内突发性大规模变形时 | 现场立即封闭公路道路，实施交通管制 |

# 10.6 沉 降 监 测

对建筑物的变形监测，进行最多的是沉降监测，大多采用水准测量的办法。沉降监测的水准路线应构成闭合线路，一般而言视线比较短，但可同时观测几个前视点。为了保证各次测量的施测方案一致，应固定人员、固定仪器、固定施测线路及转点等。采取这些措施是在客观上尽量减少观测误差的不定性，使所测得的结果具有统一的趋向性，保证各次复测结果与首次观测的结果可比性更一致，使所观测的沉降量更真实。

埋设的基准点、工作基点、观测点稳固后，即可进行第一次观测。建筑物每升高1~2层或每增加一次荷载，就要观测一次。如果中途停工时间较长，则在停工开始及复工前要增加观测。发生沉降速率异常加快或地基、墙体出现裂缝，要增加监测频次。竣工后可根据沉降量的逐次减少，逐渐延长观测周期，直至监测建筑物稳定为止。

每次外业观测结束，立即整理数据，检查闭合差是否满足要求，进行平差计算，推算各观测点的高程；然后计算各观测点的本监测周期内的沉降量（各点的本次观测高程值减去上次观测的高程值）和累计沉降量（各点的本次观测高程值减去第一次观测的高程值），并将有关的观测信息，如监测时间、施工进展等信息填入沉降量统计表内。某工程的沉降监测见表10-4，展现了各监测时间对应的施工进展情况、监测点的沉降值。

表 10-4　　　　　　　　　沉 降 量 统 计 表

| 监测次数 | 监测时间 | 各观测点沉降情况 | | 施工进展情况 |
| --- | --- | --- | --- | --- |
| | | J-1 | J-9 | |
| | | 累计下沉/mm | 累计下沉/mm | |
| 1 | 2014 年 9 月 6 日 | 0.00 | 0.00 | |
| 2 | 2014 年 9 月 26 日 | −0.18 | −0.46 | |
| 3 | 2014 年 10 月 15 日 | −0.41 | −0.7 | 地下 2 层顶板浇注完成 |
| 4 | 2014 年 11 月 10 日 | −0.7 | −1.1 | 地下 1 层顶板浇注完成 |
| 5 | 2014 年 12 月 23 日 | −1.07 | −1.47 | 地上 3 层顶板浇注完成 |
| 6 | 2015 年 4 月 10 日 | −1.65 | −2.18 | 地上 6 层顶板浇注完成 |
| 7 | 2015 年 6 月 10 日 | −3.36 | −3.43 | 结构封顶 |
| 8 | 2015 年 8 月 20 日 | −5.51 | −5.55 | 结构封顶后 2 个月 |
| 9 | 2015 年 12 月 10 日 | −9.16 | −9.21 | 结构封顶后 6 个月 |
| 10 | 2016 年 1 月 5 日 | −10.38 | −10.28 | 竣工 |
| 11 | 2016 年 4 月 12 日 | −11.05 | −11.16 | 竣工后 3 个月 |
| 12 | 2017 年 5 月 2 日 | −11.06 | −11.17 | 竣工后 16 个月 |

为分析沉降过程，分别绘制时间-沉降量以及时间-荷载的关系曲线，如图10-16所示为沉降量与时间的关系。

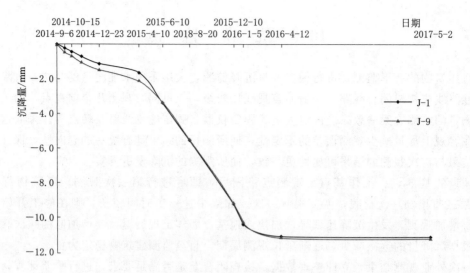

图 10-16 沉降量与时间的关系曲线

# 10.7 倾 斜 监 测

倾斜监测是指利用全站仪或其他专门测量仪器对高大建筑物倾斜度现状及其随时间变化的测量工作,倾斜是观测点相对于竖直面比较而得到的,而倾斜度则相对于水平面和竖直面比较而得到。

倾斜监测对常见的一般建筑物和烟囱等塔式建筑物所采用的方法不同。

### 10.7.1 一般建筑物的倾斜监测

#### 10.7.1.1 投影法

如图 10-17 所示,欲测楼房的倾斜度,步骤如下:

(1) 确定屋顶明显点 $A'$,先用长钢尺测得楼房的高度 $h$。

(2) 在点 $A'$ 所在的两墙面底 $BA$、$DA$ 延长线上,距离房子约 $1.5h$ 远的地方,分别定点 $M$、$N$。

(3) 在点 $M$、$N$ 上分别架设全站仪,照准点 $A'$,将其投影到水平面上,设其为点 $A''$。

(4) 丈量 $A''$ 到墙角点 $A$ 的距离 $k$ 及在 $BA$、$DA$ 延长线的位移分量 $\Delta x$、$\Delta y$。

由此可计算出倾斜方向

$$\alpha = \arctan \frac{\Delta y}{\Delta x} \qquad (10-1)$$

倾斜度

$$i = \frac{k}{h} \qquad (10-2)$$

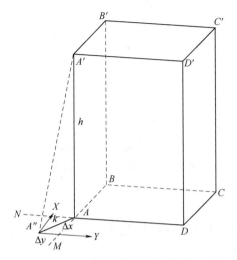

图 10-17　投影法倾斜监测

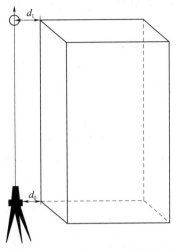

图 10-18　激光准直法倾斜监测

#### 10.7.1.2　激光准直法

如图 10-18 所示，在欲进行倾斜监测建筑物的外侧架设激光准直仪，设其距墙面 $d_0$，通过激光准直仪向上或向下发射一条竖直方向的激光准直线，在观测点处设置接收靶，量取接收靶上激光点到墙面的水平距离 $d_1$，通过钢尺量取激光准直仪到激光接收靶的高度为 $h$，则监测墙面的倾斜度为

$$i = \frac{d_1 - d_0}{h} \tag{10-3}$$

### 10.7.2　塔式建筑物的倾斜监测

烟囱等塔式建筑物，倾斜监测尤为重要，常采用前方交会方法进行其倾斜监测。如图 10-19 所示，其步骤如下：

（1）在距离烟囱高的 1.5 倍以远距离处设定工作基点 $A$、$B$。

（2）在 $A$ 点架设全站仪，量取仪高 $i$，瞄准烟囱底部一侧的切点，读取方向值和天顶距；再瞄准烟囱底部另一侧的切点，读取方向值和天顶距，两方向值的平均数即为烟囱底部中心的方向值；从而可以测得 $A$ 点到烟囱底部中心和到 $B$ 点的方向线夹角 $\alpha_1$ 和仪器瞄准底部一侧切点时视线的天顶距 $z_1$；采取同样的方法，测得 $A$ 点到烟囱顶部中心和到 $B$ 点的方向线夹角 $\alpha_2$ 和仪器瞄准顶部一侧切点时视线的天顶距 $z_2$。

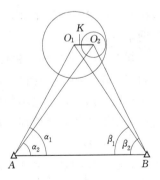

图 10-19　塔式建筑物
倾斜监测

（3）在 $B$ 点架设经纬仪，采取步骤（2）同样的方法，测得图 10-19 中的 $\beta_1$、$\beta_2$，在 $B$ 点的观测，应保证和在 $A$ 点的观测所切的切点同高。

（4）利用前方交会方法求得烟囱底部中心 $O_1(x_1, y_1)$、烟囱顶部中心 $O_2(x_2, y_2)$。

（5）计算烟囱偏移量。

$x$ 方向偏移量：

$$\Delta x = x_2 - x_1 \tag{10-4}$$

$y$ 方向偏移量：

$$\Delta y = y_2 - y_1 \tag{10-5}$$

倾斜量：

$$k = \sqrt{\Delta x^2 + \Delta y^2} \tag{10-6}$$

（6）利用计算得到的烟囱底部中心 $O_1$ 坐标、基点 $A$ 的坐标、仪器高 $i$ 及在 $A$ 点观测时仪器瞄准顶部一侧切点时视线的天顶距 $z_2$，可计算烟囱高度 $h$，则烟囱倾斜度为

$$i = \frac{k}{h} \tag{10-7}$$

烟囱的倾斜方位可由烟囱底部中心 $O_1$、烟囱顶部中心 $O_2$ 的坐标，按坐标反算公式算得。

# 10.8 挠 度 监 测

挠度是指建筑的基础、上部结构或构件等在弯矩作用下因挠曲引起的垂直于轴线的线位移，挠度监测对大坝、桥梁工程尤其重要。这里简要讲述大坝挠度监测的方法。

大坝的挠度指大坝垂直面内不同高程处的点相对于底部固定点的水平位移量，其观测方法是在坝体的竖井中采用金属铅垂线作为准直线，用坐标仪测出布设在竖井内不同高程处观测点的位移。铅垂线可以采用下端固定或上端固定的形式，即倒垂线和正垂线两种。

1. 倒垂线

倒垂线监测是利用液箱中液体对浮子的浮力，将锚固在基岩深处或深孔底部的不锈钢丝拉紧，成为一条铅垂线，并以此测定大坝的变位。由于垂线支点在下、垂线在上，故称为倒垂线监测。

如图 10-20 所示，锚锭 1 将钢丝 2 的一段固定在基岩或深孔中，钢丝通过连杆和十字梁与浮筒 3 相连。浮筒 3 在液槽内，通过浮力将钢丝拉紧，使之处于铅垂状态。钢丝安设在套筒 4 内，套筒内不同高程处设置有放置坐标仪的观测墩 5。倒垂线监测过程中，各高程处观测点的观测值即为该测点对于基岩深处的绝对位移值，不用换算，且精度高。

2. 正垂线

正垂线监测是在悬挂点悬挂一条带有垂球的不锈钢丝作为铅垂线，并以此测定大坝的位移。由于垂线支点在上、垂线在下，故称为正垂线监测。正垂线监测大坝变位设备简单、安装方便、观测迅速而且测值精确。

如图 10-21 所示，将直径为 0.8~1.2mm 的钢丝 1 悬挂于顶部 3 位置，钢丝下部悬挂 20kg 的重锤并置于套筒中，套筒内盛液体，以减少重锤的摆动。坐标仪放置在竖井底部的框架 5 上，在垂线的不同高程处设置挂钩 6，即观测点。观测过程中从上往下依次用挂钩挂住钢丝，钢丝稳定后在坐标仪上测定挠度值。

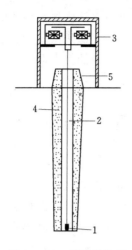

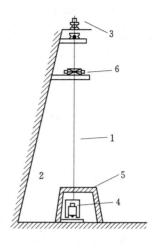

图 10-20 倒垂线装置
1—锚锭；2—钢丝；3—浮筒；
4—套筒；5—观测墩

图 10-21 正垂线装置
1—钢丝；2—保护管；3—顶部；
4—套筒；5—观测墩；6—观测点

正垂线监测与倒垂线监测不同，各观测点上作为准直线的正垂线的位置是随该处的挠度而变化的。因此，直接的观测值不是大坝某一点的变位值，而是该测点与悬挂点之间的相对位移值，即垂线支点（即悬挂点）的位移和测点位移的差值。测点与垂线最低测点之间的相对位移值 $\overline{S}(t)$ 需按下式进行计算：

$$\overline{S}(t)=S(i)-S(n) \tag{10-8}$$

式中　$S(n)$——垂线最低测点的测量值；

　　　$n$——测点总数；

　　$S(i)$——第 $i$ 号测点的测量值，序号从上往下编，垂线支点处 $i=0$ 且 $S(0)=0$。

# 10.9 裂 缝 监 测

裂缝是建筑物在不均匀沉降或震动等情况下产生超出容许应力及变形的结果。当建筑物发生裂缝，应对其现状及发展过程进行监测，以便根据监测资料，分析裂缝产生的原因并对建筑物进行安全鉴定，并及时采取措施进行处理。裂缝监测的内容有裂缝的位置、走向、长度、宽度等，有多条裂缝的，还要对裂缝进行编号并绘制裂缝分布图。裂缝监测的方法，主要有石膏标志法和薄铁板标志法两种：

（1）石膏标志法。在裂缝两端抹一层石膏，长约 250mm，宽约 50mm，厚约 10mm。石膏干固后，用红漆喷一层宽约 5mm 的横线，横线跨越裂缝并垂直于裂缝。监测过程中，若发现石膏开裂，则每次测量红线处裂缝的宽度并做好记录。

（2）薄铁板标志法。用厚约 0.5mm 的两块薄铁片，一块 200mm×100mm、一块 200mm×50mm。如图 10-22 所

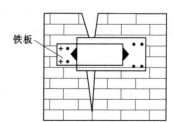

铁板

图 10-22 薄铁板标志法
监测裂缝

239

示，将大块铁皮固定在裂缝一侧并在表面喷白漆；待白漆干后将小块铁皮固定在裂缝的另一侧，使其一半的长度跨过裂缝并搭在大块铁皮上，并保证两铁皮的长度方向与裂缝相垂直，对两铁皮喷红漆。若裂缝继续扩大，在两铁皮的搭盖处将出现白漆，每次测量白漆宽度并做记录。

# 10.10  变 形 监 测 分 析

### 10.10.1  数据处理

每期变形监测外业工作结束后，应立即依据误差理论和统计检验原理，对观测数据及时进行平差计算和处理，并计算各种变形值。由于变形监测要求的精度高，因此平差过程应以稳定的基准点作为起算点，使用严密平差方法，确保平差计算所使用的观测数据、起算数据无误，并保证结果具有相应精度。

在平差的基础上获得点位的位移值后，应进行变形分析，建立变形模型，对变形发生的原因作出分析，并对变形的发展趋势进行预报。

### 10.10.2  变形几何分析

变形几何分析在于确定变形量的大小、方向及变化。几何分析包括对基准点稳定性进行检验与分析、判定监测点是否发生变动。为检查基准点是否稳定，定期对由基准点构成的基准网进行周期观测，依据平差结果选定出稳定的基准点作为基准网的固定基准，以准确测定监测点的变形。

### 10.10.3  变形建模与预测

具有多期变形监测成果后，可建立反映变形量与变形因子关系的数学模型，对引起变形的原因作出分析和解释，必要时进行变形发展趋势预报。观测资料分析的主要内容如下：

（1）成因分析。分析建筑物变形过程、变形规律、变形速度，分析变形的原因及变形值与引起变形因素之间的关系，判定建筑物的安全状况。

（2）统计分析。通过一定周期观测，在积累了大量观测资料后，可进一步找出建筑物变形的内在原因和规律，从而建立变形预报数学模型。

对于独立的各监测点分析，通常可采用绘制变形图并用变形曲线拟合的直观方法分析；对于整体监测网，点与点之间有着相互制约条件的关系，各期监测点间的变化并不能确定它是否发生位移，而需要统计方法进行识别判断。

通过监测，确定变形体的变形与变形原因之间的关系，建立变形量与变形因子之间的数学模型，并对模型的有效性进行检验和分析，具体有统计分析法、力学模型法、混合模型法三种方法。

（1）统计分析法。以回归分析法为主，通过分析所观测的变形量之间的相关性，建立荷载与变形之间的数学模型，这属于"事后"性质。对于沉降观测，当观测值近似呈等时间间隔时，可采用灰色建模法建立沉降量与时间之间的灰色模型；对于动态变形观测获得的数据，可采用时间序列分析法建模。

（2）力学模型法。以有限元为主，基于一定假设条件，利用变形体的力学性质和物理性质，通过应力与应变建立荷载与变形之间的函数模型，这具有"事前"性质，需要专门软件，精度要求高，计量工作量大。

（3）混合模型法。对与变形关系比较明确的荷载采用有限元计算，对与变形关系不明确或用物理理论难以确定函数关系的荷载，可以用统计方法计算，然后用实际值拟合而建模。

## 习　题

1. 为什么要进行建筑物变形监测？主要监测的内容有哪些？

2. 布设监测网的基准点、工作基点、变形观测点有什么要求？

3. 变形监测相比于地形图测量，有什么不同之处？

4. 为什么各期的变形监测方案要尽量保持一致？

5. 如何对塔式建筑物进行倾斜监测？

6. 对变形监测的数据进行分析有何作用？

# 参 考 文 献

［1］ 陈胜华，苏登天. 工程测量 ［M］. 北京：科学出版社，2007.

［2］ 宋建学. 工程测量 ［M］. 郑州：郑州大学出版社，2006.

［3］ GB 50026—2020 工程测量标准 ［S］. 北京：中国计划出版社，2020.

［4］ 武汉测绘科技大学《测量学》编写组. 测量学 ［M］. 北京：测绘出版社，1991.

［5］ 林文介. 测绘工程学 ［M］. 广州：华南理工大学出版社，2003.

［6］ 孔达. 工程测量 ［M］. 北京：高等教育出版社，2013.

［7］ 赵喜江. 工程测量 ［M］. 北京：中国电力出版社，2010.

［8］ 孔德志. 工程测量 ［M］. 郑州：黄河水利出版社，2006.

［9］ 郝海森. 工程测量 ［M］. 北京：中国电力出版社，2010.

［10］ 纪明喜. 工程测量 ［M］. 北京：中国农业出版社，2005.

［11］ 何保喜. 全站仪测量技术 ［M］. 郑州：黄河水利出版社，2010.

［12］ 国家测绘地理信息局职业技能鉴定指导中心. 注册测绘师资格考试辅导教材（测绘综合能力）
　　　 ［M］. 北京：测绘出版社，2012.

［13］ 中华人民共和国国家测绘总局. 地形图图式（1：5000～1：10000）　［S］. 北京：测绘出版
　　　 社，1974.

［14］ 李秀江. 测量学 ［S］. 北京：中国农业出版社，2007.

［15］ JGJ 8—2007 建筑变形测量规范 ［S］. 北京：中国建筑工业出版社，2007.

［16］ 宋超智，陈翰新，温宗勇. 大国工程测量技术创新与发展 ［M］. 北京：中国建筑工业出版
　　　 社，2019.

［17］ GB/T 12898—2009 国家三、四等水准测量规范 ［S］. 北京：中国标准出版社，2009.

［18］ GB/T 18314—2009 全球定位系统（GPS）测量规范 ［S］. 北京：中国标准出版社，2009.

［19］ GB/T 24356—2009 测绘成果质量检查与验收 ［S］. 北京：中国标准出版社，2009.

［20］ GB/T 14912—2017 1：500 1：1000 1：2000 外业数字测图规程 ［S］. 北京：中国标准出版
　　　 社，2017.

［21］ CH/T 3020—2018 实景三维地理信息数据激光雷达测量技术规程 ［S］. 北京：测绘出版
　　　 社，2019.

［22］ GB/T 20257.1—2017 国家基本比例尺地图图式　第 1 部分：1：500 1：1000 1：2000 地形图图式
　　　 ［S］. 北京：中国标准出版社，2017.

［23］ GB/T 13989—2012 国家基本比例尺地形图分幅和编号 ［S］. 北京：中国标准出版社，2012.

［24］ 谢宏全，谷风云. 地面三维激光扫描技术与应用 ［M］. 武汉：武汉大学出版社，2016.

［25］ 郭学林. 无人机测量技术 ［M］. 郑州：黄河水利出版社，2018.

［26］ 官建军，李建明，苟胜国，刘冬庆. 无人机遥感测绘技术及应用 ［M］. 西安：西北工业大学出
　　　 版社，2018.

［27］ 万刚. 无人机测绘技术及应用 ［M］. 北京：测绘出版社，2015.

［28］ 段连飞. 无人机图像处理 ［M］. 西安：西北工业大学出版社，2017.

［29］ 岳建平，田林亚. 变形监测技术与应用 ［M］. 北京：国防工业出版社，2013.

[30] 蒲仁虎. 全站仪与 GNSS 现代测绘技术 [M]. 成都：西南交通大学出版社，2017.

[31] 卢修元. 工程测量 [M]. 北京：中国水利水电出版社，2014.

[32] 张东明，邓军. GNSS 定位测量技术 [M]. 武汉：武汉理工大学出版社，2016.

[33] 邱冬炜，丁克良，黄鹤，等. 变形监测技术与工程应用 [M]. 武汉：武汉大学出版社，2016.

[34] 岳建平，邓念武. 水利工程测量 [M]. 北京：中国水利水电出版社，2008.

[35] 赵世平. 数字水准仪、全站仪测量技术 [M]. 郑州：黄河水利出版社，2015.

[36] 潘正风，程效军，成枢，等. 数字地形测量学 [M]. 武汉：武汉大学出版社，2015.

[37] 陈彩苹，刘普海. 水利水电工程测量 [M]. 北京：中国水利水电出版社，2016.

[38] 李明峰，冯宝红，刘三枝，等. GPS 定位技术及其应用 [M]. 北京：国防工业出版社，2016.

[39] 宁津生，陈俊勇，李德仁，等. 测绘学概论 [M]. 3 版. 武汉：武汉大学出版社，2019.

[40] 金芳芳. 土木工程测量实训教程 [M]. 南京：东南大学出版社，2014.

[41] 张正禄. 工程测量学 [M]. 武汉：武汉大学出版社，2019.

[42] 夏永华，陈鸿兴，黄德武，等. 数字测图技术及应用 [M]. 北京：测绘出版社，2017.

[43] 李泽球. 全站仪测量技术 [M]. 武汉：武汉理工大学出版社，2016.

[44] 段延松. 无人机测绘生产 [M]. 武汉：武汉大学出版社，2019.

[45] SL 197—2013 水利水电工程测量规范 [S]. 北京：中国水利水电出版社，2017.

[46] NB/T 35109—2018 水电工程三维激光扫描测量规程 [S]. 北京：中国水利水电出版社，2018.

[47] CJJ/T 157—2010 城市三维建模技术规范 [S]. 北京：中国建筑工业出版社，2010.

[48] GB 50026—2007 工程测量规范 [S]. 北京：中国计划出版社，2018.

[49] JGJ 8—2016 建筑变形测量规范 [S]. 北京：中国建筑工业出版社，2016.

[50] CJJ/T 73—2010 卫星定位城市测量技术规范 [S]. 北京：中国建筑工业出版社，2018.

[51] GB 50497—2019 建筑基坑工程监测技术标准 [S]. 北京：中国计划出版社，2019.

[52] CJJ/T 8—2011 城市测量规范 [S]. 北京：中国建筑工业出版社，2011.

[53] JGJ 8—2016 建筑变形测量规范 [S]. 北京：中国建筑工业出版社，2016.